2008 黄河河情咨询报告

黄河水利科学研究院

黄河水利出版社
·郑州·

图书在版编目(CIP)数据

2008黄河河情咨询报告/黄河水利科学研究院.
郑州:黄河水利出版社,2011.7
ISBN 978 – 7 – 5509 – 0062 – 2

Ⅰ.①2…　　Ⅱ.①黄…　　Ⅲ.①黄河 – 含沙水流 – 泥沙
运动 – 影响 – 河道演变 – 研究报告 – 2008　　Ⅳ.①TV152

中国版本图书馆 CIP 数据核字(2011)第 103597 号

组稿编辑:王路平　电话:0371 – 66022212　E-mail:hhslwlp@ 126. com

出　版　社:黄河水利出版社
　　　　　地址:河南省郑州市顺河路黄委会综合楼 14 层　邮政编码:450003
发行单位:黄河水利出版社
　　　　　发行部电话:0371 – 66026940 、66020550 、66028024 、66022620(传真)
　　　　　E-mail:hhslcbs@ 126. com
承印单位:河南地质彩色印刷厂
开本:787 mm×1 092 mm　1/16
印张:20. 75
字数:480 千字　　　　　　　　　印数:1—1 000
版次:2011 年 7 月第 1 版　　　　　印次:2011 年 7 月第 1 次印刷
定价:68. 00 元

《2008 黄河河情咨询报告》编委会

主 任 委 员：时明立

副主任委员：高　航

委　　　员：康望周　姜乃迁　江恩惠　姚文艺

　　　　　　张俊华　李　勇　史学建

《2008 黄河河情咨询报告》编写组

主　　　编：时明立

副 主 编：姚文艺　李　勇

编写人员：郜国明　侯素珍　马怀宝　张晓华

　　　　　姜丙洲　尚红霞　孙赞盈　李小平

　　　　　王　平　邓　宇　万　强

技术顾问：潘贤娣　赵业安　王德昌　张胜利

2008 咨询专题设置及主要完成人员

序号	专题名称	负责人	主要完成人			
1	2008 年水沙情势、水库运用与下游河道冲淤演变	尚红霞	尚红霞 邓 宇	胡 恬 罗玉丽	蒋思奇	郑艳爽
2	宁蒙河段防凌分洪对策研究	郜国明 邓 宇	郜国明 霍风霖 曾 贺	邓 宇 张晓华（防汛所）	张 攀	李书霞 张宝森
3	三门峡水库运用情况及对有关问题的分析	侯素珍 王 平	侯素珍 林秀芝 胡 恬	王 平 王普庆 田 勇	楚卫斌 李 婷	常温花 伊晓燕
4	小浪底水库运用及库区淤积形态分析	张俊华 马怀宝 陈书奎	张俊华 李 涛 王 岩	马怀宝 王 婷	蒋思奇 李昆鹏	陈书奎 陈孝田
5	黄河下游"驼峰"河段及其下游分组泥沙冲淤特性分析	李小平 万 强	李小平 彭 红 曹永涛	张晓华 张 敏 李军华	王卫红 万 强 郑春梅	郑艳爽 江恩惠 张林忠
6	进一步增大高村—艾山河段平滩流量的可行性	孙赞盈	孙赞盈 尚红霞	张晓华 郑艳爽	李 勇 彭 红	曲少军 侯志军
7	黄河下游河南段泥沙利用调查及重点河段过流情况	姜丙洲	姜丙洲 程献国	黄福贵 曹惠提	罗玉丽 卞艳丽	王军涛 郑利民

前　言

按照年度咨询工作指导思想由"弄清情况、分析原因、提出对策"向"新建议、新发现、新解释"转变的要求,在广泛征求黄河水利委员会(简称黄委)相关部门、单位及专家意见的基础上,提出了未来3年重点咨询的课题,工作范围也从原有的水沙特性、水土保持、三门峡水库、小浪底水库、下游河床演变等5个方面向黄河全流域及防凌、水资源等相关方面扩展。

2008年重点对宁蒙河段防凌分洪对策、三门峡水库库区冲淤演变及桃汛期潼关高程主要影响因素、小北干流桃汛期永济河段漫滩原因、三门峡水库敞泄期水沙关系、小浪底水库库区冲淤演变及运用方式、黄河下游"驼峰"河段河床演变与平滩流量发展趋势预测等问题进行了跟踪咨询,同时,对黄河下游河南段泥沙利用情况进行了调查分析。

2008年黄河流域降水量偏少,全流域平均降水量仅为387 mm,同时水沙量较多年均值大幅度减少。潼关实测年径流量仅有215.20亿 m³,年输沙量只有0.61亿 t,较多年均值偏少92%。而且,汛期水沙量占全年的比例进一步减小,潼关汛期水量占全年的比例不到50%,沙量占全年的比例则不到40%。2008年黄河流域引水量较大,达到230.85亿 m³,其中利津以上引水量为227.42亿 m³。三门峡水库非汛期水位控制在315～318 m,汛期平水期按照控制水位不超过305 m运用。三门峡水库汛期冲刷主要集中在调水调沙运用的敞泄期,出库沙量约为入库沙量0.02亿 t的4倍。在桃汛期前潼关河段发生淤积,在桃汛期发生冲刷,全年潼关高程累计下降0.07 m。小浪底水库在6月19日至7月3日进行了汛前调水调沙生产运行,全年出库沙量为0.462亿 t,且全部发生在调水调沙期间,其中异重流排沙0.458亿 t,其排沙比为61.8%。2008年小浪底水库淤积0.24亿 m³,淤积主要发生在195～235 m高程,占86%,淤积形态仍为三角洲淤积。黄河下游河道冲刷量为0.78亿 m³,其中汛期占68%。黄河下游冲刷集中在孙口以上,冲刷量占全下游的81%,冲淤强度最小的河段为艾山—泺口河段。目前黄河下游平滩流量在3 850～6 500 m³/s。孙口—黄庄为"驼峰"河段,2008年平滩流量有所增加,达到3 810～3 900 m³/s;花园口再现洪峰流量增值现象,小浪底6月30日10.3时洪峰流量为4 050 m³/s,花园口7月1日10.6时洪峰流量为4 600 m³/s,区间加入流量不足50 m³/s,花园口洪峰流量增加12%。

对宁蒙河段防凌分洪对策、三门峡水库运用及降低潼关高程试验效果、小浪底水库淤积形态对水库调度的影响、黄河下游"驼峰"河段治理对策等开展了专题研究。研究表明,20世纪90年代以来,宁蒙河段凌汛期槽蓄增量比以前明显增加,每年槽蓄增量基本都在12亿 m³以上,同时河槽淤积抬升明显。形成近期凌灾的重要原因是河槽淤积萎缩,其对应的解决措施是通过水库调节和水土保持等措施协调水沙过程而实现河槽减淤,并且短期内应建设应急分洪区。在对应急分洪区设置、防凌临界水位、河道槽蓄增量临界研究的基础上,提出了按防凌水位分级运用分洪区的建议,并制定了宁蒙河段防凌应急分洪区启用的指标体系。自 2006 年,连续开展了利用并优化桃汛洪水冲刷降低潼关高程试验。通过万家寨水库调度运用,实现出库最大流量在 2 700 ~ 3 000 m³/s、10 d 洪量达 11.0 亿 ~ 12.5 亿 m³ 的洪水过程,传播到潼关形成洪峰流量在 2 500 m³/s 以上、最大 10 d 洪量在 13.0 亿 m³ 以上的洪水过程,从而实现了潼关高程的冲刷下降。2006 年、2007 年、2008 年洪水前后潼关高程分别下降 0.20 m、0.05 m、0.07 m,对汛末潼关高程保持在较低状态起到一定作用。2004 年小浪底水库调水调沙人工塑造异重流试验以来,三门峡水库进行敞泄排沙,为塑造异重流提供沙源。近年的运用表明,当三门峡水库水位降到 300 m 以下时,出库含沙量可达到 300 kg/m³ 以上。通过实测资料统计分析,建立了调水调沙期累计出库沙量与相应累计出库水量的关系,以及敞泄期库区冲刷量与入库水量的关系,可以根据三门峡水库前期出库水沙总量和后期流量,预估后续的出库含沙量过程,为小浪底水库人工塑造异重流提供参考。目前,小浪底水库三角洲顶坡纵比降推移到坝前还约有 9 亿 m³ 的容积,按近年平均来沙情况估算,2 ~ 3 年内,三角洲淤积、异重流排沙仍然是小浪底水库的主要排沙方式。通过小浪底水库库区淤积过程计算分析,在同淤积量与同蓄水量条件下,近坝段保持较大库容的三角洲淤积形态,在发挥水库拦粗排细减淤效果及优化出库水沙过程等方面更优于锥体淤积形态。目前,黄河下游在孙口上下河段仍存在"驼峰"现象,且高村以上河道冲刷有减弱的趋势。根据对黄河下游平滩流量的预估,未来 3 年在孙口—艾山河段仍存在"驼峰"现象,其半滩流量比上下游河段偏小 300 m³/s。小浪底水库运用初期使黄河下游河道的输沙能力有所提高,现状条件下花园口洪水期平均流量大于 1 500 m³/s 时高村—利津河段可发生冲刷。对分组泥沙冲淤规律的分析表明,在小浪底水库拦沙期的洪水期,高村—艾山河段全沙发生冲刷,特别是特粗泥沙冲刷效率明显增大。与三门峡水库拦沙期相比,小浪底水库下泄 2 500 m³/s 以下小流量级的冲刷效率显著增大。在对"驼峰"河段冲淤演变规律与小浪底水库运用效果分析的基础上,提出了利用调水调沙和利用挖泥船扰沙等解决"驼峰"现象的措施建议。

本报告研究成果主要由时明立、姚文艺、李勇、郜国明、侯素珍、马怀宝、张晓华、姜丙洲、尚红霞、孙赞盈、李小平、王平、邓宇、万强等完成,其他参加人员不再一一列出,一并表示致谢。潘贤娣、赵业安、王德昌和张胜利等教授级高级工程师在跟踪咨询工作中给予了认真指导,在此表示衷心感谢。

姚文艺负责报告修改和统稿。黄河水利出版社对本报告的出版给予了大力支持,在编排上付出了很多辛勤劳动,特此一并感谢。

需要说明的是,在报告编写过程中,参考引用了他人的一些相关研究成果,除已列出的参考文献外,还有一些参考文献未能一一列出,敬请相关作者或研究者给予谅解,同时表示衷心感谢!

黄河水利科学研究院
黄河河情咨询项目组
2009 年 5 月

目 录

第一部分 综合咨询研究报告

第一章　2008年黄河基本河情

一、流域降水及水沙特点

根据报汛资料统计分析,2008年黄河流域降水与水沙特点表现为降水偏少,仍属枯水少沙年。

(一)降水偏少

2008年(日历年)黄河流域年降水量387 mm,其中汛期(7～10月,下同)264 mm,与多年(1956～2000年,下同)同期相比,全年偏少13%,汛期偏少7%。其中主要来沙区河龙区间、泾渭河和北洛河汛期降雨量分别为277 mm、301 mm和240 mm,与多年同期相比分别偏少4%、14%和29%(见图1-1)。汛期降雨量最大的是大汶河下港,为357 mm。但是,年内各月的降雨量与多年同期相比,并非均是减少的,例如,主要来沙区河龙区间、泾渭河和北洛河6月和9月降雨偏多,其中河龙区间分别偏多51%和96%;泾渭河分别偏多38%和11%;北洛河分别偏多43%和29%。河龙区间、泾渭河和北洛河7月分别偏少59%、25%、53%。

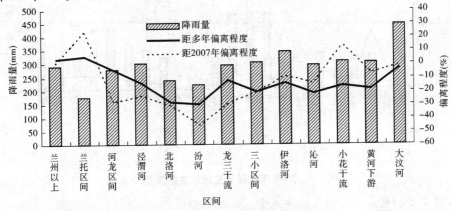

图1-1　2008年汛期黄河流域各区间降雨量

(二)仍属枯水少沙年

1. 龙门和潼关沙量为实测最小值

唐乃亥、头道拐、龙门、潼关、花园口和利津站2008年(2007年11月～2008年10月,下同)水量分别为170.48亿 m³、171.69亿 m³、184.44亿 m³、215.2亿 m³、239亿 m³和157.07亿 m³,与多年同期相比偏少16%～53%(见图1-2)。主要支流控制站华县、河津、洑头、黑石关、武陟来水量,与多年同期相比分别偏少45%、68%、65%、68%、83%。支流水量减少幅度大于干流。

龙门、潼关、花园口和利津站年沙量分别为0.611亿 t、1.397亿 t、0.616亿 t和0.832亿 t,较多年同期分别偏少92%、88%、94%和90%(见图1-3),其中龙门和潼关为历年最小值。

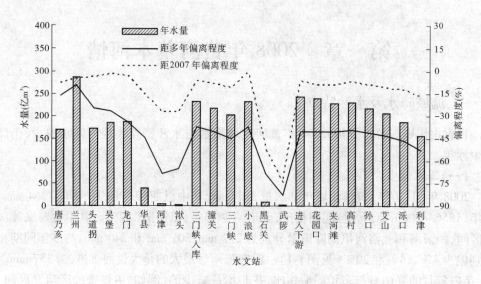

图 1-2　2008 年主要干支流水文站实测水量

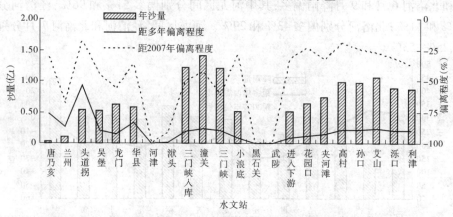

图 1-3　2008 年主要干支流水文站实测沙量

2. 汛期水沙量占年比例进一步减少

干支流汛期水量占年比例除唐乃亥为 63% 外,其余均不足 50%,特别是河津、小浪底和花园口站不足 30%;汛期沙量占年比例除兰州以上干流和支流仍然在 70% 以上,大部分干流下降到 60% 以下,特别是头道拐、吴堡和龙门分别为 41%、26% 和 34%。由于 2002 年以来小浪底水库调水调沙基本上在汛前进行,而汛期洪水较少,因此调水调沙水量划分在下游非汛期对年内水量分配有所影响,以 2008 年为例,若将汛前调水调沙水量归入汛期,则花园口汛期水量占全年的比例达到 48%。

3. 全年大流量过程进一步减少

潼关和花园口全年流量小于 1 000 m³/s 历时分别为 316 d 和 337 d,分别占全年总历时的 86% 和 92%;潼关全年没有出现一天大于 3 000 m³/s 以上的流量级过程,花园口出现大于 3 000 m³/s 以上流量级过程在全年有 11 d,其中有 10 d 出现在非汛期。

4. 河龙区间沙量减幅大于水量、水量减幅大于降雨量

河龙区间是黄河的主要粗泥沙来源区,汛期降雨量 277 mm,实测水沙量分别为

13.82亿m³和0.205亿t,与多年同期相比,分别偏少6%、50%和97%;主汛期降雨量145 mm,实测水沙量分别为4.23亿m³和0.104亿t,与多年同期相比,分别偏少29%、76%和98%;秋汛期降雨量132 mm,实测水沙量分别为9.59亿m³和0.101亿t,与多年同期相比,降雨量偏多45%,水沙量分别偏少6%和90%。

可以看出,汛期主要来沙区实测沙量减幅大于水量的减幅,实测水量减幅又大于降雨量的。

5.没有出现编号洪水

干流大部分水文站全年最大流量出现在非汛期,头道拐、龙门、潼关和花园口全年最大流量分别为1 890 m³/s、2 640 m³/s、2 790 m³/s和4 600 m³/s。除受调水调沙和桃汛洪水的影响外,黄河流域没有发生编号洪水,只有中游干流和部分支流出现了几次小的洪水过程。

(三)流域引水及水库调蓄特点

1.流域引水量较大,入海实测水量大幅度减少

2008年黄河干流全河共引水230.85亿m³,其中利津以上地区引水量为227.42亿m³(见表1-1),是利津实测水量157.07亿m³的1.45倍。

表1-1 2008年黄河流域引水量统计

河段	引水量(亿m³)			非汛期占全年(%)	河段占全河(%)
	非汛期	汛期	全年		
龙羊峡—兰州	9.10	2.31	11.41	80	5
兰州—下河沿	5.60	3.59	9.19	61	4
下河沿—石嘴山	36.51	20.87	57.38	64	25
石嘴山—头道拐	29.42	36.87	66.29	44	29
头道拐—龙门	1.65	1.56	3.21	51	1
龙门—三门峡	3.67	2.32	5.99	61	3
三门峡—花园口	3.41	1.55	4.96	69	2
花园口—高村	12.44	3.37	15.82	79	7
高村—利津	41.94	11.23	53.18	79	23
利津以下	2.92	0.51	3.42	85	1
利津以上	143.74	83.68	227.42	63	99

从引水时间分布来看,非汛期引水比较多,达146.66亿m³,占全年的64%,但引水更集中于3~8月,占全年引水量的70%。

从沿程分布来看,头道拐以上的上游地区引水量达114.27亿m³,占全河的63%,三门峡以下的下游地区引水量为77.38亿m³,占全河的33%,而中游地区引水量很小,仅占全河的4%。引水量最大的三个河段仍然是下河沿—石嘴山、石嘴山—头道拐和高村—利津河段。

2. 水库年蓄水量较上年减少

截至 2008 年 11 月 1 日,黄河流域主要水库蓄水总量 260.29 亿 m^3,其中龙羊峡、小浪底和刘家峡水库分别占总蓄水量的 69%、13% 和 10%。与 2007 年同期相比,八大水库少蓄 34.23 亿 m^3(见表 1-2)。

表 1-2   2008 年主要水库蓄水情况

水库名称	2008 年 11 月 1 日		非汛期变量 (亿 m^3)	汛期变量 (亿 m^3)	秋汛期变量 (亿 m^3)	年蓄水变量 (亿 m^3)
	水位(m)	蓄水量(亿 m^3)				
龙羊峡	2 581.3	180.00	-54.00	36.00	24.00	-18.00
刘家峡	1 723.6	26.60	-8.40	3.40	-0.90	-5.00
万家寨	976.79	4.84	-1.55	2.48	0.94	0.93
三门峡	316.87	3.40	-3.63	3.40	3.07	-0.23
小浪底	241.03	34.40	-29.70	18.70	14.10	-11.00
陆浑	308.41	2.98	-1.30	0.66	0.21	-0.64
故县	522.77	4.49	-1.03	0.71	0.68	-0.32
东平湖	41.84	3.58	-0.59	0.62	0.72	0.03
合计		260.29	-100.20	65.97	42.82	-34.23

注:- 为水库补水。

非汛期八大水库共补水 100.2 亿 m^3,其中龙羊峡、刘家峡和小浪底水库分别补水 54 亿 m^3、8.4 亿 m^3 和 29.7 亿 m^3;汛期增加蓄水 65.97 亿 m^3,其中龙羊峡和小浪底水库分别增加蓄水 36 亿 m^3 和 18.7 亿 m^3;蓄水主要在秋汛期,占汛期的 65%。

3. 水库蓄水改变年内分配

利津实测年水量 157.07 亿 m^3(见表 1-3),其中汛期占 38%。如果没用沿程引水和水库调蓄,利津还原年水量为 350.49 亿 m^3,其中汛期占 58%,利津以上引水量占还原年水量的 65%,其中汛期利津以上来水中,41% 为引水灌溉,38% 为主要水库拦蓄。

表 1-3   主要水库和引水对干流水量影响

项目	非汛期(亿 m^3)	汛期(亿 m^3)	全年(亿 m^3)	汛期占全年(%)
①头道拐以上引水量	80.63	63.64	144.27	44
②龙羊峡、刘家峡两库合计	-62.40	39.40	-23.00	
③实测头道拐水量	108.73	62.96	171.69	37
④ = ① + ② + ③	126.96	166	292.96	57
⑤利津以上引水量	143.74	83.68	227.42	37
⑥龙羊峡、刘家峡、小浪底三库合计	-92.10	58.10	-34	
⑦实测利津水量	96.67	60.40	157.07	38
⑧ = ⑤ + ⑥ + ⑦	148.31	202.18	350.49	58

二、三门峡水库库区冲淤及潼关高程变化

(一)水库运用及排沙情况

非汛期水位控制在 315～318 m,汛期平水期按照控制水位不超过 305 m 运用。除配合调水调沙运用进行敞泄排沙外,汛期水库没有敞泄。汛期冲刷主要集中在调水调沙运用敞泄期,排沙比高达 39.6。

非汛期月平均运用水位在 315～318 m 变化(见表 1-4),最高日均水位 317.97 m,桃汛之前日均水位在 317～318 m;3 月下旬日均水位降至 313 m 以下,迎接桃汛洪水,日均最低水位 312.94 m;之后回升至 317～318 m,并持续到 6 月中旬;6 月下旬为配合调水调沙并向汛期运用过渡,实施敞泄运用,6 月 20 日水位从 317 m 左右开始下降,至 6 月 30 日最低水位 290.13 m。非汛期水位在 317～318 m 和 316～317 m 的天数分别为 136 d 和 60 d。

表 1-4　史家滩各月平均水位　　　　　　　　　　(单位:m)

月份	11	12	1	2	3	4	5	6	7	8	9	10
水位	317.09	316.98	317.12	317.41	315.89	316.88	316.76	314.91	302.81	303.92	304.66	308.48

汛期来水偏枯,潼关最大洪峰流量仅 1 480 m³/s(9 月 30 日)。汛期采用控制水位不超过 305 m、流量大于 1 500 m³/s 敞泄的运用方式。6 月下旬起为配合小浪底水库调水调沙,三门峡水库开始降低水位敞泄运用,6 月 30 日水位降至最低 290.13 m,之后库水位逐步抬升,7 月 5 日达到 304.67 m,进入汛期 305 m 控制运用。整个敞泄期历时 4 d,坝前平均水位 291.23 m,潼关最大流量 1 410 m³/s。因汛期潼关流量小,因此在汛期没有进行敞泄排沙运用,整个平水期坝前平均水位 304.13 m。10 月 14 日水库开始蓄水,10 月 28 日蓄水到 317 m 以上。

全年入库泥沙 1.397 亿 t,出库泥沙 1.337 亿 t,排沙比为 0.96,全年排沙具有敞泄期冲刷、平水期淤积的特点。非汛期排沙出现在桃汛期和 6 月的调水调沙期;排沙集中在调水调沙时的敞泄运用期和洪水期(见表 1-5),冲刷主要集中在调水调沙运用敞泄期,排沙比高达 38.90。

表 1-5　汛期排沙统计

时段 (月-日)	敞泄天数 (d)	史家滩水位(m)	潼关		三门峡沙量 (亿 t)	冲淤量 (亿 t)	单位水量冲淤量 (kg/m³)	排沙比
			水量 (亿 m³)	沙量 (亿 t)				
06-29～07-02 (敞泄期)	4	291.23 (敞泄)	3.82	0.019	0.740	-0.720	-188.60	38.90
07-03～10-14		304.13	65.32	0.662	0.528	0.134	2.06	0.80
10-15～10-31		311.88	10.68	0.042	0.007	0.035	3.29	0.16
合计			79.82	0.723	1.275	-0.551	-6.90	1.76

注:-为冲刷量。

（二）库区冲淤分布

2008 年潼关以下库区非汛期淤积 0.521 亿 m³，汛期冲刷 0.286 亿 m³，全年淤积 0.235 亿 m³（见表 1-6）。

表 1-6　2008 年潼关以下库区各河段冲淤量　　　　　　　（单位：亿 m³）

时段	大坝—黄淤 12	黄淤 12—黄淤 22	黄淤 22—黄淤 30	黄淤 30—黄淤 36	黄淤 36—黄淤 41	合计
非汛期	0.006	0.164	0.266	0.091	−0.006	0.521
汛期	0.183	−0.153	−0.193	−0.136	0.013	−0.286
全年	0.189	0.011	0.073	−0.045	0.007	0.235

小北干流河段非汛期冲刷 0.302 亿 m³，汛期冲刷 0.162 亿 m³（见表 1-7），全年冲刷 0.464 亿 m³。

表 1-7　2008 年小北干流各河段冲淤量　　　　　　　（单位：亿 m³）

时段	黄淤 41—黄淤 45	黄淤 45—黄淤 50	黄淤 50—黄淤 59	黄淤 59—黄淤 68	合计
非汛期	0.019	−0.052	−0.092	−0.177	−0.302
汛期	−0.027	−0.046	−0.076	−0.013	−0.162
全年	−0.008	−0.098	−0.168	−0.190	−0.464

1. 潼关以下非汛期淤积量大的河段在汛期冲刷量也大

非汛期潼关以下沿程冲淤分布如图 1-4 所示。非汛期淤积末端在黄淤 36 断面，淤积强度最大的范围在黄淤 20—黄淤 29 断面之间。汛期坝前约 20 km 河段受汛期没有敞泄运用、保持 305 m 控制运用的影响表现为淤积。非汛期淤积量大的河段在汛期冲刷量也大。

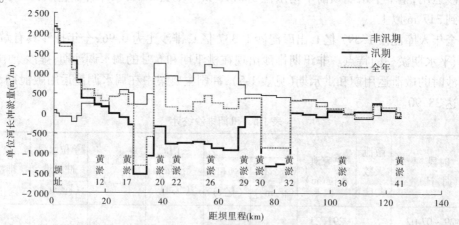

图 1-4　2008 年冲淤量沿程分布

全年黄淤 20—黄淤 30 断面非汛期淤积的泥沙汛期没有完全冲走，黄淤 14 断面以下的淤积量主要是汛期 305 m 运用造成的，其年淤积量为 0.198 亿 m³，占全段淤积量的 83.8%，其余河段冲淤量均较小。

2. 小北干流汛期发生冲刷

小北干流河段改变了三门峡水库蓄清排浑以来非汛期冲刷、汛期淤积的变化规律，由于龙门来沙量少,汛期也发生冲刷。从冲淤量沿程分布来看(见图1-5),除个别断面淤积外,大部分断面为冲刷。非汛期黄淤41—汇淤6断面淤积,平均淤积强度182 m³/m,其余河段除个别断面略有淤积外,大都为冲刷。全年来看,整个河段除黄淤41—黄淤42断面以及汇淤6—黄淤45断面略有淤积外,其余均为冲刷。

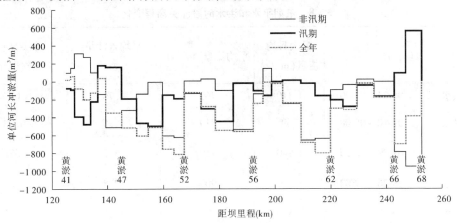

图1-5 2008年小北干流冲淤量沿程分布

(三)潼关高程变化

桃汛前潼关高程抬升,桃汛期则下降。桃汛后至汛前潼关高程有所抬升,但不大,到汛期冲刷有所下降,汛后潼关高程为327.72 m,全年累积下降0.07 m。

1. 非汛期潼关高程上升0.19 m

非汛期最高水位318 m控制运用,潼关河段直接受水库回水影响较小,潼关高程变化主要受水沙的影响,从2007年汛后的327.79 m上升至2008年汛前的327.98 m。以桃汛为界,将其变化分为三个阶段:2007年汛后至桃汛前为上升阶段,潼关高程抬升至328.03 m;桃汛期潼关站洪峰流量2 790 m³/s,最大含沙量37.9 kg/m³,河床发生冲刷调整,潼关高程下降至327.96 m(见图1-6);桃汛后至汛前,潼关站平均流量590 m³/s,平均含沙量3.64 kg/m³,断面调整很小,潼关高程仅上升0.02 m。非汛期累计上升0.19 m。

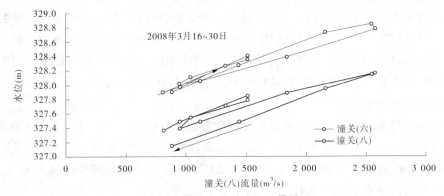

图1-6 桃汛期潼关水位流量关系

2. 汛期潼关高程下降 0.26 m

不同的洪水来源和水沙组合对潼关高程的影响不同,汛期潼关高程从 327.98 m 下降到 327.72 m。洪水期或汛期平水段潼关高程升降幅度均比较小,4 场洪水中有 3 场抬升、1 场下降(见表 1-8),洪水期合计抬升 0.19 m;平水期进行调整,汛期累计冲刷 0.26 m。

表 1-8　汛期平水和洪水时段潼关高程变化

时段(月-日)		最大日均流量(m^3/s)	平均流量(m^3/s)	平均含沙量(kg/m^3)	潼关高程变化值(m)
洪水	06-24 ~ 07-09	1 310	769	4.76	0.06
平水	07-10 ~ 08-08	769	319	16.5	-0.03
洪水	08-09 ~ 08-25	1 240	719	15.2	0.07
平水	08-26 ~ 09-02	1 060	902	12.8	0
洪水	09-03 ~ 09-24	1 390	1 088	5.26	-0.09
洪水	09-25 ~ 10-07	1 320	927	12.7	0.15
平水	10-08 ~ 10-31	994	775	4.05	-0.24

三、小浪底水库调度运用及库区冲淤特性

(一)水库调度时段

2008 年小浪底水库按照满足黄河下游防洪、减淤、防凌、防断流以及供水为主的运用目标,进行了防洪和春灌蓄水、调水调沙及供水等一系列调度。2008 年的调度划分为三个时段,即第一阶段为 2007 年 11 月 1 日至 2008 年 6 月 19 日,库水位一直保持在 250 m 左右,其中 2007 年 12 月 20 日达到全年水库最高水位 252.90 m;第二阶段为 2008 年 6 月 19 日至 7 月 3 日,为汛前调水调沙生产运行期,其中 6 月 19 日至 6 月 28 日为调水期(28 日库水位降至 227.3 m),6 月 28 日至 7 月 3 日为水库排沙期(3 日库水位下降至 222.30 m);第三阶段为 2008 年 7 月 3 日至 10 月 31 日,其中 8 月 20 日之前,库水位在汛限水位 225 m 以下,8 月 20 日之后,库水位持续抬升,最高库水位一度上升至 241.60 m(10 月 19 日),至 10 月 31 日,库水位下降为 240.90 m,相应水库蓄水量为 33.24 亿 m^3。

(二)库区冲淤特性

1999 年 9 月至 2008 年 10 月,全库区淤积量为 24.110 亿 m^3。其中干流和支流分别占总淤积量的 83% 和 17%。至 2008 年 10 月 275 m 高程下干流库容为 54.771 亿 m^3,支流库容为 48.580 亿 m^3,总库容为 103.351 亿 m^3。与 2007 年相比总库容仅减少 0.24 亿 m^3。

1. 淤积空间分布以干流为主

2008 年小浪底全库区淤积量为 0.241 亿 m^3,其中干流淤积量为 0.256 亿 m^3,支流冲刷量为 0.015 亿 m^3(见表 1-9)。

表 1-9　2008 年各时段库区淤积量　　　　　（单位:亿 m³）

时段	干流	支流	合计	沇西河	除沇西河外支流
非汛期	−0.304	−0.415	−0.719	−0.164	−0.251
汛期	0.560	0.400	0.960	0.011	0.389
全年	0.256	−0.015	0.241	−0.153	0.138

淤积主要发生在 195～235 m 高程,淤积量为 0.827 亿 m³;冲刷则主要发生在 240～275 m 高程(见图 1-7),冲刷量为 0.378 亿 m³。

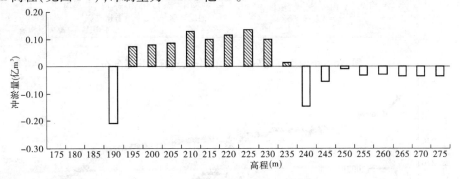

图 1-7　小浪底库区不同高程冲淤量分布

从断面分布看,泥沙主要淤积在 HH7—HH38 断面之间库段(含支流),淤积量为 0.798 亿 m³,HH38 断面以上库段(含支流)发生冲刷,冲刷量为 0.358 亿 m³(见表 1-10)。

表 1-10　2008 年小浪底库区不同库段(含支流)冲淤量分布

	库段	HH7 以下	HH7—HH15	HH15—HH38	HH38—HH49	HH49—HH56	合计
	距坝里程(km)	0～8.96	8.96～24.43	24.43～64.83	64.83～93.96	93.96～123.41	0～123.41
冲淤量 (亿 m³)	2008 年 4～10 月	0.065	0.921	0.392	−0.414	−0.004	0.960
	2007 年 10 月～ 2008 年 4 月	−0.263	−0.359	−0.157	0.102	−0.042	−0.719
	全年	−0.198	0.562	0.235	−0.312	−0.046	0.241

2. 冲淤时间分布为非汛期冲、汛期淤

库区非汛期表现为冲刷,冲刷量为 0.719 亿 m³;汛期淤积量为 0.960 亿 m³,其中干流淤积量 0.560 亿 m³,占汛期库区淤积总量的 58%,支流淤积主要分布在畛水河、石井河、沇西河、西阳河、大峪河等较大的支流,其他支流的淤积量均较小(见图 1-8)。

(三)库区淤积形态

干流纵向淤积形态变化不大(见图 1-9)。

2008 年 10 月库区淤积形态仍为三角洲淤积,HH37—HH49 断面发生冲刷,最大深泓点冲深达 10.35 m（HH45 断面），HH8—HH19 断面表现为淤积，最大淤积抬升为 10.14 m（HH15 断面），其他断面均表现为淤积抬升。

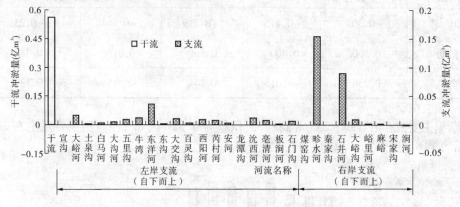

图 1-8　小浪底库区 2008 年汛期干、支流淤积量分布

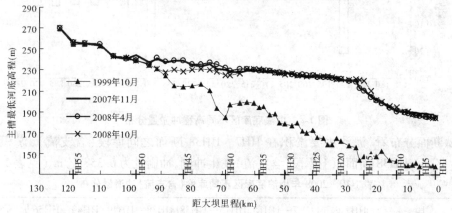

图 1-9　干流纵剖面套绘（深泓点）

三角洲顶点由距坝 27.19 km 左右下移至距坝 24.43 km（HH15）处，顶点高程为 220.25 m。距坝 20.39 km 以下库段为三角洲坝前淤积段，其是异重流挟带的细颗粒泥沙淤积沉降所致；距坝 20.39 ~ 24.43 km 库段（HH13—HH15 断面）为三角洲前坡段，也是 2008 年度淤积最多的库段，比降为 45.69‰；三角洲顶坡段位于距坝 24.43 ~ 93.96 km（HH15—HH49 断面）之间，比降为 2.030‰，其中距坝 24.43 ~ 62.49 km 库段（HH15—HH37 断面），比降与 2007 年洲面段比降一致，为 3‰，距坝 62.49 ~ 93.96 km（HH37—HH49 断面）库段，比降为 0.9‰；距坝 93.96 km 以上库段为尾部段，比降为 12.1‰。

不同库段的冲淤形态及过程有较大的差异。HH1—HH7 断面位于坝前段，2008 年度表现为前期库区淤积物逐渐密实；HH8—HH18 断面表现为非汛期冲刷，汛期全断面淤积抬高，属于 2008 年度淤积量最大的库段；HH19—HH28 断面因此库段弯道控制较多，汛期部分断面表现以淤滩为主；HH33—HH37 断面位于三角洲淤积形态的洲面段，表现以淤槽为主；HH37—HH48 断面位于三角洲顶坡段的后段，在非汛期淤积，而汛期随着库水位降低，发生全断面冲刷。

进一步分析可知，不同库段的横断面冲淤形态有较大的差异。据统计，汛期大峪河、东洋河、西阳河、大交沟、沇西河、大峪沟、畛水河、石井河等支流淤积量较大;而非汛期部分支流产生不同程度的冲刷,特别是沇西河冲刷0.164亿m³(见表1-9);支流总体上全年表现为冲刷,冲刷量为0.015亿m³。除沇西河外,大部分支流表现为淤积,而支流来沙量可忽略不计,所以支流的淤积主要是干流来沙倒灌所致。发生异重流期间,水库运用水位较高,库区较大的支流多位于干流异重流潜入点下游,由于异重流清浑水交界面高程超出支流沟口高程,干流异重流沿河底向支流倒灌,并沿程落淤,表现出支流沟口淤积较厚,沟口以上淤积厚度沿程减少。随干流淤积面的抬高,支流沟口淤积面同步上升,支流淤积形态取决于沟口处干流的淤积面高程。

汛期小浪底水库三角洲洲面及其以下库段床面进一步发生冲淤调整,在小浪底库区回水末端以下形成异重流。HH16—HH28断面之间的干流库段位于三角洲洲面段,在异重流运行过程中产生淤积,支流沟口淤积面随着干流淤积面的调整而产生较大的变化,支流内部的调整幅度小于沟口处,而在调水调沙期间,干流发生冲槽淤滩的情况,导致支流沟口淤积面低于干流,如东洋河、西阳河等;HH1—HH15断面主要是异重流及浑水水库淤积,异重流倒灌亦产生大量淤积,沟内河底高程同沟口干流河底高程基本持平,如畛水河、石井河等;而位于坝前段的大峪河,由于淤积物长期密实,干支流淤积面均表现为压缩。

需要说明的是,位于HH32—HH33断面之间的沇西河,全年度均表现为冲刷。干流HH32—HH33断面位于三角洲淤积形态的洲面段,平均河宽约1 500 m,是小浪底库区河段较宽的库段,异重流运行过程中产生的淤积,在宽河段能量迅速衰减。同时,沇西河沟口以上河谷宽度逐渐变宽,至YX1+2断面达到最宽2 739 m,能量再次衰减,几乎不产生淤积,而YX2等较宽断面又会发生一定程度的密实,导致整条支流表现为冲刷。

四、黄河下游河道冲淤演变及"驼峰"河段平滩流量变化

(一)黄河下游河段冲淤沿程分布特点

白鹤—汉3河段年冲刷0.784亿m³,其中汛期冲刷0.531亿m³,占年冲刷量的68%(见图1-10)。

全年冲刷集中在孙口以上,冲刷量占全下游的81%(见图1-10),孙口以下河段冲刷较少。

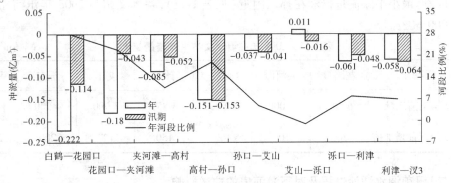

图1-10 2008年下游河段不同时段冲淤变化

点绘河槽历年单位长度冲刷情况（见图 1-11）可以看出，2008 年冲淤强度最小为艾山—泺口河段，单位长度淤积量为 0.000 1 亿 m³/km。

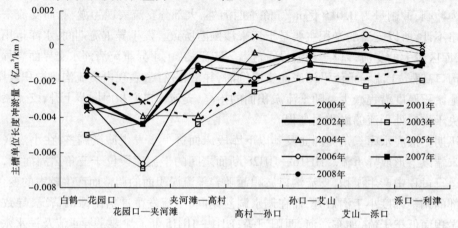

图 1-11 小浪底水库运用以来不同河段累计冲淤情况

从 1999 年 10 月小浪底水库投入运用到 2008 年汛后，黄河下游利津以上河段全断面累计冲刷 11.278 亿 m³，其中夹河滩以上河段累计冲刷 7.324 亿 m³（见图 1-12），占全部冲刷量的 65%，孙口—艾山河段冲刷最小，仅 0.398 亿 m³，占总冲刷量的 4%。

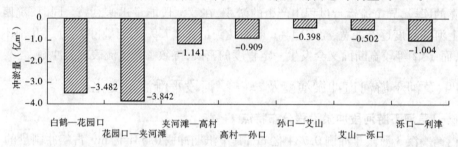

图 1-12 小浪底水库运用以来不同河段累计冲淤情况

由于总体上呈冲刷状态，黄河下游平滩流量不能增加，目前下游平滩流量在 3 850 ~ 6 500 m³/s。最小平滩流量仍然在孙口附近（见表 1-11），各水文站与 2008 年汛前相比增加 0 ~ 200 m³/s。

表 1-11 2008 年主要水文站平滩流量变化 （单位：m³/s）

项目	花园口	夹河滩	高村	孙口	艾山	泺口	利津
2009 年汛前流量	6 500	6 000	5 000	3 850	3 900	4 200	4 300
较 2008 年汛前增加值	200	0	100	150	100	200	200

（二）汛前调水调沙过程及对下游河道的冲淤影响

2008 年 6 月 19 日至 7 月 4 日，黄委进行了基于人工扰动方式的黄河第八次调水调沙实践。

1.三库联合调度人工塑造异重流过程

整个调度过程分为小浪底水库清水下泄的流量调控阶段和万家寨、三门峡、小浪底三库联合调度人工塑造异重流的水沙联合调度阶段。

1)第一阶段:流量调控阶段

根据下游河道主河槽平滩流量大小及确定的黄河下游各河段流量调控指标,自6月19~28日,利用下泄小浪底水库的蓄水冲刷下游河道。起始调控流量2 600 m³/s,最大调控流量4 100 m³/s。

2)第二阶段:水沙联合调度阶段

万家寨水库:从6月25日8时起,万家寨水库按照1 100 m³/s、1 200 m³/s、1 300 m³/s逐日加大下泄流量,在三门峡库水位降至300 m时准时对接,延长三门峡水库出库高含沙水流过程,为冲刷三门峡库区非汛期淤积泥沙调控水量和流量过程。

三门峡水库:从6月28日16时起,三门峡水库依次按3 000 m³/s控泄3 h、按4 000 m³/s控泄3 h;之后按5 000 m³/s控泄,直至水库敞泄运用,利用库水位315 m以下2.35亿m³蓄水塑造大流量过程,与小浪底库水位227 m对接,冲刷小浪底库区三角洲洲面淤积的泥沙,形成异重流;在后期敞泄运用中,利用万家寨下泄水流过程继续冲刷三门峡淤积泥沙,并与前期在小浪底库区形成的异重流相衔接,促使异重流运行到小浪底坝前排沙出库,并延长异重流过程。

小浪底水库:通过第一阶段调度使库水位降至227 m,以利于异重流潜入和运行。6月29日18时,小浪底水库人工塑造异重流排沙出库,之后,小浪底水库继续降低水位补水运用,以延长异重流出库过程,并尽量增加泥沙入海的比例。7月3日18时小浪底库水位降至221.5 m,结束调水调沙运用,转入正常汛期调度运行。

2.花园口出现洪峰增值现象

调水调沙期小浪底水库出库最大流量和最大含沙量分别为4 380 m³/s和148 kg/m³,花园口最大流量和含沙量分别为4 600 m³/s和83 kg/m³,利津最大流量和含沙量分别为4 050 m³/s和56 kg/m³。

小浪底6月30日10.3时洪峰流量4 050 m³/s,7月1日10.6时运行至花园口时洪峰流量则达到了4 600 m³/s,区间加入流量不足50 m³/s,花园口洪峰增值500 m³/s,增加12%。

3.输沙过程特点

点绘花园口和利津日平均流量和含沙量过程(见图1-13)可以看出,本次调水调沙利津沙峰明显滞后。考虑洪水在下游的演进,采用等历时法计算冲淤,将历时延长到20 d(小浪底水文站时间6月19日至7月8日),进入下游水沙量分别为43.85亿m³和0.462亿t,花园口水沙量分别为45.45亿m³和0.438亿t,利津水沙量分别为41.04亿m³和0.615亿t(见表1-12),下游引水3.87亿m³,其中花园口—利津引水3.37亿m³,花园口—利津河段考虑引水后,大约1.04亿m³水量不能平衡,占花园口水量的2%。

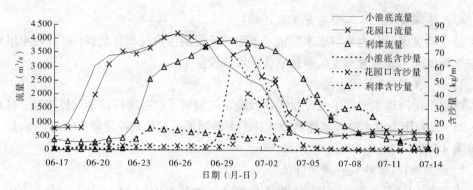

图 1-13　花园口和利津日平均流量和含沙量过程

表 1-12　2008 年汛前调水调沙分河段冲淤量

水文站	水量（亿 m³）	沙量（亿 t）	含沙量（kg/m³）	河段引水引沙量和冲淤量		
				引水量（亿 m³）	引沙量（亿 t）	冲淤量（亿 t）
小黑武	43.85	0.462	10.5			
花园口	45.45	0.438	9.6	0.50	0.005	0.019
夹河滩	43.38	0.441	10.2	0.72	0.007	−0.011
高村	42.87	0.477	11.1	0.38	0.004	−0.040
孙口	42.17	0.588	13.9	0.51	0.006	−0.117
艾山	42.51	0.586	13.8	0.23	0.003	−0.002
泺口	42.10	0.601	14.3	0.93	0.014	−0.028
利津	41.04	0.615	15.0	0.60	0.009	−0.022
合计				3.87	0.048	−0.201

4. 下游冲淤特点

由表 1-12 可以看出全下游冲刷 0.201 亿 t，除花园口以上淤积外，其余河段均发生冲刷，其中高村—孙口冲刷量最大，为 0.117 亿 t，占总冲刷量的 58%，冲刷河段中孙口—艾山冲刷量最小，仅 0.002 亿 t。

统计历年调水调沙冲刷效果见表 1-13，可以看出 2008 年汛前调水调沙下游冲刷效率明显降低，冲刷效率为 4.6 kg/m³，特别是高村以上河段，冲刷效率仅 0.7 kg/m³。

表 1-13　历年调水调沙冲刷效率　　　　　　　　　　　（单位：kg/m³）

河段	2002 年	2003 年	2004 年	2005 年	2006 年	2007 年	2008 年
下游	18.5	17.2	13.9	13.2	10.8	7.3	4.6
高村以上	8.1	9.7	6.6	8.9	5.1	2.8	0.7
高村—孙口	4.1	6.0	4.1	4.4	3.8	2.7	2.8
艾山—利津	8.1	1.2	3.1	0.2	2.5	2.0	1.2

本次调水调沙在部分河段生产堤挡水的情况下,黄河下游各站通过最大洪峰流量超过 4 000 m³/s(见表 1-14)。

表 1-14　主要水文站调水调沙期间最大洪峰流量　　　(单位:m³/s)

站名	花园口	夹河滩	高村	孙口	艾山	泺口	利津
流量	4 600	4 200	4 150	4 100	4 080	4 070	4 050

(三)"驼峰"河段平滩流量的变化

小浪底运用以来孙口—黄庄河段过流能力一直比较小,被称为"驼峰"河段,2008 年该河段冲淤面积变化见图 1-14,可以看出除影堂、陶城铺和黄庄断面淤积外,其余断面均有不同程度冲刷,其中雷口、白铺和徐巴什断面冲刷不足 50 m²。

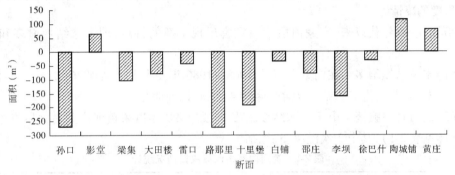

图 1-14　2007 年 10 月~2008 年 10 月"驼峰"河段各断面冲淤面积变化

目前该河段平滩流量在 3 810~3 900 m³/s,较 2007 年增加 90~200 m³/s(见表 1-15)。

表 1-15　2008 年汛后平滩流量变化　　　(单位:m³/s)

断面	孙口	影堂	梁集	大田楼	雷口	路那里	邵庄	陶城铺
2008 年平滩流量	3 850	3 900	3 900	3 850	3 850	3 850	3 810	3 850
2007 年平滩流量	3 700	3 750	3 700	3 700	3 700	3 650	3 720	3 750
平滩流量变化	150	150	200	150	150	200	90	100

第二章　近期跟踪研究的新认识

一、宁蒙河段防凌分洪对策

(一)近期凌灾变化及凌灾原因

宁蒙河段是黄河宁夏河段和内蒙古河段的统称,平面形态大致呈"Γ"型。干流纬度为 37°17′~40°51′N,水流由低纬度流向高纬度,11 月至翌年 2 月,多年平均气温低纬度地区比高纬度地区高 3.4 ℃,这种由于纬度差别形成的热力因素差异,使得宁蒙河段封河时由河段下游向河段上游封冻,开河时则由河段上游向河段下游解冻,在每年凌汛期发生不同程度的凌情。

20 世纪 90 年代以来,宁蒙河段凌情灾害出现了新的特点,即卡冰结坝增多和决口频繁。

(1)卡冰结坝增多。在内蒙古河段,1968~1986 年发生卡冰结坝 26 次,年均 1.5 次,1987~2008 年共发生卡冰结坝 91 次,年均 4 次,较以前明显增多。

(2)决口日益频繁。由于卡冰结坝增多,导致 1990 年以来黄河内蒙古河段发生了 7 次决口(见表 2-1),其中 2 次漫决、5 次溃决。

表 2-1　黄河内蒙古河段决口情况统计

溃口段名称	桩号	决口时间 (年-月-日)	距堤顶高 (m)	当年最大槽蓄 增量(亿 m³)	决口 形式
达拉特旗大树湾段		1990-02-06	0.3	13.49	溃决
磴口段拦河闸	3 + 300	1993-12-06	1.6	11.84	溃决
达拉特旗乌兰段蒲圪卜堤防	271 + 400	1994-03-20	凌水漫顶	11.84	漫决
乌达公路桥上游200~800 m 处黄河左岸堤防 4 处		1996-03-05		15.48	溃决
三湖河口—昭君坟段鄂尔多斯市达拉特旗乌兰乡万新林场堤防桩号 261 km	260 + 500	1996-03-26	凌水漫顶	15.48	漫决
杭锦旗独贵特拉奎素段东溃口	195 + 090	2008-03-20	0.96	18.62	溃决
杭锦旗独贵特拉奎素段东溃口	196 + 658		0.94		溃决

河槽持续淤积萎缩是卡冰结坝增多的重要原因。

卡冰结坝次数增多,其原因是多方面的,涉及水流、气温、河道、跨河建筑物等方面,其中河槽淤积萎缩是一个重要的因素,河槽淤积急剧萎缩、平滩流量大幅度减少,导致河道输水排冰能力显著降低,卡冰结坝明显增多。

图 2-1 表明,1990 年以来巴彦高勒断面平滩流量减少了约 80%,三湖河口减少了约 70%。

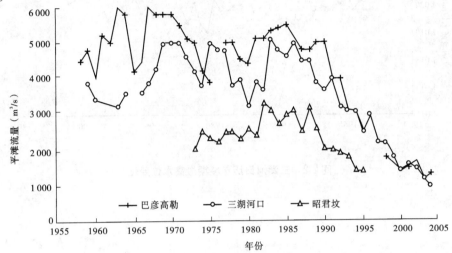

图2-1   内蒙古河段主要断面平滩流量变化

凌汛水位屡创新高是堤防决口的重要原因。

由于河槽萎缩,因此同流量水位抬升,极易形成堤防决口。由表 2-1 可知,黄河内蒙古河段共发生的 7 次决口,其中 2 次漫决的原因是冰塞或冰坝极大地壅高水位漫顶,5 次溃决的原因主要是凌汛期水位大幅度抬升造成堤防两侧水位差增大,加之堤防级别低、渗透率稳定性差,使得堤防渗流量增大,并进而发生管涌渗漏,造成堤防溃决。由此可知,在现行堤防标准不高的条件下,凌汛水位应是凌汛灾害的一个重要因素。

1990 年以来,凌汛最高水位屡创新高。在凌汛期,宁蒙河段冰凌水位普遍超高,并具有瞬间突发性增高的特点。一旦某河段出现卡冰结坝,冰凌水位上涨迅猛,甚至常出现超过千年一遇洪水位的现象。如 1993 年 12 月 6 日,冰塞致使巴彦高勒水位高达 1 054.40 m,超过千年一遇水位 0.2 m,为有记录以来封河期最高水位。1998 ~ 1999 年度封河期,三湖河口和昭君坟河段封河水位分别为 1 020.68 m 和 1 010.14 m,均为历史同期最高水位,开河期巴彦高勒水位达 1 054.00 m,为有记录以来的开河最高水位。2007 ~ 2008 年度开河期,三湖河口 3 月 18 日水位达 1 020.85 m,刷新凌汛期历史纪录,3 月 20 日水位达 1 021.22 m,超过历史最高水位 0.41 m。

图 2-2 为三湖河口历年凌期最高水位变化情况,说明 20 世纪 90 年代以来,三湖河口历年凌汛期最高水位呈递增趋势,18 年中抬升约 1 m,年均抬升约 0.06 m。

冰凌水位增高值(ΔZ)与槽蓄增量增大值(ΔW)、河槽淤积抬升值(ΔZ_0)及河道断面淤积萎缩值(ΔA_0)等因素密切相关。

图 2-3 为石嘴山—头道拐历年最大槽蓄增量变化图。从图中可以看出,20 世纪 90 年代以来,宁蒙河段凌汛期槽蓄增量比以前明显增加,除极个别年份外,每年槽蓄增量都在 12 亿 m³ 以上,总体呈递增趋势。

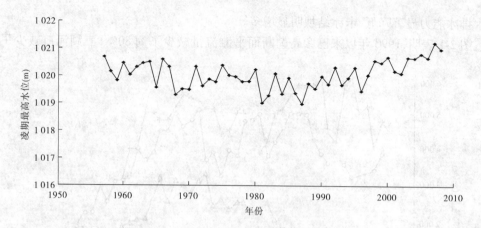

图2-2　三湖河口历年凌期最高水位变化

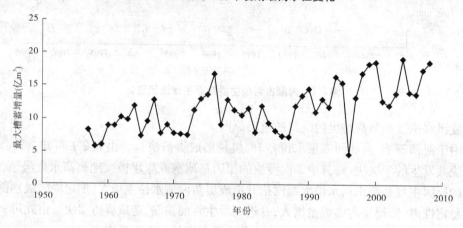

图2-3　石嘴山—头道拐历年最大槽蓄增量变化

图2-4为三湖河口历年同流量(1 000 m³/s)水位变化,可以看出,三湖河口河段1990～2004年同流量水位抬升幅度高达1.5 m,年均抬升约0.1 m。这说明河槽在不断淤积,河底高程在不断抬升,这也从客观上导致了历年凌期最高水位的抬高。

(二)近期凌灾防御措施

1. 应急分洪区

鉴于内蒙古已经对应急分洪区进行了规划设计及正待批复建设,并考虑我们掌握的资料有限,仅对应急分洪区的设置情况进行简要分析,而对宁蒙河道防凌分洪的具体生产需求、应急分洪区可达到的能力作用、实施过程和效益等有待以后研究。

根据《黄河内蒙古防凌应急分洪工程可行性研究报告》,选定了6处防凌分洪区,如图2-5所示。

左岸有3处分洪区,即巴彦淖尔市磴口县乌兰布和沙漠分洪区、河套灌区及乌梁素海分洪区、包头市小白河分洪区;右岸3处,即鄂尔多斯市杭锦旗杭锦淖尔分洪区、达拉特旗蒲圪卜分洪区、昭君坟分洪区。乌兰布和分洪区库容1.17亿 m³、河套灌区库容1亿 m³、杭锦淖尔分洪区库容0.82 m³、蒲圪卜库容0.24亿 m³、昭君坟库容0.33亿 m³、小白河库

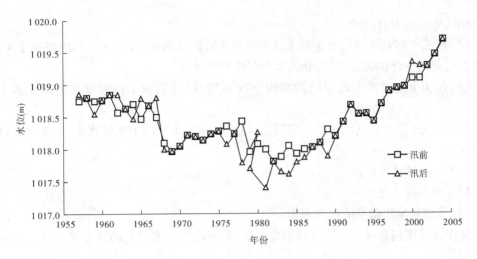

图 2-4　三湖河口历年同流量(1 000 m³/s)水位变化

注:空心三角表示卡冰结坝集中发生河段,实心椭圆表示分洪区位置,粗横条为决口发生部位。

图 2-5　黄河内蒙古防凌应急分洪区及卡冰结坝决口平面图

容 0.34 亿 m³。

根据历史资料,发生较大卡冰结坝及其位置分布见表 2-2。

表 2-2　发生较大卡冰结坝及其位置分布情况

序号	位置	年份	次数	邻近分洪区
1	三湖河口河段	1990、1996、1998、1999、2000、2002、2004、2008	8	杭锦淖尔
2	昭君坟河段	1994、1997、1998、2001	4	蒲圪卜、昭君坟
3	南海子河段	1972、1998、1999、2000、2001	5	小白河
4	乌达区河段	1972、1974、1975、1977、1980、2002	6	无

由表 2-2 可知:

(1)三湖河口出现次数最多,为 8 次,且全部为近 20 年发生的,本次拟设置的杭锦淖尔分洪区即在其上首河段。

（2）包头市昭君坟河段也是卡冰结坝出现次数较多的地方，1968年以后出现了4次。拟设置的蒲圪卜分洪区、昭君坟分洪区即在其上首河段。

（3）包头市九原区南海子河段出现5次冰坝，拟设置的小白河分洪区即在其上首河段。

（4）出现6次的有乌海市乌达区河段。近30年发生大的卡冰结坝不多，未考虑设置分洪区。

2.应急分洪区的运用

1）分级防凌水位分析

（1）水位是凌汛险情的关键因素。

凌汛水位屡创新高是堤防决口的重要原因，因此凌汛水位是防凌分洪的一个重要控制性指标。

（2）警戒水位（编号水位）分析与确定。

警戒水位是指当凌汛水位升到一定高度后对堤防构成一般险情威胁的水位值。在黄河下游，当流量达到一定量级后对大堤开始构成威胁，防汛工作即进入警戒状态，此时的流量即为警戒流量（编号洪峰）。同样，对于黄河宁蒙河段凌汛期，由于造成危害的关键因素是水位，即使是小流量也容易卡冰结坝形成高水位，并造成凌汛威胁，因此需确定一个警戒水位（编号水位）。一般来说，在宁蒙河段，水位值超过防凌设计水位后，防凌堤防即处于不安全状态，为此可把防凌设计水位值作为进入防凌状态的警戒水位。目前，宁蒙河段有些河段达到了设计标准，有些没有达到标准，对于没有达标河段可用现堤顶高程减去安全超高代替，超高值可参照《黄河宁蒙河段近期防洪工程建设可行性研究》中防凌堤防堤顶超高的计算，超高在1.9～2.4 m（见表2-3）。

表2-3　内蒙古河段相关堤段防凌堤顶超高计算结果

河段	岸别	堤防级别	波浪壅高（m）	安全加高（m）	采用超高（m）
三盛公—三湖河口	左岸	2级	1.11	0.8	2
	右岸	3级	1.7	0.7	2.4
三湖河口—昭君坟	左岸	2级	1.09	0.8	1.9
	右岸	3级	1.61	0.7	2.3
昭君坟—蒲滩拐	左岸	2级	1.1	0.8	1.9
	右岸	2级	1.8	0.7	2.5

（3）防凌临界水位（分洪水位）分析与确定。

防凌临界水位是指当水位升到一定高度后对堤防构成严重险情甚至决口威胁的水位值，超过此水位后，根据来水、气温和堤防等情况考虑研究实施分洪。根据表2-1，在宁蒙河段出险段最高水位距堤顶0～1.6 m时发生溃堤决口，考虑现状堤防情况，以及时间段的影响，并优先考虑最近时期决口情况，多种加权平均计算后，可得到最高水位距堤顶差为 0.85 ~ 1 m 时决口可能性小,1 ~ 1.6 m 时决口可能性相对较大,为此,可将堤顶高程减去 1.5 m 作为防凌临界水位(分洪水位)。

2)河道槽蓄增量分析

根据表 2-1,发生决口年份的河道槽蓄增量均比较大,可以此分析计算不同最大槽蓄增量下决口可能性。考虑到堤防条件和河道槽蓄增量近期变化特点,考虑时间段的影响,并优先考虑最近时期决口情况,将接近现状堤防条件年份的槽蓄增量权重适当加大,即现状堤防情况 2008 ~ 2009 年度权重为 1,距现状堤防条件较远的 1989 ~ 1990 年度权重分别取为 0.30 ~ 1,经加权平均计算后可得最大槽蓄增量(见表 2-4)。

同时,以历次决口时当年槽蓄增量为样本,运用 BP 神经网络原理,采用动量法和学习率自适应调整两种策略,建立了以槽蓄增量预测堤防决口的预测模型,经计算得到 2009 ~ 2010 年度不决口时河道最大槽蓄增量预测值为 15.70 m³。

经过多种方法计算,得到当前河道最大槽蓄增量小于 16 亿 ~ 17 亿 m³ 决口可能性较小。

表 2-4 不决口时河道最大槽蓄增量计算

计算参数	不同年度槽蓄增量及权重					槽蓄增量均值(亿 m³)
	1989 ~ 1990 年	1993 ~ 1994 年	1994 ~ 1995 年	1995 ~ 1996 年	2008 ~ 2009 年	
槽蓄增量(亿 m³)	13.49	11.84	11.84	15.48	18.62	
权重范围(0.30 ~ 1)	0.30	0.45	0.48	0.52	1	17.14
权重范围(0.50 ~ 1)	0.50	0.61	0.63	0.66	1	16.80
权重范围(0.70 ~ 1)	0.70	0.76	0.78	0.79	1	16.50
权重范围(1)	1	1	1	1	1	16.14

3)其他分洪因素分析

是否分洪,除考虑壅高水位和槽蓄增量因素外,还涉及具体的气温变化、上游来水量、流凌密度及冰块大小、堤防级别及渗透稳定性等综合情况。鉴于分洪因素的多样性、复杂性以及防凌应急分洪区工程尚未全部建成等情况,各应急分洪区诸多运用指标还需进一步研究。

4)应急分洪区的启用

综上分析,凌汛水位及槽蓄增量可作为应急分洪最重要的一个控制性指标。同时,还应把气温变化、上游来水量、流凌密度及冰块大小、堤防级别及渗透稳定性等作为应急分洪时的参考指标。

当河道水位达到警戒水位(编号水位)以上,有可能发生冰凌灾害时,应及时采取破冰、抢险等措施。

当河道水位达到防凌临界水位(分洪水位)、河道槽蓄增量达到 16 亿 ~ 17 亿 m³,采取应急措施后仍有可能造成堤防决口等重大险情时,应采取主动分洪措施,以尽量避免或减少灾害损失。

应急分洪区的启用条件为：

（1）当发生冰塞、冰坝，造成严重壅水，河道水位达到防凌临界水位（分洪水位）、河道槽蓄增量达到 16 亿～17 亿 m^3。

（2）当堤防已经发生重大险情，特别是有溃堤危险，抢险需要降低水位时。

（3）当预报气温急剧升高导致开河速度加快，槽蓄增量可能集中释放，以致将在极短时间内发生水位超过防凌临界水位、河道槽蓄增量超过 16 亿～17 亿 m^3 时。

当防控河段（本分洪区至下游相邻分洪区之间河段）出现以下情形之一时，可启用相应的应急分洪区紧急分凌：

（1）防控河段发生冰塞、冰坝，造成严重壅水；

（2）防控河段堤防发生决口；

（3）防控河段局部河段水位距防洪堤堤顶不足 1.5 m，且堤防发生重大险情，或者防控河段局部河段水位距防洪堤堤顶不足 1.0 m，且堤防发生较大险情。

（4）出现其他特殊紧急情况，需通过分洪措施减轻冰凌灾害时。

（5）乌兰布和与河套灌区、乌梁素海分洪区的运用，除上述启用条件外，当三盛公水利枢纽以上凌情不影响拦河闸运用安全、内蒙古河段槽蓄增量超过 1986 年龙羊峡、刘家峡联合运用以来平均值的 30%，或者宁蒙河段槽蓄增量超过 17 亿 m^3，并且防控河段水量较大、水位达到或超过历史最高水位时可启用。

3. 应急分洪区的运用实践

2008 年度，鉴于三湖河口—头道拐河段槽蓄增量大、水位高的情况，实施了三盛公分洪运用。

2008 年 3 月 10 日，三盛公拦河闸实施分洪，当时河道槽蓄增量为 17.6 亿 m^3，累计分水 1.32 亿 m^3。

二、对三门峡水库运用及降低潼关高程试验效果的认识

（一）利用并优化桃汛期洪水冲刷降低潼关高程试验效果

自 2006 年始，连续开展了利用并优化桃汛期洪水冲刷降低潼关高程试验。在头道拐入库流量较小的情况下，通过万家寨水库调度运用，实现了出库最大流量在 2 700～3 000 m^3/s、10 d 洪量达 11 亿～12.5 亿 m^3 的洪水过程，传播到潼关洪峰流量可保持在 2 500 m^3/s 以上、最大 10 d 洪量达到 13 亿 m^3 以上，实现了潼关高程的冲刷下降，对汛末潼关高程保持在较低状态起到了一定作用。

1. 潼关河段冲刷效果

1）潼关高程下降值

2006～2008 年桃汛期潼关洪峰流量分别达到 2 570、2 850、2 790 m^3/s，最大 10 d 洪量分别为 13.41 亿 m^3、12.96 亿 m^3、13.84 亿 m^3，三门峡水库起调水位均在 313 m 以下，洪水前后潼关高程分别下降 0.20 m、0.05 m、0.07 m（见表 2-5）。其中 2006 年下降值与预期值接近，2007 年和 2008 年下降值较小（见图 2-6）。

表2-5　2006～2008年桃汛试验期间试验效果对比

潼关高程参数	不同年份变化值		
	2006年	2007年	2008年
潼关高程下降值(m)	0.20	0.05	0.07
328 m高程下冲刷面积(m²)	387	553	801
主河槽平均河底高程下降值(m)	0.87	2.04	3.52
330 m高程下冲刷面积(m²)	397	466	705
平均河底高程下降值(m)	0.53	0.65	1.00

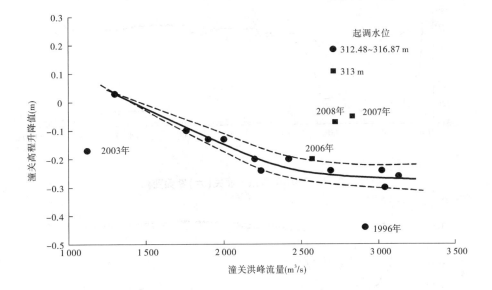

图2-6　桃汛期潼关高程变化与洪峰流量关系

2)断面冲淤变化

从潼关(六)断面形态看,桃汛洪水前后发生较大变化(见图2-7～图2-9),2006年洪水前为两个小槽,洪水后右岸河槽淤积缩小、左岸主槽面积扩大,平均河底高程降低;2007年和2008年主槽河宽变化不大,断面形态由"V"形演变成"U"形,深泓点下降,同高程下河槽面积增大,平均河底高程显著下降。

3)年内潼关高程变化

一般情况下,从每年汛后到次年桃汛前潼关高程处于抬升阶段,桃汛期发生冲刷下降,桃汛后到汛前多为淤积,汛期发生冲刷下降。2006～2008年不同时期的潼关高程及其变化见表2-6。从2005年汛后到2006年桃汛前,潼关河床发生淤积,潼关高程抬升0.20 m,桃汛洪水期潼关高程下降0.20 m,但桃汛后到汛前潼关高程又抬升了0.35 m,汛期潼关高程冲刷下降了0.31 m,汛后潼关高程为327.79 m,运用年

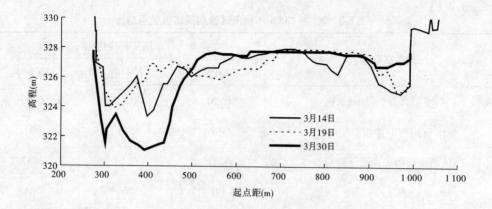

图 2-7　2006 年桃汛期潼关(六)断面变化

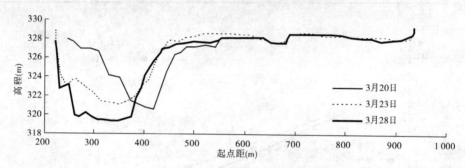

图 2-8　2007 年桃汛期潼关(六)断面变化

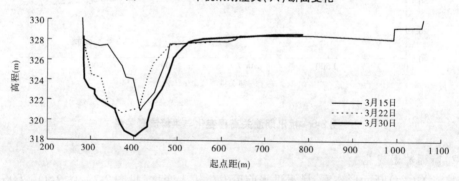

图 2-9　2008 年桃汛期潼关(六)断面变化

内仅抬升 0.04 m。

从 2006 年汛后到 2007 年桃汛前,潼关高程抬升 0.19 m,桃汛洪水期潼关高程仅下降 0.05 m,但桃汛后到汛前潼关高程基本保持稳定,汛期潼关高程冲刷下降了 0.14 m,汛后潼关高程为 327.79 m,运用年内潼关河床冲淤平衡。

从 2007 年汛后到 2008 年桃汛前,潼关高程抬升 0.24 m,桃汛洪水期潼关高程仅下降 0.07 m,但桃汛后到汛前潼关高程保持稳定,汛期潼关高程冲刷下降了 0.26 m,汛后潼关高程为 327.72 m,运用年内潼关高程冲刷下降了 0.07 m。

表 2-6　2006~2008 年潼关高程变化

项目	时期	2006 年	2007 年	2008 年
潼关高程(m)	上年汛后 1	327.75	327.79	327.79
	桃汛前 2	327.95	327.98	328.03
	桃汛后 3	327.75	327.93	327.96
	汛前 4	328.10	327.93	327.98
	汛后 5	327.79	327.79	327.72
各阶段变化值(m)	ΔH_{2-1}	0.20	0.19	0.24
	ΔH_{3-2}	-0.20	-0.05	-0.07
	ΔH_{4-3}	0.35	0	0.02
	ΔH_{4-1}	0.35	0.14	0.19
	ΔH_{5-4}	-0.31	-0.14	-0.26

2006 年桃汛期潼关高程下降值较大,但到汛前回淤值也大,而 2007 年和 2008 年虽然桃汛期下降值小,但到汛前基本没有回淤。

4)对汛末潼关高程的影响

从汛末潼关高程看,不仅取决于汛期径流过程的冲刷作用,还与汛初潼关高程值直接相关。统计分析汛末潼关高程 $H_{汛末}$ 与汛初潼关高程 $H_{汛初}$、汛期径流量 $W_{汛}$ 的关系表明,存在以下关系式:

$$H_{汛末} = 84.976 + 0.741H_{汛初} - 0.003\,26W_{汛} \qquad (R^2 = 0.863)$$

上式说明,汛末潼关高程与汛初潼关高程呈正相关,与汛期径流量为负相关,汛期径流量越大,汛末潼关高程下降越多。

试验 3 年来桃汛期潼关高程平均下降值只有 0.11 m,低于期望值,但是对年内潼关高程没有累计抬升起到一定作用。如 2007 年和 2008 年虽然桃汛期潼关高程下降值较小,但是桃汛后潼关高程值维持到汛期没有回淤,说明桃汛期潼关高程的下降值对汛初潼关高程值的贡献。

2.潼关高程影响因素分析

影响桃汛期潼关高程变化的因素主要有:三门峡水库运用水位、水沙过程、河床边界条件等。研究认为,在目前蓄清排浑控制运用的前提下,桃汛期三门峡水库运用水位低于316.8 m 后对洪水期潼关高程影响很小,此时洪水过程是河床冲刷的主要影响因素(见图 2-6),而该河段前期冲淤变化是潼关断面冲刷程度的制约因素。

1)边界条件的影响

1974 年三门峡水库蓄清排浑控制运用以来,潼关高程变化具有汛期冲刷、非汛期淤积的特点。在 1974~1985 年期间,潼关高程经过上升和下降过程,于 1985 年汛后又回落到 1973 年汛后高程 326.64 m。1986 年以后受黄河上游龙羊峡、刘家峡水库联合运用、天然降水量偏少、沿程用水量增加以及中游水土保持作用等因素的综合影响,潼关站洪峰流量减小,汛期水量少,潼关高程持续抬升,至 1995 年汛后累计上升 1.64 m。

1996 年潼关河段实施清淤工程以来至 2001 年,潼关高程相对稳定在 328.2 m 左右。

2002年6月受高含沙小洪水的影响,潼关高程曾达历史最高329.14 m,经过2003年渭河秋汛洪水的连续冲刷,汛末降到327.94 m;2004年汛后为327.98 m,经过2005年渭河洪水冲刷汛后潼关高程降到327.75 m;2006~2008年均进行了桃汛试验,在来水偏枯的情况下汛后潼关高程在327.72~327.80 m,保持在较低的水平。历年潼关高程变化过程见图2-10。

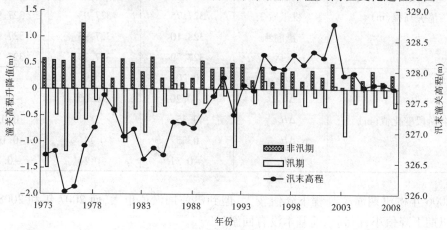

图2-10　1973年以来潼关高程变化过程

历史资料表明,在桃汛前三门峡水库起调水位较低的情况下,潼关高程下降值与洪峰流量具有较好的关系(见图2-6),但桃汛试验以来特别是2007年和2008年相同洪峰流量情况下潼关高程下降值较小,初步分析主要有几方面的原因:一是三门峡水库非汛期318 m控制运用以来,回水影响末端在黄淤34断面附近,不会造成坩埒(黄淤36断面)以上河段的溯源淤积;二是由于非汛期水量变化不大,来沙量少(见图2-11),非汛期黄淤41—黄淤36断面2001年以来延续了黄淤45—黄淤41断面冲刷的变化特性,2005年以来潼关附近河段从黄淤45—黄淤30断面均为冲刷,淤积量没有累计性增加(见图2-12),同水力因子下可冲物质减少,增大了潼关河床继续冲刷的难度;三是桃汛前河床形态不同,2006年桃汛汛前为两股河,2007年和2008年均为单一河槽。

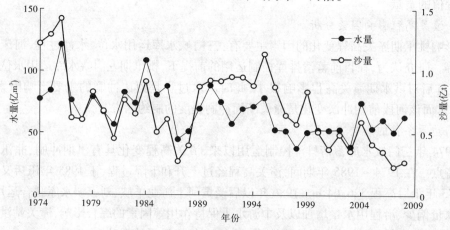

图2-11　潼关站11月至次年2月水沙量过程

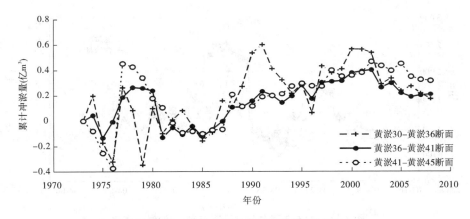

图 2-12 潼关上下游河段累计淤积过程

2）水沙过程的影响

2006～2008 年桃汛洪峰流量均达到 2 500 m³/s 以上,10 d 洪量等于或大于多年平均值 13 亿 m³,但潼关高程下降值差异较大,除断面形态等影响外,水沙过程的差异也是影响冲刷的重要因素。表 2-7 为 2006～2008 年潼关站桃汛洪水特征。

表 2-7   潼关站桃汛洪水特征

洪水特征值		2006 年	2007 年	2008 年
持续天数(d)		14	8	14
日期		3 月 19 日～4 月 1 日	3 月 21～28 日	3 月 17～30 日
最大瞬时流量(m³/s)		2 570	2 850	2 790
最大日均流量(m³/s)		2 450	2 640	2 580
最大瞬时含沙量(kg/m³)		17.1	33.8	37.9
最大日均含沙量(kg/m³)		14.9	24.7	29.2
洪峰出现次数		2	1	2
流量大于 2 000 m³/s 天数(d)		3	3	3
流量大于 1 500 m³/s 天数(d)		6	5	6
桃汛期	水量(亿 m³)	17.14	11.32	17.97
	沙量(亿 t)	0.177	0.196	0.200
最大 10 d	水量(亿 m³)	13.41	12.96	13.84
	沙量(亿 t)	0.145	0.204	0.126

2006 年潼关站桃汛洪水持续 14 d、出现两个洪峰(见图 2-13),洪峰流量分别为 1 750 m³/s、2 570 m³/s。第一个洪峰是受天桥水库泄空排沙的影响而形成,低谷过程为万家寨水库蓄水时段,之后的万家寨水库补水运用塑造了第二个较大的洪峰过程。与洪峰对应有两个沙峰,起涨和回落时间基本上和洪峰是对应的,第一个沙峰最大含沙量11.4 kg/m³,比洪峰早 12 h;第二个沙峰最大含沙量 17.1 kg/m³,比相应洪峰早出现 5 h 20 min。

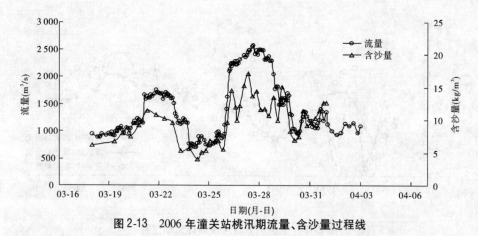

图 2-13　2006 年潼关站桃汛期流量、含沙量过程线

潼关站桃汛洪水期间最大日均流量 2 450 m³/s、最大含沙量 14.9 kg/m³,3 月 19 日至 4 月 1 日,14 日水量和沙量分别为 17.29 亿 m³ 和 0.190 亿 t;最大 10 d 水量 13.46 亿 m³、沙量 0.151 亿 t。

2007 年潼关站桃汛洪水为单一洪峰过程,起涨快、持续时间短,洪峰流量 2 850 m³/s,最大含沙量 33.8 kg/m³,出现在落水阶段,比最大洪峰滞后 3.25 d(见图 2-14)。桃汛洪水期间潼关站最大日均流量 2 640 m³/s、日均含沙量 24.7 kg/m³,最大 10 d 水量 12.96 亿 m³、沙量 0.204 亿 t。

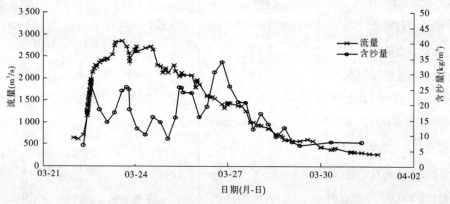

图 2-14　2007 年潼关站桃汛期流量、含沙量过程线

2008 年桃汛期潼关站出现两个洪峰(见图 2-15),峰值分别为 1 750 m³/s、2 790 m³/s。为保证防凌安全,开河关键期万家寨水库降低水位运用,加上天桥水库排沙形成了潼关站第一个洪峰过程,之后的水库蓄水使洪水过程出现低谷,试验期间万家寨水库按出库控制指标最大流量 2 800 m³/s 补水运用,塑造了潼关站的较大洪峰流量过程。明显的沙峰过程是从洪水流量减小开始增加,最大达 37.9 kg/m³,较洪峰过程滞后约 34 h。桃汛期潼关站 14 d 水沙量分别为 17.97 亿 m³、0.200 亿 t,最大 10 d 水沙量分别为 13.84 亿 m³、0.126 亿 t。

显然,潼关高程的变化与含沙量大小和过程具有对应的关系,说明潼关高程下降值对含沙量大和沙峰滞后敏感程度度较高。

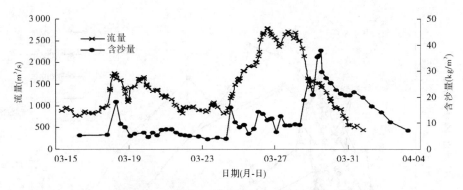

图 2-15　2008 年潼关站桃汛期流量、含沙量过程线

（二）汛期敞泄对库区冲淤的影响

1. 调水调沙期出库水沙量分析

2004 年小浪底水库调水调沙人工塑造异重流试验以来，三门峡水库为配合小浪底水库运用进行敞泄排沙，为塑造异重流提供沙源。在三门峡水库泄水过程中，初期基本没有泥沙排出，当库水位降低到一定值以下时开始排沙，短时间内出库含沙量迅速增加到 200 ～ 300 kg/m^3，随着敞泄时间的延续含沙量逐渐衰减（见图 2-16）。

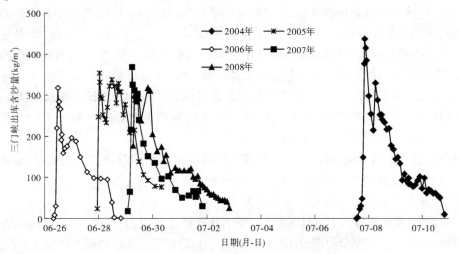

图 2-16　三门峡出库含沙量变化过程

图 2-17 为出库含沙量与出库流量的关系，在水库实施敞泄过程中，泄空初期流量很大时含沙量并不大，只有当库水位降到 300 m 以下时，出库含沙量最大可达 300 kg/m^3 以上，随着敞泄的发展和后续流量的减小，出库含沙量减小。但是各年的含沙量过程存在一定差异，如 2005 年出库流量持续在 1 200 m^3/s 左右时含沙量基本维持在 300 kg/m^3 上下，而 2008 年流量持续在 1 300 m^3/s 左右时含沙量约从 300 kg/m^3 减小到 60 kg/m^3。

敞泄期水库排泄泥沙由入库泥沙、溯源冲刷和沿程冲刷的泥沙组成，并受敞泄初期水库泄水过程影响。在小浪底水库调水调沙期，三门峡水库敞泄期间坝前水位变化较小，万家寨水库补水量有限，潼关站含沙量多小于 5 kg/m^3，仅个别时段在 5 ～ 10 kg/m^3。为此，

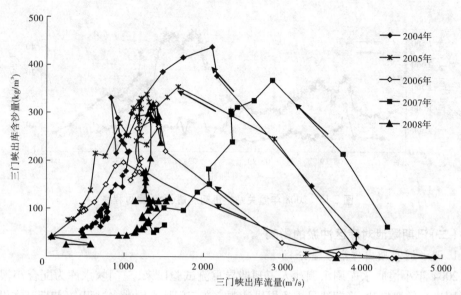

图 2-17　三门峡出库含沙量与相应流量的关系

根据三门峡站洪水要素和网上资料,统计分析敞泄过程中累计排沙总量与累计出库水量。

从三门峡水库显著排沙开始,计算调水调沙期累计出库沙量与相应累计出库水量,并点绘图 2-18,在 5 年资料中只有 2006 年偏离较远,其他年份关系基本一致,特别是 2007 年和 2008 年极其相近,即累计排沙量与相应水量具有比较好的关系,同时偏离的点群也说明还有其他因素的影响。从总趋势看大体可分三段:从显著排沙开始,累计出库水量到 1 亿 m³ 时,排沙量约 0.28 亿 t,出库平均含沙量可达 280 kg/m³;累计出库水量从 1 亿 m³ 增至 3 亿 m³,排沙量增加 0.23 亿 t,出库平均含沙量约 110 kg/m³;累计出库水量大于 3 亿 m³ 后,出库平均含沙量约 60 kg/m³。

因此,在调水调沙期,可以根据三门峡水库前期出库水沙总量和后期流量,预估后续的出库含沙量过程,为小浪底水库人工塑造异重流提供参考。

2. 敞泄期库区冲刷量与入库水量的关系

三门峡水库汛期降低水位至 305 m 以下时进行排沙运用,但是按 305 m 控制运用时水库排沙比小于 1,水库完全敞泄运用时排沙比大于 1,因此汛期库区冲刷主要发生在敞泄期,即汛初第一次敞泄和洪水期流量大于 1 500 m³/s 敞泄,相应坝前水位一般低于 300 m。

根据 2003 年以来历次敞泄期入库水量和库区冲刷量资料,点绘当年敞泄期累计冲刷量(第一次敞泄、第二次敞泄……,逐渐累计)和累计入库水量的关系如图 2-19 所示,各年的点群落在同一趋势带上并具有较好的关系,冲刷量随入库水量的增大而增大,符合以下关系式:

$$W_S = 0.638\ln W - 0.163\,6 \qquad (2-1)$$

式中,W_S 为当年敞泄期累计冲刷量,亿 t;W 为当年敞泄期累计水量,亿 m³。

式(2-1)的相关系数为 0.96。对式(2-1)求导可得:

$$\frac{dW_S}{dW} = \frac{0.642\,3}{W} \qquad (2-2)$$

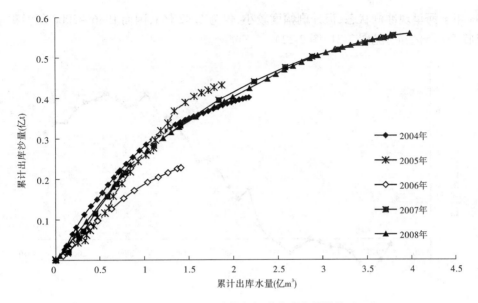

图 2-18　累计出库沙量与相应出库水量的关系

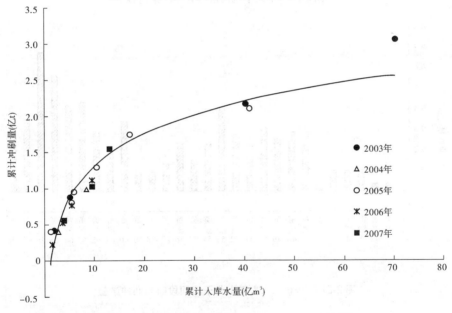

图 2-19　敞泄期累计冲刷量与累计入库水量的关系

说明当年敞泄期累计冲刷量随累计水量的变化率与水量成反比,其随水量的增大而减小,即随冲刷的进行冲刷效率逐步降低。从图 2-19 中可以看出,当敞泄期入库水量 20 亿 m³ 时,库区冲刷量可达约 1.75 亿 t;当敞泄期入库水量 40 亿 m³ 时,库区冲刷量可达 2.2 亿 t 左右。

(三)永济滩区漫滩原因分析

(1)河道淤积,过流能力下降。

1985 年以后由于汛期来水来沙偏枯,小北干流河段发生累计性淤积(见图 2-20),1998 年累计淤积量达到最大。1986~1998 年全河段共淤积泥沙 7.024 8 亿 m³;1999~

2008年全河呈现冲刷状态,但冲刷幅度较小,仅为1.82亿t,因而1986～2008年淤积量仍达到5.207 5亿m³(见图2-21、图2-22)。

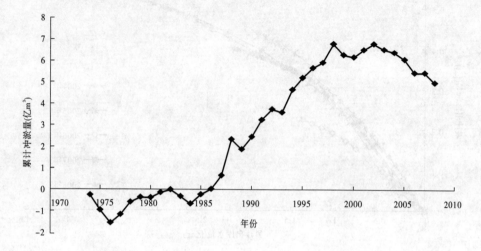

图2-20　小北干流河段累计冲淤量过程

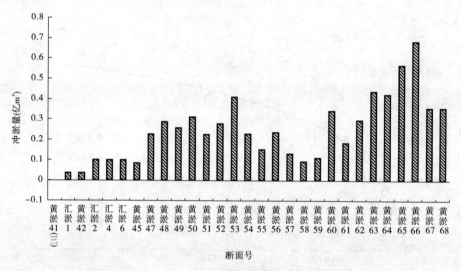

图2-21　1986～1998年小北干流河段断面间冲淤量

　　泥沙淤积导致河槽萎缩,过流能力下降。1985年汛后各河段河槽面积均值在2 290～3 465 m²,1998年汛后减至1 087～1 685 m²,减幅为47%～59%(见表2-8)。1998年以后冲刷河槽面积虽有所恢复,但与1985年相比仍偏少19%～48%。2008年汛后小北干流各断面平滩流量在2 600～4 600 m³/s(见图2-23),平均为3 370 m³/s。部分断面河槽过流能力不足3 000 m³/s,最小只有2 600 m³/s(黄淤48断面和黄淤60断面)。表2-9对比了1985年和2008年汛后不同河段平滩流量均值。

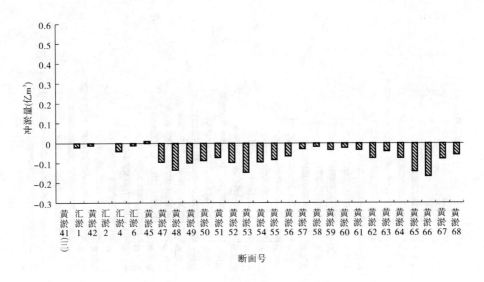

图 2-22 1999～2008 年小北干流河段断面间冲淤量

表 2-8 不同年份各河段河槽断面面积

断面		黄淤 41—黄淤 45	黄淤 45—黄淤 50	黄淤 50—黄淤 54	黄淤 54—黄淤 59	黄淤 59—黄淤 64	黄淤 64—黄淤 68
断面面积（m^2）	1985 年	2 290	3 134	2 915	2 551	3 102	3 465
	1998 年	1 087	1 280	1 221	1 341	1 548	1 685
	2008 年	1 778	1 615	1 610	2 079	1 626	2 043
与 1985 年相比变化值（m^2）	1998 年	−1 203	−1 854	−1 694	−1 210	−1 554	−1 780
	2008 年	−512	−1 519	−1 305	−472	−1 476	−1 422
与 1985 年相比变幅（%）	1998 年	−53	−59	−58	−47	−50	−51
	2008 年	−22	−48	−45	−19	−48	−41

表 2-9 不同年份各河段河槽平滩流量

断面		黄淤 41—黄淤 45	黄淤 45—黄淤 50	黄淤 50—黄淤 54	黄淤 54—黄淤 59	黄淤 59—黄淤 64	黄淤 64—黄淤 68
平滩流量（m^3/s）	1985 年	5 237	5 367	5 449	4 469	5 231	6 286
	2008 年	3 350	3 020	3 147	3 676	3 239	3 986
变化值（m^3/s）		−1 887	−2 347	−2 302	−793	−1 992	−2 300
变幅（%）		−36	−44	−42	−18	−38	−37

（2）部分滩地横比降大，临背差较大。

由于近年来大流量过程减少，洪水漫滩概率减小，加之滩区生产堤在一定程度上限制了滩槽水沙交换，河道淤积以河槽淤积为主，部分河段滩地出现横比降（见表 2-10），比降

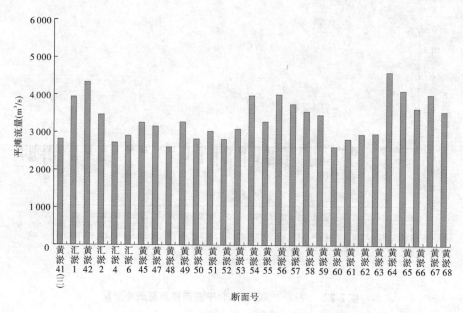

图 2-23 2008 年汛后小北干流河段各断面平滩流量

范围在 3.4‰~6.2‰，漫滩口门处黄淤 51 断面横比降为 4.5‰。同时，由于小北干流河段为游荡型河道，滩面串沟较多，使漫滩风险增大。泥沙淤积使部分河段出现临背高程差，临背差在 0.53~1.36 m（见表 2-11）。

表 2-10 左岸部分断面滩地横比降 （‰）

断面号	比降	断面号	比降
黄淤 47（左岸）	6.0	黄淤 57（左岸）	6.2
黄淤 50（左岸）	4.8	黄淤 63（左岸）	3.4
黄淤 51（左岸）	4.5	黄淤 64（左岸）	5.1

表 2-11 部分工程临背高程差统计 （单位：m）

工程名称	临河滩地高程	背河滩地高程	临背高差
汾河口工程（黄淤 66 断面）	375.97	374.61	1.36
西苑工程（黄淤 65 断面）	371.28	370.75	0.53
舜帝工程（黄淤 53 断面）	344.81	343.83	0.98
舜帝工程（黄淤 52 断面）	342.45	341.83	0.62
城西工程（黄淤 48 断面）	336.20	335.00	1.20

（3）局部河势调整频繁。

由于近年虽然汛期大流量过程出现概率较小，但中小流量下局部河段主流淘刷、滩岸坍塌、河势调整的情况时有发生。如近年来芝川工程下首水流偎岸淘刷，河湾加深，滩地坍塌长 2 500 m、宽度 80 m；榆林工程上首坍塌长度 1.2 km、宽 6.5 m；岔峪口附近坍塌滩地长2 km、宽10余m;渭河口以下主流南移,致使右岸滩地塌至距310国道仅10余m。2005年浪店河势下挫,浪店至夹马口滩岸坍塌长2 000 m,宽290 m;华原下延工程下游滩地蚀退100多m;凤凰嘴工程上首塌岸长300 m、宽50 m。

(4)洪水水位抬高,工程防御能力相对下降。

河道淤积抬高、过流能力下降导致洪水位增高。从表2-12可以看出,1994年8月6日与1988年8月5日两场10 000 m³/s级的洪峰相比,除芝川工程水位表现为下降外,1994年8月6日洪峰过程中沿程水位普遍抬高,抬升值在0.28~1.21 m;1995年7月30日与1989年7月22日两场近8 000 m³/s的洪峰相比,除下峪口和华原7#坝水位表现为下降外,沿程水位普遍抬高,抬升值在0.25~0.99 m。随着河床淤积抬高,工程防御标准相应降低。如桥南、下峪口、牛毛湾工程原设计标准为20年一遇(21 000 m³/s),根据设计洪水分析计算,目前仅能防御龙门站11 000 m³/s洪水;1994年和1996年汛期,黄河龙门站最大洪峰流量为10 000 m³/s左右时,合阳的榆林工程(1985年按20年一遇21 000 m³/s标准修建)坝顶基本与洪水位齐平。

表2-12　典型年份同量级洪水水位差　　　　　　　　　　　(单位:m)

地点	10 200 m³/s 水位 (1988-08-05)	10 900 m³/s 水位 (1994-08-06)	水位差①	7 700 m³/s 水位 (1989-07-22)	7 850 m³/s 水位 (1995-07-30)	水位差②
桥南	379.42	380.19	0.77	379.45	380.44	0.99
下峪口	377.78	378.69	1.21	378.62	378.2	-0.42
芝川	362.14	361.66	-0.48	361.53	361.99	0.46
榆林	357.05	358.12	1.07	356.88	357.44	0.66
华原7#坝	342.01	342.44	0.43	342.61	342.27	-0.34
华原71#坝	339.92	340.78	0.86	339.55	340.41	0.86
牛毛湾	332.24	332.83	0.59	331.95	332.57	0.62
潼关	329.32	329.60	0.28	328.89	329.14	0.25

总的来看,这次桃汛漫滩是小北干流河段近期冲淤变化结果的一次集中体现,其发生既有其必然性,也有其偶然性。必然性是河槽淤积萎缩,过流能力下降,潜在的漫滩风险成为一种常态,同时滩区横比降、串沟的存在使这种风险增大;偶然性是局部河势的畸形发展使漫滩风险随时可能转化为现实。

三、小浪底水库淤积形态及其对水库调度的影响

(一)水库淤积形态与库容变化

2008年10月观测显示,库区干流为三角洲淤积形态,三角洲顶点高程以下库容约11亿m³;部分支流河口与支流内部最低断面的高差已达3~4 m;干、支流库容分别占总库容的53%与47%,相对于原始库容干支流分配比,支流库容的比例增加。

1.干流淤积形态

2008年10月库区干流淤积纵坡面仍为三角洲,三角洲洲面的纵比降约2.5‰(HH37

断面—HH15 断面），三角洲顶点距坝 24.43 km，高程为 220.25 m，坝前淤积面为 185 m 左右（见图 2-24）。205 m 高程以下仍有库容 3.84 亿 m³，其中干流 2.58 亿 m³，支流 1.26 亿 m³；220 m 高程以下库容 10.95 亿 m³，干、支流分别为 6.59 亿 m³ 及 4.36 亿 m³。

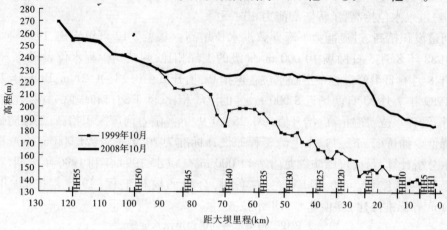

图 2-24　小浪底水库干流淤积纵剖面（深泓点）

2. 支流淤积形态

由典型支流历年观测资料可以看出，支流沟口淤积面与干流同步发展，支流淤积形态取决于沟口处干流的淤积面高程；支流泥沙主要淤积在沟口附近，沟口向上沿程减少；随着淤积的发展，支流的纵剖面形态不断发生变化，总的趋势是由正坡至水平而后出现倒坡，目前部分支流河口与支流内部最低断面的高差已达 3~4 m（见图 2-25）。

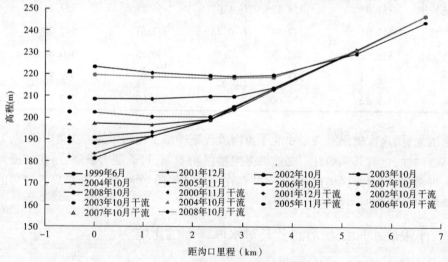

图 2-25　支流东洋河纵剖面

3. 库容变化

1999 年 9 月至 2008 年 10 月，小浪底全库区断面法淤积量为 24.11 亿 m³。其中，干流淤积量为 20.01 亿 m³，支流淤积量为 4.10 亿 m³。2008 年 10 月 275 m 高程下干流库容为 54.771 亿 m³，支流库容为 48.580 亿 m³，分别占总库容 103.351 亿 m³ 的 53% 与 47%，与原始库容干支流分配比58.67%及41.33%相比,干流库容比例减小,而支流库容的比例增加。图2-26为小浪底水库2008年汛后库容曲线。

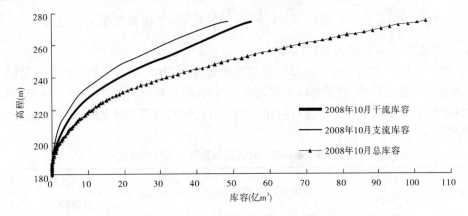

图2-26　小浪底水库2008年汛后库容曲线

(二)水库淤积形态与水库调度

为研究水库淤积形态对水库调度的影响,初步分析了在目前库区淤积量24.11亿 m^3 情况下,淤积形态为锥体时的库容分布特征值。与目前三角洲淤积形态相应特征值对比可以看出(见表2-13),若水库蓄水量相近,后者蓄水位更低;若蓄水位相同,后者回水距离更短。通过实测资料分析、实体模型试验等对水库输沙规律的研究认为,在同淤积量与同蓄水量条件下,近坝段保持较大库容的三角洲淤积形态,在发挥水库拦粗排细减淤效果及优化出库水沙过程等方面,更优于锥体淤积形态。

表2-13　库区不同淤积形态库容分布特征值

高程(m)	库容(亿 m^3)		回水长度(km)	
	三角洲	锥体	三角洲	锥体
210	5.845	2.618	19	19
215	8.228	5.142	23	34
220	10.950	8.497	24	51
225	14.224	13.024	40	68

1. 有利于优化出库水沙过程

按照《小浪底水利枢纽拦沙初期运用调度规程》,水库运用方式将由拦沙初期的"蓄水拦沙,调水调沙"转为"多年调节泥沙,相机降水冲刷",即一般水沙条件调水调沙与较大洪水相机降水冲刷相结合的运用方式。在一般水沙条件下水库调水调沙过程中,库区总是处于蓄水状态,蓄水量在2亿 m^3 至调控库容之间变化。显然,目前的三角洲淤积形态回水末端距坝更近,有利于形成异重流排沙且排沙效果更好。

(1)同淤积量与同蓄水量条件下,异重流排沙效果优于壅水明流。

水库蓄水状态下在回水区有明流和异重流两种输沙流态,其中壅水明流排沙计算关系式为：

$$\eta = a \lg Z + b \tag{2-3}$$

式中，η 为排沙比；Z 为壅水指标，$Z = \left(\dfrac{V}{Q_{出}} \cdot \dfrac{Q_{入}}{Q_{出}} \right)$，$V$ 为计算时段中蓄水容积，$Q_{入}$、$Q_{出}$ 分别为入、出库流量；a、b 分别为系数、常数。

选用在水库三角洲顶坡段未发生壅水明流输沙的 2006～2008 年调水调沙期间的入库水沙过程与蓄水条件，假定排沙方式为壅水明流排沙，利用式(2-3)计算水库排沙量，并与水库实际的异重流排沙结果进行对比，见表2-14，可明显看出异重流排沙效果优于壅水明流。

表2-14 壅水排沙计算同实测异重流排沙对比

年份	时段 （月-日）	异重流运行距离（km）	入库沙量（亿 t）	出库沙量（亿 t）	
				计算值	实测值
2006	06-25～06-28	44.13/HH27 下游 200 m	0.230	0.052	0.071
2007	06-26～07-02	30.65/HH19 下游 1 200 m	0.613	0.161	0.234
	07-29～08-08		0.834	0.153	0.426
2008	06-28～07-03	24.43/HH15	0.741	0.157	0.458

（2）三角洲淤积形态更有利于异重流潜入。

大量研究表明，小浪底水库异重流潜入点水深可用下式计算：

$$h_0 = \left(\frac{1}{0.6 \eta_g g} \frac{Q^2}{B_2} \right)^{\frac{1}{3}} \tag{2-4}$$

韩其为认为，异重流潜入后，经过一定距离后成为均匀流，其水深为：

$$h_n' = \frac{Q}{V'B} = \left(\frac{\lambda'}{8 \eta_g g} \frac{Q^2}{J_0 B^2} \right)^{\frac{1}{3}} \tag{2-5}$$

式中，η_g 为重力修正系数；$\eta_g g$ 为有效重力加速度；Q 为流量；B 平均宽度；J_0 为水库底坡；λ' 为异重流的阻力系数，取 0.025。

若异重流的均匀流水深 $h_n' < h_0$，则潜入成功，否则异重流水深将超过表层清水水面，异重流上浮而消失。

当 $\dfrac{h_n'}{h_0} = 1$ 时，相应临界底坡 $J_{0,c} = J_0 = 0.001\ 875$。一般来讲，异重流除满足潜入条件式(2-4)外，还应满足水库底坡 $J_0 > J_{0,c}$。因此，小浪底库区形成锥体淤积形态后，往往难以形成异重流输沙流态。

2. 有利于拦蓄较粗颗粒泥沙

三角洲的前坡段纵比降为锥体淤积形态的 10 余倍。在三角洲顶点高程以下，若坝前水位抬升值相同，两者回水长度的增加值可相差数倍。库区若为锥体淤积形态，除较粗泥沙在回水末端淤积外，大量较细颗粒泥沙也会沿程分选淤积。相对而言，异重流潜入后运行距离近，细沙排沙比较大。

3. 有利于支流库容的有效利用

在干流淤积三角洲顶点以下,支流淤积为异重流倒灌,支流沟口难以形成拦门沙坎,支流库容可参与水库调水调沙运用。若形成锥体淤积,遇较长的枯水系列,在部分支流河口往往形成拦门沙坎,拦门沙坎高程以下的库容在某些时段,不能得到有效的利用。图2-27为近期开展的小浪底水库拦沙后期20年枯水系列年试验中,支流西阳河纵剖面变化过程,支流河口高程明显高于支流内部,支流河床与干流呈同步抬升趋势。因此,应尽可能保持三角洲淤积形态,有利于发挥库区较大支流库容的作用。

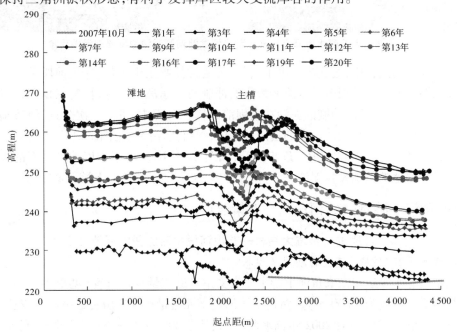

图2-27　小浪底水库系列年模型试验支流西阳河纵剖面变化过程

4. 有利于优化出库水沙组合

异重流运行至坝前后,形成的浑水水库沉降缓慢。利用这一特点,可根据来水来沙条件与黄河下游的输沙规律,通过开启不同高程的泄水孔洞,达到优化出库水沙组合的目的。

5. 有利于汛前调水调沙塑造异重流

在汛前进行调水调沙过程中,三角洲淤积形态更有利于利用洲面的泥沙塑造异重流,增大水库排沙比。

(三)保持库区三角洲淤积形态的水库调度方式初步探讨

在淤积三角洲(顶坡段)粗颗粒泥沙分选淤积,水流挟带较细颗粒泥沙形成异重流,使近坝段的河床质多为细颗粒泥沙,这种黏性淤积体在尚未固结情况下可看做宾汉体,可用流变方程 $\tau = \tau_b + \eta \dfrac{\mathrm{d}u}{\mathrm{d}y}$ 描述。当淤积物沿某一滑动面的剪应力超过了其极限剪切力 τ_b,则产生滑塌,有利于库容恢复。图2-28为小浪底水库专题试验过程中,河槽溯源冲刷下切的同时水位下降,两岸尚未固结且处于饱和状态的淤积物失去稳定,在重力及渗透水压力的共同作用下向主槽内滑塌的现象。

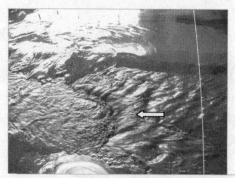

图 2-28　小浪底水库降水冲刷专题模型试验河槽溯源冲刷滩地滑塌现象

在水库运用过程中,遇适当的洪水过程,可通过控制运用水位,在坝前段及三角洲洲面形成溯源冲刷。通过坝前异重流淤积段的冲刷与三角洲的蚀退,恢复三角洲顶点以下库容。同时,淤积三角洲冲刷的泥沙在向坝前的输移过程中,进行二次分选,使较细颗粒泥沙排出水库。在水库拦沙后期的运用过程中,尽可能保持三角洲淤积形态同步抬升,如图 2-29(a),而不是锥体淤积形态逐步抬升,如图 2-29(b)。由于水库冲刷出库的大多是库区下段与滩地的较细颗粒泥沙,既可恢复库容,又有利于泥沙在下游河道输送。

四、黄河下游"驼峰"河段治理对策建议

(一)通过洪水冲刷进一步增大高村—艾山河段平滩流量的可能性研究

1. 黄河下游"驼峰"河段的演变及现状

从小浪底水库运用以来黄河下游主要水文站平滩流量变化过程(见图 2-30)看,2002年高村的平滩流量为 1 800 m³/s,黄河下游河道平滩流量达到了历史最小值,比花园口的 4 100 m³/s 小 2 300 m³/s;2002 年调水调沙(尤其是 2003 年"华西秋雨"洪水)至今,黄河下游各河段普遍冲刷,但在局部河段的平滩流量仍增加不多,形成该河段的平滩流量小于上下游河段的,即出现"驼峰"现象。而且,自 2002 年以来,"驼峰"河段即瓶颈河段的位置不断下延,如 2003 年、2004 年下延到徐码头,2008 年汛前发展至孙口断面,其平滩流量为 3 700 m³/s,比同期花园口断面的平滩流量 6 300 m³/s 小 2 600 m³/s。

2008 年汛后孙口水文站是目前黄河下游河道主槽排洪能力最小的水文站,为 3 850 m³/s(见表 2-15);进一步分析表明彭楼—陶城铺河段仍是全下游主槽平滩流量最小的河段,最小值预估为 3 810 ~ 3 850 m³/s,其中于庄和邵庄两个断面附近的平滩流量最小,为 3 810 m³/s(见图 2-31)。

表 2-15　2008 年汛后黄河下游水文站平滩流量　　　　(单位:m³/s)

花园口	夹河滩	高村	孙口	艾山	泺口	利津
6 500	6 000	5 000	3 850	3 900	4 200	4 300

2. 小浪底水库运用以来下游冲刷发展趋势

1)下游河道冲刷特点

(1)高村以上河段。

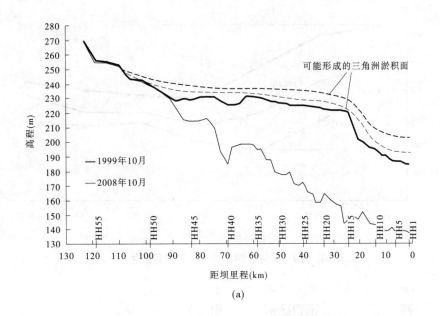

(a)

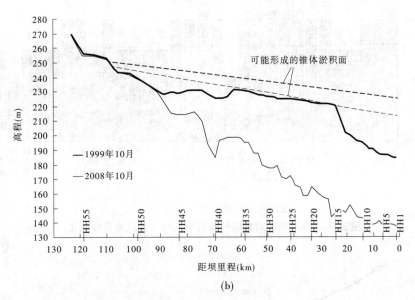

(b)

图 2-29　小浪底水库淤积面逐步抬升示意图

从河段累计水量和累计冲淤量的关系看,随着冲刷的发展,该河段的冲刷有逐渐减弱的趋势(见图 2-32、图 2-33)。

(2)高村—艾山河段。

无论是从冲淤量和全部水量的累计变化趋势,还是冲淤量和大于 1 200 m³/s 的水量的变化趋势看,高村—艾山河段的冲刷强度都没有明显减弱的势头(见图 2-34)。

2008 年高村—艾山河段冲刷量为 0.19 亿 m³,比 2007 年同期的 0.31 亿 m³ 小,其主要原因:水量减小,如 2008 年汛期的水量为 131 亿 m³,为 2007 年同期 168 亿 m³ 的

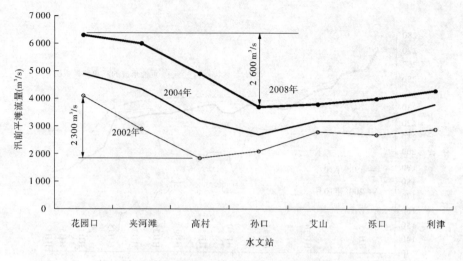

图 2-30 黄河下游水文站平滩流量变化

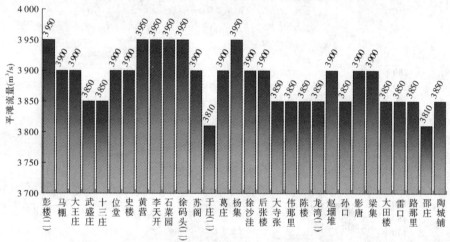

注：图中标注数字为平滩流量，m³/s。

图 2-31 2008 年汛后彭楼—陶城铺河段平滩流量沿程变化

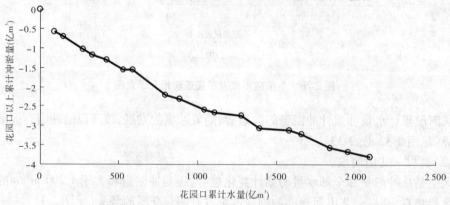

图 2-32 花园口以上河段累计冲淤量和累计水量的关系

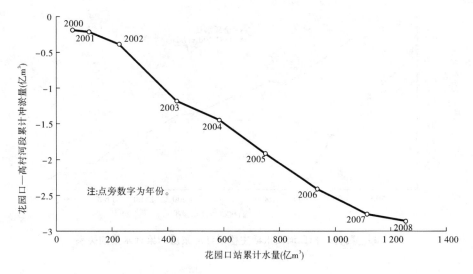

图 2-33　花园口—高村河段汛期主槽累计冲淤量和累计水量的关系

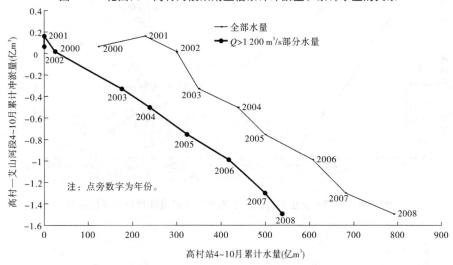

图 2-34　高村—艾山河段汛期主槽累计冲淤量和累计水量的关系

78.2%,而大于 1 200 m³/s 的水量 2008 年汛期为 39 亿 m³,为 2007 年同期 82 亿 m³ 的 47.8%。如果把高村—艾山河段分为高村—孙口和孙口—艾山两个河段,从累计冲淤量与累积水量(见图 2-35、图 2-36)、平滩流量累计增加量与累计水量(见图 2-37、图 2-38)的关系也看不出这两个河段的冲刷强度有随着冲刷发展减弱的趋势。

洪水期滩槽冲淤与水流条件和床沙的颗粒粗细有关。沙玉清在研究泥沙的起动流速时,认为泥沙的起动流速与床沙的密实程度和粒径有关,得到如下泥沙起动流速计算公式:

$$U_c = \left[1.1 \frac{(0.7 - \varepsilon)^4}{d} + 0.43 d^{3/4} \right]^{1/2} h^{1/5} \qquad (2\text{-}6)$$

式中,ε 为床沙的空隙率,一般取 0.4;d 为床沙粒径,mm;h 为水深,m,计算时取 1 m 和 4 m 分别计算,U_c 为起动流速,m/s。

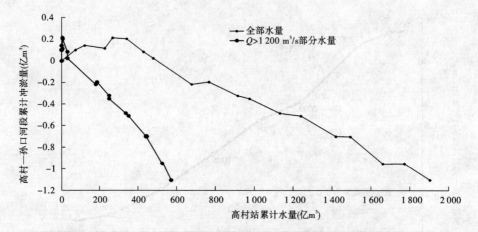

图 2-35　高村—孙口河段汛期主槽累计冲淤量和累计水量的关系

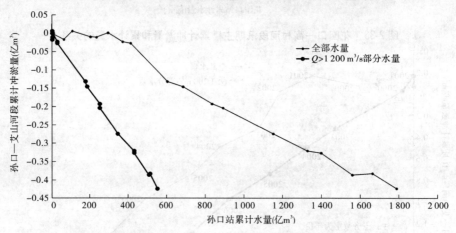

图 2-36　孙口—艾山河段汛期主槽累计冲淤量和累计水量的关系

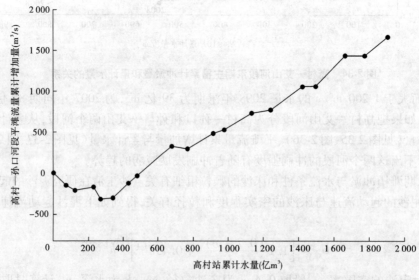

图 2-37　高村—孙口河段汛期平滩流量累计增加量和累计水量的关系

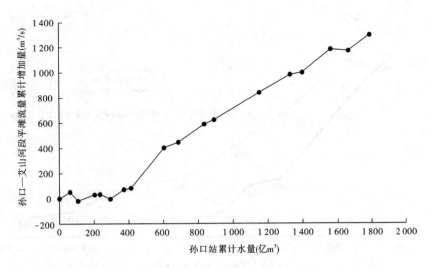

图 2-38　孙口—艾山河段汛期平滩流量累计增加量和累计水量的关系

图 2-39 点绘的是起动流速—粒径的关系和 2008 年汛前高村和孙口断面的床沙级配。可以看出,目前,山东河道的床沙基本上都处于容易起动的粒径范围,4 m 水深时粒径 0.5 mm 泥沙的起动流速为 0.7 m/s,说明黄河下游的床沙相对河道的平均流速来讲,是很容易起动并以底沙的形式移动的。

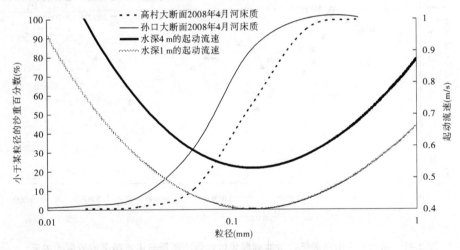

图 2-39　黄河下游床沙的水力特性

(3)艾山—利津河段。

该河段冲淤强度不但受水沙的影响,还受东平湖加水以及河口条件的影响,与艾山以上河段相比,冲刷略有减弱之势(见图 2-40)。

2)小浪底水库拦沙期输沙能力分析

由图 2-41、图 2-42 可见,与 1960～1964 年相比,小浪底水库运用后到 2008 年高村—艾山和艾山—利津河段同流量的冲刷效率有显著提高,高村—艾山河段提高约 2 kg/m³,艾山—利津河段提高约 3 kg/m³。

但是随着拦沙期运用时间的增长,河道累计冲刷量不断增大,河床粗化对河道冲刷效

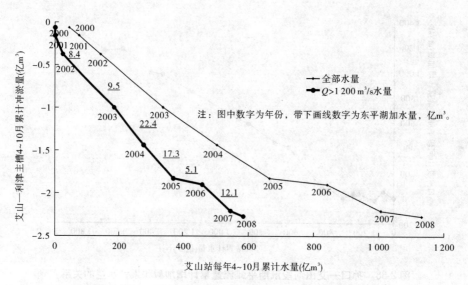

图 2-40 艾山—利津河段汛期主槽累计冲淤量和艾山水量的关系

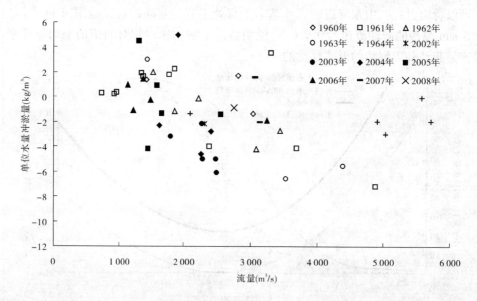

图 2-41 高村—艾山河段低含沙冲刷期单位水量冲淤量与洪水期平均流量的关系

率产生的影响也逐渐显现。可以看出,近几年同样洪峰流量条件下冲刷效率已出现降低的特点。

依据水流连续方程、曼宁公式和张瑞瑾挟沙力公式:

$$Q = AV = BhV \tag{2-7}$$

$$V = \frac{1}{n} R^{\frac{2}{3}} J^{\frac{1}{2}} \tag{2-8}$$

$$S_* = K\left(\frac{V^3}{gR\omega}\right)^m = \frac{K}{(g\omega)^m}\left(\frac{V^3}{R}\right)^m \tag{2-9}$$

推导出挟沙力与流量和河宽的关系为:

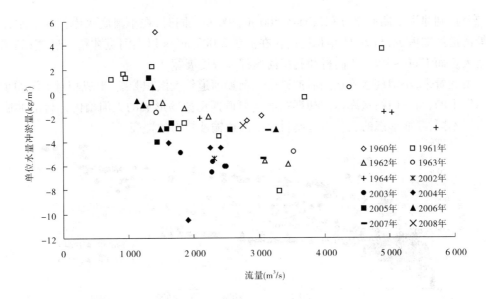

图 2-42 艾山—利津河段低含沙冲刷期单位水量冲淤量与洪水期平均流量的关系

$$S_* = \frac{K}{(g\omega)^m}\left[(\frac{Q}{B})^{3/5}(\frac{\sqrt{J}}{n})^{12/5}\right]^m = \frac{K}{(g\omega)^m}\left(\frac{Q}{B}\right)^{\frac{3}{5}m}\left(\frac{\sqrt{J}}{n}\right)^{\frac{12}{5}m} \tag{2-10}$$

选取 $k=0.22$，$m=0.76$（据吴保生），为了推导方便，m 可用 3/4（即 0.75）代替 0.76 代入，得：

$$S_* = \frac{0.22}{(g\omega)^m}\left[(\frac{Q}{B})^{3/5}(\frac{\sqrt{J}}{n})^{12/5}\right]^{3/4} = \frac{0.22}{g^{0.75}\omega^{0.75}}\frac{Q^{0.45}J^{0.9}}{B^{0.45}n^{1.8}} \tag{2-11}$$

从上式来看，影响河段挟沙能力的因子主要为反映河道边界条件的河宽、比降、糙率和反映来沙条件的泥沙组成，比较三门峡水库拦沙期和小浪底水库拦沙期的 $\sqrt{J}/n$ 可见（见图 2-43），该因子变化不大，因此在来水来沙条件（Q 和 ω）相同的条件下，河宽 B 成为重要的影响因素。

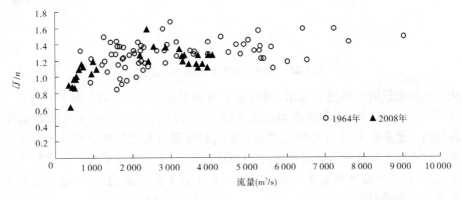

图 2-43 高村站不同时期 $\sqrt{J}/n$ 与流量关系

比较黄河下游不同时期高村、艾山和利津三个站洪水期河宽随流量变化关系（见图 2-44）可见，在小浪底水库运用前，下游河槽发生持续淤积萎缩的过程中，河宽明显缩窄,高村、利津洪水期河宽分别仅有约 500 m、300 m。同时,在小浪底水库拦沙清水冲刷时期河道展宽偏少,与 2003 年相比高村在流量 2 000 m³/s 以上河宽才稍有展宽;利津变化不大。而 1960～1964 年高村和利津河槽都大幅度展宽。

由此看来,小浪底水库运用后冲刷是在前期河道较大淤积萎缩、形成相对窄深的小河槽内发生的,与三门峡水库运用初期在前期河道摆动游荡形成的大河槽内进行的冲刷调整有所不同,断面形态的变化引起高村以下河道输沙能力的提高。

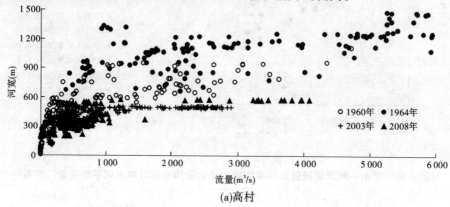

(a)高村

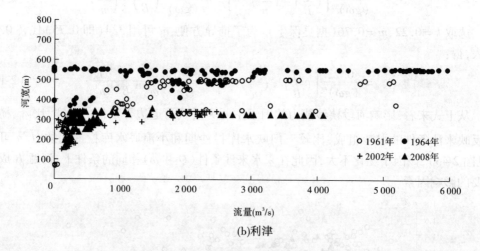

(b)利津

图2-44　各时期河段典型站河宽变化

从流速与流量的关系也可看出,同流量下流速提高(见图2-45)、挟沙因子升高(见图2-46)。由于水库排沙量和河道边界条件的不同,三门峡水库和小浪底水库运用初期进入高村的沙量非常不同,小浪底水库运用后高村沙量仅为三门峡水库清水冲刷期的一半。同时对比洪水期含沙量情况可见,在 3 000 m³/s 以上较大流量过程中高村含沙量明显偏小,含沙量减少近50%。来沙量的减少有利于其下游河道的冲刷,也是近期冲刷效率增高的一个重要原因。

3. 未来下游平滩流量预估

下面采用3种方法,预估在小浪底水库现状运用方式条件下、维持近2～3年平均来水来沙时,未来黄河下游各河段的平滩流量恢复程度。

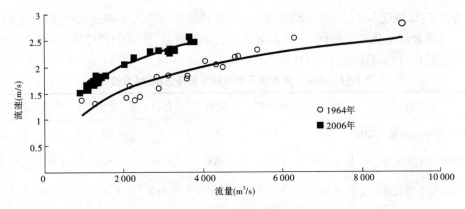

图 2-45　高村站低含沙冲刷期流速与流量的关系

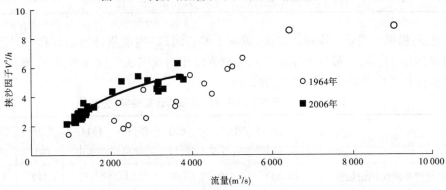

图 2-46　高村站低含沙冲刷期挟沙因子与流量的关系

　　方法 1：根据上文分析建立的定量关系，以最近 3 年（2006 ~ 2008 年）的平均情况作为进入下游的水沙条件，其中高村—艾山河段考虑花园口 1 200 m³/s 以上水量、艾山—利津河段考虑花园口 1 800 m³/s 以上水量。根据估算，认为各河段的平滩流量在未来 3 年将仍会不同程度地增加，在 2011 年，黄河下游河道的最小平滩流量即可达到或超过 4 000 m³/s（见表 2-16）。

表 2-16　未来 3 年黄河下游平滩流量预估计算成果（方法 1）

水文站	花园口	夹河滩	高村	孙口	艾山	泺口	利津
水文站近 3 年水量（亿 m³）	804	776	767	742	720	656	573
年均水量（亿 m³）	268	259	256	247	240	219	191
单位水量平滩流量变化量（(m³/s)/亿 m³）	1.244	1.289	0.652	0.472	0.278	0.458	0.523
2009 年平滩流量（m³/s）	6 450	6 100	5 000	3 800	3 950	4 000	4 200
2010 年平滩流量（m³/s）	6 834	6 346	5 175	3 977	3 974	4 323	4 440
2011 年平滩流量（m³/s）	7 167	6 691	5 350	4 103	4 049	4 445	4 581

方法 2:以最近 3 年(2006~2008 年)的平均情况作为进入下游的水沙条件,并以这 3 年的平滩流量的变化趋势外延,预估未来 3 年的平滩流量,在 2011 年,黄河下游河道的最小平滩流量即可达到或超过 4 000 m³/s(见表 2-17)。

表 2-17　未来 3 年黄河下游平滩流量预估结果(方法 2)　(单位:m³/s)

水文站	花园口	夹河滩	高村	孙口	艾山	泺口	利津
近 3 年年均平滩流量增加量	267	267	167	117	67	100	100
2009 年平滩流量	6 500	6 000	5 000	3 850	3 900	4 200	4 300
2010 年平滩流量	6 833	6 333	5 167	3 967	3 967	4 300	4 400
2011 年平滩流量	7 167	6 667	5 333	4 083	4 033	4 400	4 500

方法 3:根据小浪底水库运用以来,黄河下游各河段"河段累计冲刷面积—河段累计平滩流量增量"关系,以最近 3 年的平均冲刷强度作为未来 3 年的冲刷强度,预测未来 3 年的平滩流量的增加量,预测结果见表 2-18。

表 2-18　未来 3 年黄河下游平滩流量预估计算结果(方法 3)

河段		花园口以上	花园口—夹河滩	夹河滩—高村	高村—孙口	孙口—艾山	艾山—泺口	泺口—利津
近 3 年河段冲刷面积增加量(m²)		537	619	337	304	157	112	123
近 3 年河段平滩流量增加量(m³/s)		650	450	250	150	150	250	150
单位冲刷面积的平滩流量增加量((m³/s)/m²)		1.21	0.73	0.74	0.49	0.96	2.24	1.21
2009 年到某年的冲刷面积(m²)	2010 年	268	309	169	152	78	56	62
	2011 年	537	619	337	304	157	112	123
2009 年到某年的平滩流量增加量(m³/s)	2010 年	325	225	125	75	75	125	75
	2011 年	650	450	250	150	150	250	150
平滩流量(m³/s)	2009 年	6 500	6 250	5 500	4 430	3 880	4 050	4 250
	2010 年	6 825	6 475	5 625	4 505	3 955	4 175	4 325
	2011 年	7 150	6 700	5 750	4 580	4 030	4 300	4 400

综合上述方法的计算结果,给出未来 3 年的平滩流量预测成果(见表 2-19)。可见,未来 3 年黄河下游平滩流量的"驼峰"现象仍旧存在,并仍在孙口—艾山河段,到 2011 年该河段平滩流量达到 4 000 m³/s;且孙口平滩流量与艾山大致相同,"驼峰"河段最小平滩流量与泺口平滩流量的差距由 2009 年的 350 m³/s 减小到 2011 年的 300 m³/s,而孙口与泺口平滩流量的差距也在减小,由 350 m³/s 减小到 290 m³/s。

表 2-19 　未来 3 年黄河下游平滩流量预估综合结果 　　　　　　（单位:m³/s）

年份	花园口	夹河滩	高村	孙口	艾山	泺口	利津
2009	6 500	6 000	5 000	3 850	3 900	4 200	4 300
2010	6 670	6 170	5 150	3 950	3 970	4 270	4 370
2011	6 840	6 340	5 300	4 050	4 040	4 340	4 440

(二)"驼峰"河段及以下河段冲淤特性分析

1. 高村—艾山河段分组泥沙冲淤演变分析

1) 洪水期来沙量及冲淤量统计

统计分析三门峡水库拦沙期和小浪底水库拦沙期高村—艾山河段的洪水期水沙量和冲淤量(见表 2-20),两个时期内均发生冲刷,冲刷量分别为 2.495 亿 t、2.197 亿 t,冲淤比(冲淤量占来沙量的比例)分别为 -9.1%、-32.5%。小浪底水库运用以来,洪水期进入该河段的水量、沙量均远小于三门峡水库拦沙期,水量为三门峡水库拦沙期的 34%,沙量为三门峡水库拦沙期的 25%。两个时期洪水平均流量和平均含沙量相对接近,小浪底水库拦沙期略小一些。从洪水期冲淤效率(单位水量冲淤量)来看,小浪底水库拦沙期冲淤效率为 -4.6 kg/m³,明显好于三门峡水库拦沙期的 -1.8 kg/m³。

表 2-20 　河段水沙量和冲淤量统计

时段	高村				艾山				高村—艾山		
	水量 (亿 m³)	沙量 (亿 t)	平均 流量 (m³/s)	平均 含沙量 (kg/m³)	水量 (亿 m³)	沙量 (亿 t)	平均 流量 (m³/s)	平均 含沙量 (kg/m³)	冲淤量 (亿 t)	冲淤 效率 (kg/m³)	淤积 比(%)
1961~1964	1 416.42	27.45	3 082	19.4	1 505.43	29.63	3 275	19.7	-2.495	-1.8	-9.1
2002~2008	482.41	6.76	2 417	14.0	487.18	8.83	2 441	18.1	-2.197	-4.6	-32.5

从来沙组成来看,小浪底水库拦沙期细泥沙($d < 0.025$ mm)和特粗泥沙($d > 0.1$ mm)含量均高于三门峡水库拦沙期,中泥沙(0.025~0.05 mm)和粗泥沙(0.05~0.1 mm)含量低于三门峡水库拦沙期。该河段出口站艾山的泥沙组成与高村站相比,三门峡水库拦沙期有所细化,细泥沙比例从进口站的 63% 到出口站增加到 69%,粗泥沙比例明显减小,由 14% 减小为 10%,中、特粗泥沙比例无明显变化。小浪底水库拦沙期进出口泥沙比例的变化与三门峡水库拦沙期恰好相反,细泥沙含沙量明显减小,由 67% 减小为53%,中、粗、特粗泥沙的含量均有所提高,尤其特粗泥沙的比例占到 6%(见表 2-21),明显高于三门峡水库拦沙期的 1%。

从进出口分组泥沙含沙量来看,小浪底拦沙期进入高村—艾山河段洪水期的细、中、粗泥沙的含沙量均比三门峡水库拦沙期的低,而特粗泥沙的含沙量高于三门峡水库拦沙期。小浪底水库拦沙期艾山站的分组泥沙含沙量,除了细泥沙含沙量低于三门峡水库拦沙期,中泥沙含沙量略高一点,而粗泥沙和特粗泥沙的含沙量显著高于三门峡拦沙期。

从该河段冲淤效率来看,小浪底拦沙期除细泥沙恢复较小外,中、粗、特粗泥沙的冲淤效率均大于三门峡水库拦沙期的。这说明小浪底拦沙期该河段的中、粗、特粗泥沙的冲刷和输沙能力有所提高。

表 2-21　河段进出口站来沙量及河段冲淤量统计

时段	<0.025 mm	0.025~0.05 mm	0.05~0.1 mm	>0.1 mm	全沙
	高村站沙量(亿 t)				
1961~1964	17.314	5.823	3.934	0.375	27.445
2002~2008	4.501	1.269	0.797	0.188	6.755
	高村站分组泥沙含沙量(kg/m³)				
1961~1964	12.2	4.1	2.8	0.3	19.4
2002~2008	9.3	2.6	1.7	0.4	14.0
	高村站分组泥沙比例(%)				
1961~1964	63	21	14	2	100
2002~2008	66	19	12	3	100
	艾山站沙量(亿 t)				
1961~1964	20.443	5.956	2.929	0.301	29.628
2002~2008	4.656	2.076	1.594	0.506	8.832
	艾山站分组泥沙含沙量(kg/m³)				
1961~1964	13.6	4.0	1.9	0.2	19.7
2002~2008	9.6	4.3	3.3	1.0	18.1
	艾山站分组泥沙比例(%)				
1961~1964	69	20	10	1	100
2002~2008	53	24	18	5	100
	高村—艾山冲淤量(亿 t)				
1961~1964	-3.340	-0.201	0.974	0.073	-2.495
2002~2008	-0.220	-0.834	-0.817	-0.325	-2.197
	淤积比(%)				
1961~1964	-19.3	-3.5	24.7	19.4	-9.1
2002~2008	-4.9	-65.8	-102.6	-173.0	-32.5

这两个时期分组泥沙的冲淤表现不同,三门峡水库拦沙期细、中泥沙发生冲刷,粗泥沙和特粗泥沙发生淤积,小浪底水库拦沙期,各粒径组泥沙均发生冲刷。虽然两个时期全沙均发生冲刷,但发生冲刷的泥沙粒径范围不同,三门峡水库拦沙期以细泥沙为主,小浪底水库拦沙期则以中、粗、特粗泥沙为主。

为了对比分析三门峡水库拦沙期和小浪底水库拦沙期高村—艾山河段冲淤特点,点绘了该河段冲淤效率与高村站平均流量关系(见图 2-47)以及河段淤积比与平均含沙量的关系(见图 2-48)。可以看出,冲淤效率与进口站平均流量的关系不明显,随着平均流量的增加,冲淤效率变化不大。高村—艾山河段淤积比与平均含沙量关系较好(见

图 2-48),当高村含沙量小于 20 kg/m³ 时,随着平均含沙量的增大,淤积比逐渐增大,当含沙量大于 20 kg/m³ 后,该河段处于微冲或微淤状态。1960 ~ 1964 年,随着高村站平均含沙量的增加淤积比增加趋势明显。2002 ~ 2008 年洪水在河段中全沙均表现为冲刷,包括"04·8"和"03·9"两场含沙量相对较高(含沙量分别为 85 kg/m³ 和 36 kg/m³)的洪水,其余含沙量均在 7 ~ 15 kg/m³,冲刷量为来沙量的 20% ~ 60%。

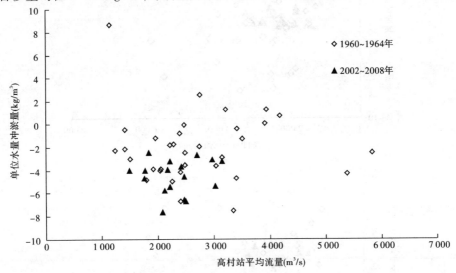

图 2-47 高村—艾山河段全沙冲淤效率与高村站平均流量关系

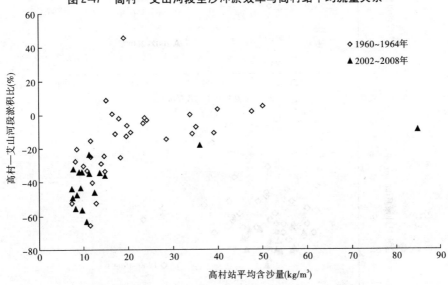

图 2-48 高村—艾山河段淤积比与高村站平均含沙量关系

2)分组泥沙冲淤效率与流量关系

对于细泥沙,当流量在 4 000 m³/s 以下时,1960 ~ 1964 年高村—艾山河段有冲有淤,以冲刷为主,且冲刷幅度较大,最大可达 8 kg/m³,其冲淤状态取决于来沙含沙量。2002 ~ 2008年,除"04·8"一场洪水外,其他洪水均发生微冲,冲淤变幅较小,见图 2-49(a)。

对于中泥沙,在 1960~1964 年河段表现有冲有淤,冲淤场次基本相当。2002~2008 年中颗粒泥沙冲淤变幅小,冲淤效率集中在 0~−2 kg/m³,见图 2-49(b)。

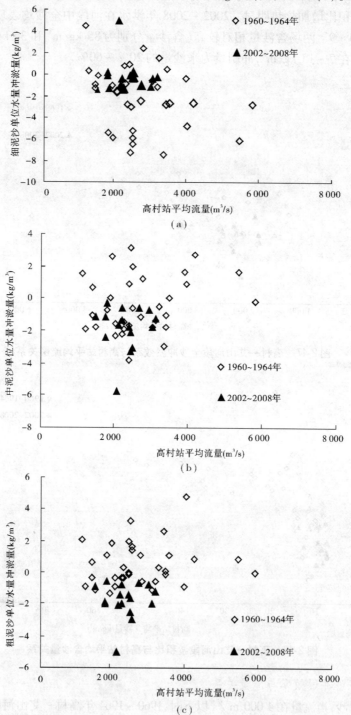

图 2-49　高村—艾山河段分组泥沙冲淤效率与高村站平均流量关系

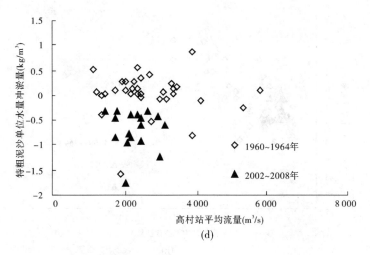

(d)

续图 2-49

对于粗泥沙,1960~1964 年以淤积为主,部分发生微淤。2002~2008 年粗颗粒泥沙均发生冲刷,冲淤效率集中在 0 ~ −2 kg/m³ 内。总体来看,2002~2008 年粗颗粒的冲淤效率略好于 1960~1964 年,见图 2-49(c)。

对于特粗泥沙,1960~1964 年表现为淤积为主,2002~2008 年时期表现为冲刷。同流量条件下,小浪底水库拦沙期特粗泥沙冲淤效率明显好于三门峡水库拦沙期,见图 2-49(d)。

3)分组泥沙冲淤效率与含沙量关系

随着细泥沙含沙量的增加,细泥沙冲淤变幅不明显。1960~1964 年随着含沙量的增加,中泥沙冲淤效率增加。2002~2008 年含沙量较低,除一场洪水达到 10 kg/m³ 外,都在 4 kg/m³ 以下,冲淤效率与三门峡水库拦沙期基本接近。粗颗粒泥沙各时期冲淤表现与中泥沙基本一致。其冲淤效率在 1960~1964 年随着中泥沙的含沙量增加而增加,2002~2008 年含沙量较小,以冲刷为主,见图 2-50。

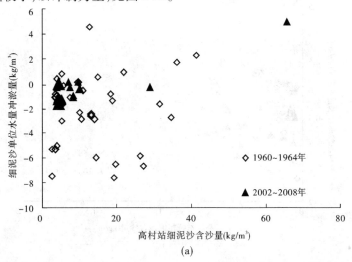

(a)

图 2-50　高村—艾山河段分组泥沙冲淤效率与高村站分组泥沙含沙量关系

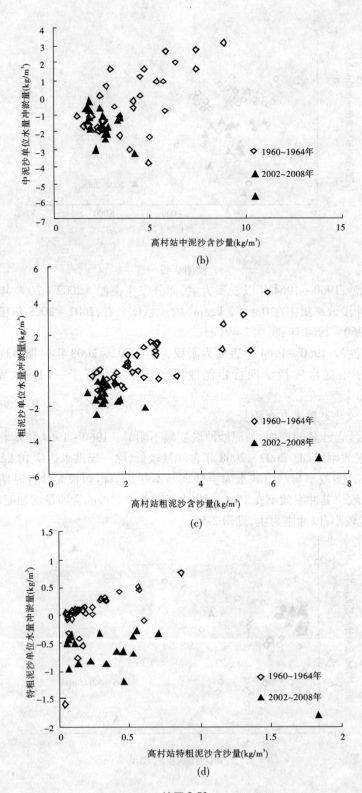

(b)

(c)

(d)

续图 2-50

2002～2008 年特粗泥沙含沙量与三门峡水库拦沙期比较接近,但冲淤表现不一致。1960～1964 年冲淤效率随着特粗泥沙含沙量增加而增大;2002～2008 年特粗泥沙均发生冲刷,在来沙含沙量相同条件下,特粗泥沙冲刷效率明显偏大,见图 2-50(d)。

4)分组泥沙淤积比与分组含沙量关系

两个时期细泥沙和中泥沙的淤积比与各自含沙量的关系比较一致(见图 2-51 ～图 2-54),随着分组含沙量的增大,淤积比增加。相同粗泥沙含沙量条件下,2002～2008 年粗泥沙的淤积比较三门峡水库拦沙期略有偏小,特粗泥沙则明显偏小。相同平均流量条件下,2002～2008 年细、中泥沙的日冲淤量与 1960～1964 年比较接近,粗泥沙略有增大,特粗泥沙则明显增大。

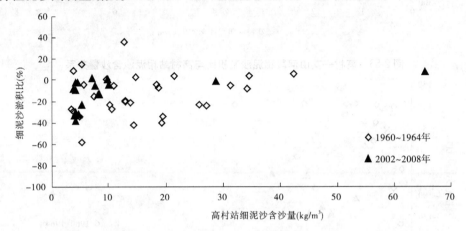

图 2-51　高村—艾山河段细泥沙淤积比与高村站细泥沙含沙量关系

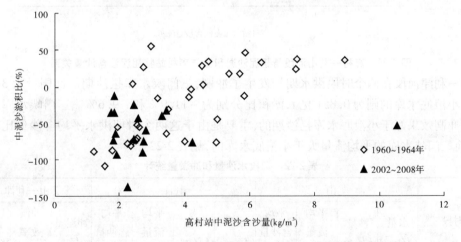

图 2-52　高村—艾山河段中泥沙淤积比与高村站中泥沙含沙量关系

2.艾山—利津河段分组泥沙冲淤演变分析

1)来沙量及冲淤量

小浪底水库拦沙期水、沙量均远小于三门峡水库拦沙期,后者为 3 275 m³/s,前者为 2 317 m³,而两个时期的平均含沙量比较接近,后者为 18.1 kg/m³,前者为 19.7 kg/m³。

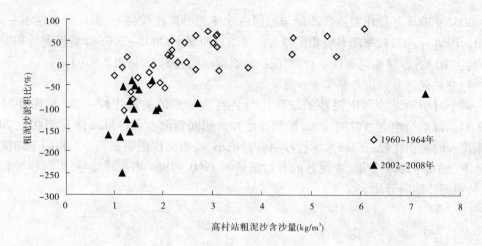

图 2-53 高村—艾山河段粗泥沙淤积比与高村站粗泥沙含沙量关系

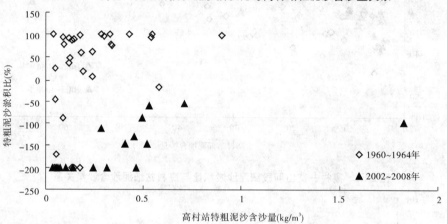

图 2-54 高村—艾山河段特粗泥沙淤积比与高村站特粗泥沙含沙量关系

艾山—利津河段在两个时段洪水期均发生了冲刷,三门峡水库拦沙期的冲刷量为3.534亿 t,小浪底水库的则为0.851亿 t,淤积比分别为 -11.9% 和 -9.6%。三门峡水库拦沙期的冲刷效果好于小浪底水库拦沙期的,主要是由于这两个时期洪水平均含沙量比较接近,而三门峡水库的平均流量大于小浪底水库的,见表2-22。

表 2-22 河段水沙量和冲淤量统计

时段	艾山				利津				艾山—利津		
	水量 (亿 m³)	沙量 (亿 t)	平均 流量 (m³/s)	平均 含沙量 (kg/m³)	水量 (亿 m³)	沙量 (亿 t)	平均 流量 (m³/s)	平均 含沙量 (kg/m³)	冲淤量 (亿 t)	冲淤 效率 (kg/m³)	淤积 比(%)
1960~1964	1 505.43	29.63	3 275	19.7	1 507.9	32.8	3 281	21.7	-3.534	-2.3	-11.9
2002~2008	487.18	8.83	2 441	18.1	462.4	9.3	2 317	20.1	-0.851	-1.7	-9.6

从分组泥沙来沙比例(见表2-23)看,小浪底水库拦沙期艾山站来沙明显变粗,细泥沙含量为53%,而中、粗、特粗泥沙含量均较后者大,特别是特粗泥沙的含量达到6%,比

三门峡拦沙期高了 5%。三门峡拦沙期艾山站全沙沙量 29.628 亿 t,特粗泥沙只有 0.301 亿 t,而小浪底拦沙期全沙沙量为 8.832 亿 t,特粗泥沙沙量为 0.506 亿 t。从分组泥沙冲淤量来看,该河段在三门峡拦沙期的洪水期各粒径组泥沙均发生了冲刷,而在小浪底水库拦沙期只有细泥沙和中泥沙发生冲刷,冲刷量分别为 0.567 亿 t、0.484 亿 t,粗泥沙和特粗泥沙发生了淤积,淤积量分别为 0.072 亿 t、0.128 亿 t。

表 2-23 河段进出口站分组泥沙量及河段分组泥沙冲淤量统计

时段	<0.025 mm	0.025~0.05 mm	0.05~0.1 mm	>0.1 mm	全沙
	艾山站沙量(亿 t)				
三门峡拦沙期	20.443	5.956	2.929	0.301	29.628
小浪底拦沙期	4.656	2.076	1.594	0.506	8.832
	艾山站分组泥沙含沙量(kg/m³)				
三门峡拦沙期	13.6	4.0	1.9	0.2	19.7
小浪底拦沙期	9.6	4.3	3.3	1.0	18.1
	艾山站分组泥沙比例(%)				
三门峡拦沙期	69	20	10	1	100
小浪底拦沙期	53	24	18	5	100
	利津站沙量(亿 t)				
三门峡拦沙期	22.168	6.419	3.755	0.440	32.783
小浪底拦沙期	5.014	2.454	1.452	0.361	9.281
	利津站分组泥沙含沙量(kg/m³)				
三门峡拦沙期	14.7	4.3	2.5	0.3	21.7
小浪底拦沙期	10.8	5.3	3.1	0.8	20.1
	利津站分组泥沙比例(%)				
三门峡拦沙期	68	20	11	1	100
小浪底拦沙期	54	26	16	4	100
	艾山—利津冲淤量(亿 t)				
三门峡拦沙期	-1.995	-0.542	-0.855	-0.142	-3.534
小浪底拦沙期	-0.567	-0.484	0.072	0.128	-0.851
	淤积比(%)				
三门峡拦沙期	-9.8	-9.1	-29.2	-47.3	-11.9
小浪底拦沙期	-12.2	-23.3	4.5	25.3	-9.6

将洪水期全沙冲刷量大于 0.01 亿 t 的划为冲刷洪水,淤积量大于 0.01 亿 t 的划为淤积洪水,介于两者之间的划为冲淤平衡洪水,其统计值见表 2-24。

可以看出,三类洪水的平均含沙量差别不大,分别为 22.9 kg/m³、18.7 kg/m³ 和 22.6 kg/m³,平均流量差别比较大,发生冲刷的洪水平均流量为 3 442 m³/s,发生淤积的洪水平均流量仅有 1 710 m³/s,冲淤平衡的洪水平均流量为 2 210 m³/s。从来沙组成来看,发生冲刷和发生淤积的两类洪水的分组泥沙组成比较接近。可见,平均流量的大小是导致洪水期该河段发生冲刷或淤积的主要因素。

表2-24 艾山—利津河段来沙及冲淤统计

	冲淤状态	W(亿 m^3)	W_S(亿 t)	Q(m^3/s)	S(kg/m^3)	S/Q
	冲刷	1 706.58	32.21	3 314	18.9	0.006
	平衡	81.55	1.171	2 052	14.4	0.007
	淤积	204.48	5.075	1 956	24.8	0.013
	来沙量(亿 t)					
	冲淤状态	<0.025 mm	0.025~0.05 mm	0.05~0.1 mm	>0.1 mm	全沙
艾山站	冲刷	21.342	6.532	3.694	0.647	32.214
	平衡	0.576	0.367	0.207	0.021	1.171
	淤积	3.181	1.133	0.622	0.139	5.075
	分组泥沙含量(%)					
	冲刷	66.2	20.3	11.5	2.0	100
	平衡	49.2	31.3	17.7	1.8	100
	淤积	62.7	22.3	12.3	2.7	100
	冲淤状态	W(亿 m^3)	W_S(亿 t)	Q(m^3/s)	S(kg/m^3)	S/Q
	冲刷	1 694.94	36.62	3 292	21.6	0.007
	平衡	79.48	1.156	2 000	14.5	0.007
	淤积	195.89	4.285	1 874	21.9	0.012
	来沙量(亿 t)					
	冲淤状态	<0.025 mm	0.025~0.05 mm	0.05~0.1 mm	>0.1 mm	全沙
利津站	冲刷	23.29	7.85	4.75	0.74	36.62
	平衡	0.753	0.287	0.106	0.009	1.156
	淤积	3.140	0.739	0.353	0.053	4.285
	分组泥沙含量(%)					
	冲刷	63.6	21.4	13.0	2.0	100
	平衡	65.1	24.9	9.2	0.8	100
	淤积	73.3	17.3	8.2	1.2	100
	冲淤量(亿 t)					
	冲淤状态	<0.025 mm	0.025~0.05 mm	0.05~0.1 mm	>0.1 mm	全沙
	冲刷	-2.28	-1.46	-1.13	-0.11	-4.98
	平衡	-0.187	0.071	0.096	0.011	-0.008
	淤积	-0.095	0.358	0.255	0.083	0.602
冲淤情况	淤积比(%)					
	冲刷	-10.7	-22.3	-30.7	-16.8	-15.5
	平衡	-32.5	19.4	46.5	52.5	-0.7
	淤积	-3.0	31.6	41.0	60.1	11.9

随着艾山站洪水平均流量的增大,艾山—利津河段泥沙的冲淤效率和淤积比均减小,即随着流量增加,泥沙在该河段的冲淤表现由淤积转为冲刷。从图 2-55 和图 2-56 中可以看出,三门峡水库拦沙期当艾山站平均流量小于 2 000 m^3/s 时,该河段以淤积为主;当平均流量在 2 000~3 000 m^3/s 时,该河段有冲有淤,以冲刷为主;当平均流量大于 3 000 m^3/s 时,洪水期该河段除个别场次外均发生冲刷。小浪底水库投入运用以来,除了"04·8"和"07·8"两场异重流排沙含沙量较高的洪水发生淤积,艾山—利津河段相同平均流量条件下其他场次洪水均发生冲刷,2 500 m^3/s 以下小流量级冲刷效率显著大于三门峡水库拦沙期的。

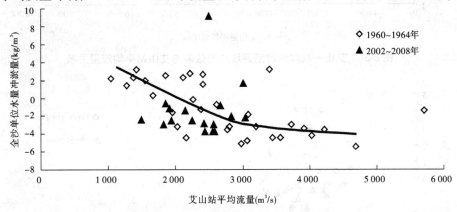

图 2-55 艾山—利津河段全沙冲淤效率与艾山站平均流量关系

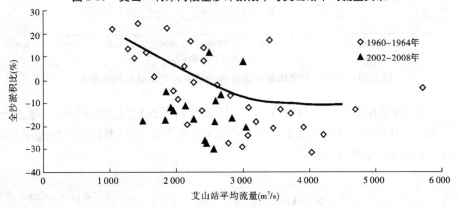

图 2-56 艾山—利津河段全沙淤积比与艾山站平均流量关系

2)分组泥沙冲淤效率与流量关系

细泥沙冲淤效率与艾山站平均流量没有明显关系(见图 2-57),在水库拦沙期 1960~1964 年和 2002~2008 年,细泥沙以冲刷为主。

三门峡水库拦沙期中泥沙在小流量时发生淤积,随着流量增大逐步转为冲刷(见图 2-58),当流量大于 3 000 m^3/s 后,基本均可发生冲刷;2002~2008 年除"04·8"和"07·8"两场洪水发生淤积外,其他洪水无论流量大小均发生冲刷。可见,在相同流量条件下,2002~2008 年小浪底拦沙期艾山—利津中泥沙冲刷效果明显好于三门峡水库拦沙期。

三门峡水库拦沙期,中泥沙的冲淤效率随着流量增大而减小,当流量小于 2 000 m^3/s

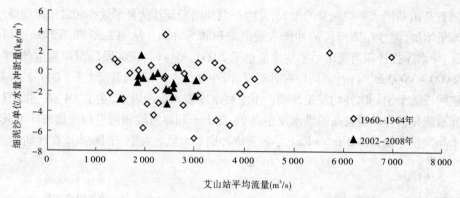

图 2-57　艾山—利津河段细泥沙冲淤效率与艾山站平均流量关系

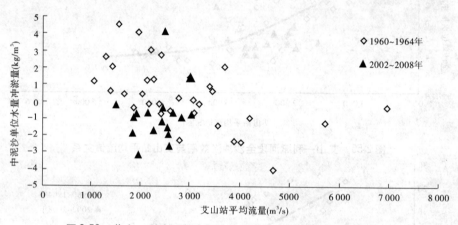

图 2-58　艾山—利津河段中泥沙冲淤效率与艾山站平均流量关系

时,发生淤积,流量在 2 000 ~ 4 000 m³/s 时,随着流量增加粗泥沙淤积减小,逐步转为冲刷,流量大于 4 000 m³/s 后,均发生冲刷。小浪底水库拦沙期粗泥沙的冲淤变幅小,大部分在 -1 ~ 1 kg/m³ 范围内,见图 2-59。

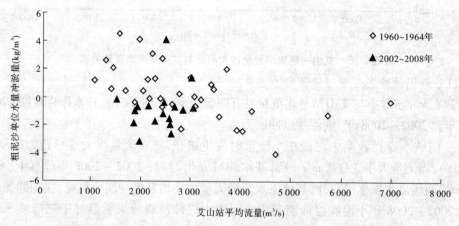

图 2-59　艾山—利津河段粗泥沙冲淤效率与艾山站平均流量关系

图 2-60 表明在相同的平均流量条件下,2002～2008 年,小浪底水库运用期的洪水期特粗泥沙的冲淤效率明显大于三门峡水库的拦沙期,1960～1964 年特粗泥沙可以发生微量冲刷,2002～2008 年特粗泥沙发生明显淤积。

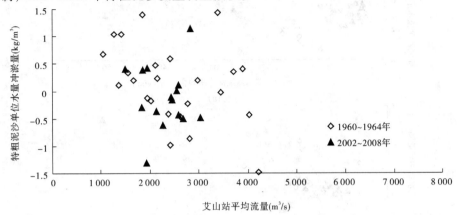

图 2-60　艾山—利津河段特粗泥沙冲淤效率与艾山站平均流量关系

三门峡水库拦沙期洪水期共 32 场,艾山—利津河段的特粗泥沙的淤积比大于 50% 的仅 6 场,小浪底水库拦沙期洪水共 17 场,特粗泥沙淤积比大于 50% 的有 12 场。由于近期下游河槽河宽明显缩窄,高村—艾山河段的输沙能力明显增加,小浪底水库拦沙期进入艾山—利津河段的特粗泥沙含沙量明显大于三门峡水库拦沙期,特粗泥沙在艾山—利津河段的淤积比明显偏大。同时,小浪底水库拦沙期的洪水平均流量均小于 3 500 m³/s,特粗泥沙的输沙能力较弱。小浪底水库拦沙期特粗泥沙发生明显冲刷的只有两场,这两场主要是因为进入该河段的特粗泥沙较少,在 1.0 kg/m³ 以下,同时细泥沙含量在 50% 以上。

3)分组泥沙冲淤效率与含沙量关系

细泥沙在艾山—利津河段冲淤表现随着艾山站平均含沙量的变化没有明显的变化趋势;在 1961～1964 年冲淤量随着中泥沙含沙量的增加而增大,2002～2008 年除"04·8"洪水期发生明显淤积和"07·8"洪水期微淤外,其他洪水均发生冲刷,且冲刷效率随着含沙量的增加无明显减弱;粗泥沙在该河段的冲淤在两个时期内表现基本一致,以微冲微淤为主;特粗泥沙在该河段以淤积为主(见图 2-61),且随着粗泥沙含沙量的增加淤积加重。

三门峡水库拦沙期划分洪水共 33 场,进入艾山—利津河段特粗泥沙平均含沙量 1.7 kg/m³,大于 1.0 kg/m³ 的仅 1 场,大于 0.5 kg/m³ 的有 5 场。小浪底水库拦沙期划分洪水共 17 场,特粗泥沙平均含沙量最大为 3.0 kg/m³,大于 1.0 kg/m³ 的有 9 场,仅有 3 场洪水特粗泥沙含沙量小于 0.5 kg/m³。可以看出,小浪底水库拦沙期,进入艾山—利津河段的特粗泥沙含沙量显著大于三门峡水库拦沙期,这也是小浪底水库拦沙期特粗泥沙在该河段发生淤积的最主要原因。

4)分组泥沙淤积比与分组含沙量关系

细泥沙的淤积比随着细泥沙含沙量的增加,冲淤变幅减小(见图 2-62(a))。

中泥沙在三门峡水库拦沙期,发生淤积和冲刷的场次基本相当。小浪底水库拦沙期,在相同中泥沙含沙量条件下的中泥沙冲刷量明显大于三门峡水库拦沙期的,如图 2-62(b)。粗泥沙随着中泥沙含沙量增加无明显变化趋势,且两个时期冲淤表现基本一致,小浪底水库

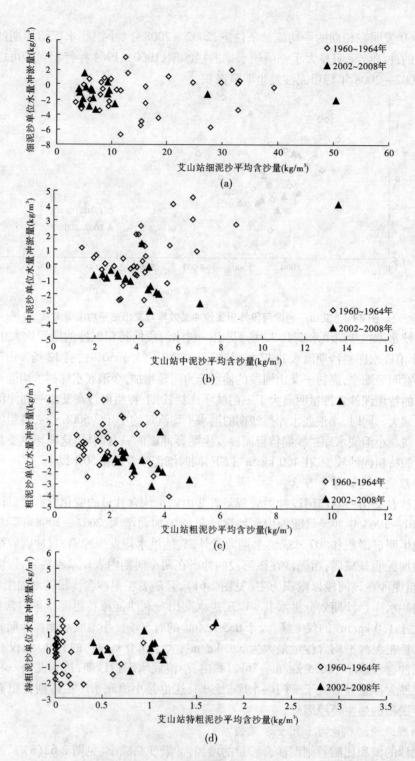

图 2-61　艾山—利津河段特粗泥沙冲淤效率与艾山站分组泥沙平均含沙量关系

运用以来的冲淤变幅更小,如图 2-62(c) 。

对于特粗泥沙,当含沙量从 0 增加到 0.2 kg/m³,特粗泥沙的淤积比迅速增加到 70%以上,说明特粗泥沙在该河段很难被输送,如图 2-62(d) 。同时可以看出,小浪底水库拦沙期的洪水的特粗泥沙含沙量明显高于三门峡水库拦沙期,也就是说,该时期进入艾山—利津河段的特粗泥沙含沙量有所增加。

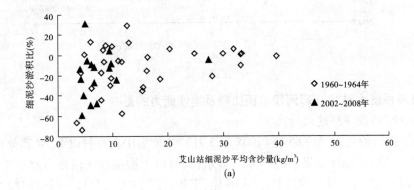

(a)

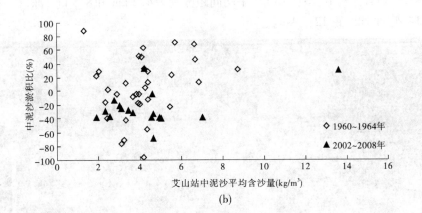

(b)

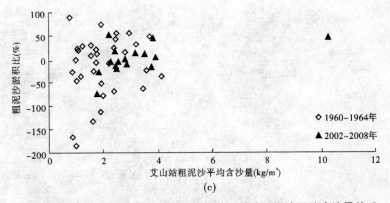

(c)

图 2-62　艾山—利津河段泥沙淤积比与艾山站分组泥沙平均含沙量关系

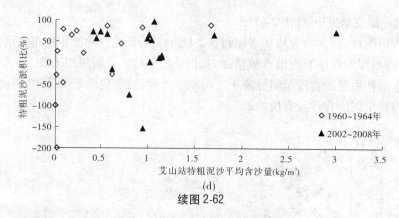

(d)

续图 2-62

(三)浮桥壅水对"驼峰"河段水面比降及输沙能力的影响

1."驼峰"河段浮桥建设情况

黄河下游目前共有浮桥 65 座(2008 年 3 月),主要集中在高村以下,尤其孙口—泺口河段(见图 2-63)。统计结果(见表 2-25)显示:高村以上游荡性河段现有浮桥 7 座,间距在 20 km 以上;高村—孙口河段有浮桥 10 座,平均间距 13 km;孙口—泺口河段浮桥布设最为密集,分别有浮桥 16 座和 13 座,平均间距分别为 4.2 km 和 8.5 km;泺口—利津河段有浮桥 14 座,平均间距 12.9 km。

图 2-63　国那里险工—位山险工河段浮桥分布情况

表 2-25　黄河下游各河段浮桥分布

项目	花园口以上	花园口—夹河滩	夹河滩—高村	高村—孙口	孙口—艾山	艾山—泺口	泺口—利津	利津以下
河段长度（km）	103	88	86	118	64	102	168	
浮桥座数（座）	2	2	3	10	16	13	14	5
平均间距（km）	26	9	21	13	4.2	8.5	12.9	

注：夹河滩—高村浮桥间距分别为 27 km、15 km，花园口以上、花园口—夹河滩浮桥间距分别为 26 km、9 km。

高村—艾山"驼峰"河段地处过渡性河道，河势比较稳定，水面较窄，浮桥长度在 196.5～457 m，平均长度 318 m，建成时间相对较长，浮桥十分密集。尤其是张堂险工（孙口以下约 25 km）—位山险工约 17.2 km 的河段，分布有浮桥 10 座，平均桥间距 1.91 km（见图 2-63），特别是其中的解山中浮桥、解山西浮桥、泰昌富民浮桥、正大光明浮桥，4 座浮桥的间距仅分别为 0.44 km、0.26 km、0.35 km（见表 2-26）。

密集的浮桥布置造成河道壅水对河道排洪输沙，特别是小水条件下的水流动力条件具有一定的影响。

2.浮桥对"驼峰"河段壅水及水面纵比降的影响

为了解浮桥对"驼峰"河段壅水影响，开展了水槽试验，试验比尺 40，为定床恒定流试验（见表 2-27）。

试验模拟的河道河宽 300～400 m、河床比降 1.50‰，流量最大 3 000 m³/s 条件下水深 4～5 m、平均流速 2 m/s 左右，流量最小 400 m³/s 条件下水深 1 m 左右、平均流速 0.8～1 m/s。根据《黄河下游浮桥建设管理办法》，当预报花园口流量达到 3 000 m³/s 以上时，浮桥必须在 24 h 内全部拆除。因此，这个流量可看做浮桥正常工作状态的上限值。

试验结果表明（见图 2-64），在浮桥与水流夹角呈 0°～40°的范围内，3 000 m³/s 流量条件下的桥前最大壅水高度为 31.2 cm（均为浮桥与水流夹角呈 40°时），浮桥与水流夹角为 0°时的壅水高度为 9.6 cm；400 m³/s 流量条件下的桥前最大壅水对应原型 14 cm（浮桥与水流夹角呈 40°时），浮桥与水流夹角为 0°时的壅水高度为 3.2 cm。

表 2-26　高村—艾山河段浮桥基本情况统计

序号	名称	桥位		长度（m）	宽度（m）	吨位（t）	建成时间（年-月）
		左岸	右岸				
	高村	约 55 km	207+800				
1	阎楼黄河浮桥		230+450	410	9	40	2005-10
2	董口浮桥		248+645	380	10	80	2005-12
3	鄄城旧城浮桥		267+340	360	10	80	2002-10
4	恒通浮桥	124+200		320	13	60	2003-05
5	郭集浮桥		279+450	335	9	60	2005-09

序号	名称	桥位		长度（m）	宽度（m）	吨位（t）	建成时间（年-月）
		左岸	右岸				
6	苏阁浮桥		291 + 500	330	10	30	2005-12
7	昆岳浮桥	140 + 425		330	14	60	2004-08
8	李清浮桥	146 + 125	300 + 282	450	10	60	1994-06
9	陈核浮桥						
10	京九浮桥	163 + 030	321 + 200	313	12.6	60	1998-03
	孙口	163 + 500					
11	蔡楼将军渡浮桥	164 + 100	322 + 726	196.5	12	60	1998-06
12	灿东浮桥	173 + 100	326 + 700	246	12	60	2005-12
13	鑫通浮桥	180 + 000	东平县代庙乡	457	16	90	2003
14	张堂浮桥	186	河南省台前县	250	7	60	2002-09
15	银河浮桥	188	东平县银山镇	306	21.3	90	1997
16	富民浮桥	190 + 000	东平县银山镇	202.5	17.9	50	1994
17	簸箕王浮桥	距富民 1.25 km					
18	黄庄浮桥	5 + 450	东平县斑鸠店镇	221.5	21.5	120	1995-04
19	解山东浮桥	7 + 850	东平县斑鸠店镇	268	21.5	80	1995-06
20	解山中浮桥	9 + 200	东平县斑鸠店镇	268	16	80	1996-08
21	解山西浮桥	9 + 640		324	20	60	1998-01
22	泰昌富民浮桥	9 + 900	东平县斑鸠店镇	324	22	100	2004
23	正大光明浮桥	10 + 250	东平县斑鸠店镇	294	21	80	2004-01
24	鱼龙浮桥	17 + 300	东平县斑鸠店镇	416.5	12	60	2000-05
25	鱼姜浮桥	18 + 960	姜沟控导工程 12#	320	21	60	1998-01
26	美文浮桥	约 28 km					
	艾山	32 + 800					
27	东大浮桥	约 37 km					

表 2-27 水槽试验比尺

比尺名称	比尺数值	依据	备注
水平比尺 λ_L	40	根据试验要求场地	
垂直比尺 λ_H	40	根据试验要求	正态模型
流速比尺 λ_V	6.325	$\lambda_V = \sqrt{\lambda_H}$	
流量比尺 λ_Q	10 120	$\lambda_Q = \lambda_L \lambda_H \lambda_V$	
水流运动时间比尺 λ_{t1}	6.325	$\lambda_{t1} = \lambda_L / \lambda_V$	
糙率比尺 λ_v	1.85	$\lambda_v = \lambda_H^{1/6}$	

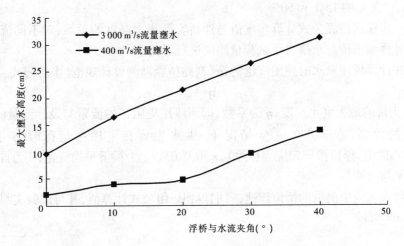

图2-64　3 000 m³/s 及 400 m³/s 流量下浮桥引起最大壅水值

壅水最高值的位置是在桥前上游对应原型 4 ~ 5 cm。可以看出,浮舟转角后的壅水高度明显高于浮舟与水流正交时壅水高度,这是由于浮舟与水流呈一定角度后阻水面积扩大的原因。总的来说,河道流量越大浮桥壅水越高。

根据壅水影响范围计算公式:

$$L = \frac{2\Delta z}{J_0} \tag{2-12}$$

得出驼峰河段($J_0 = 0.000\ 12$)在不利河势条件下(主流与浮桥呈较大夹角)小水时的壅水影响范围为 2 330 m,即使在主流与浮桥夹角较小的条件下小水时壅水影响范围为 530 m,大水时壅水影响的范围为 1 600 ~ 4 600 m。式中 Δz 为桥前最大壅水高度;J_0 为天然河道比降。

假设壅水后水面线为直线:

$$J_0 = \frac{\Delta h}{L} \tag{2-13}$$

式中,Δh 为壅水影响范围内的水头差。水面比降为

$$J = \frac{\Delta h - \Delta z}{L} \tag{2-14}$$

式中,J 为受浮桥壅水影响河道水面纵比降。

将式(2-12)、式(2-13)代入式(2-14),可得到天然水面比降与壅水后水面比降的关系:

$$J = \frac{J_0}{2} \tag{2-15}$$

假如每座浮桥的壅水高度取小水时浮桥的平均值 8.6 cm,其壅水范围 1.43 km,水面比降由 0.000 12 降低至 0.000 06 左右。

按照国那里险工一位山险工河段浮桥分布,17.2 km 河道内分布着 10 座浮桥,平均桥间距仅 1.91 km,则该河段很大一部分河道在浮桥壅水影响范围之内。估算该河道水位落差 2 m,10 个浮桥分别在流量 400 m³/s、3 000 m³/s 条件下,壅水高度分别为 0.3 m

和 0.96 m,占落差的 15% 和 50%。

为进一步探讨桥渡公式计算壅水值与浮桥实际壅水高度的关系,对不同流速下规范推荐公式计算壅水值与水槽舟桥试验量测值进行对比。

目前在计算桥渡壅水时使用广泛的是《铁路桥涵勘测设计规范》中的公式:

$$\Delta z_m = \eta (V_m^2 - V^2) \tag{2-16}$$

式中,Δz_m 为桥前最大壅水高度;η 为系数,即河滩路堤阻挡的流量与设计流量的比值,对于黄河下游浮桥,在 3 000 m³/s 情况下,洪水主要在主槽中运行时 η 小于 10%(3 000 m³/s 以上,浮桥按规定应当拆除),η 取 0.05;V_m 为桥下平均流速;V 为自然状态下桥位断面平均流速。

通过代入试验中测量的桥位流速,我们得到一组公式计算值,并与试验实测壅水值对比,如图 2-65 所示。

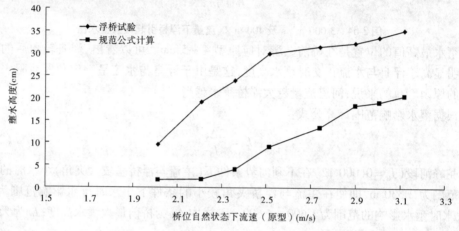

图 2-65　不同流速下桥前壅水试验与公式计算对比

从图 2-65 中可以看出,公式计算值明显小于试验测量值。这意味着,在固定桥梁与浮桥对流速的影响大致相同的情况下,浮桥的壅水值明显大于其他桥梁。这也说明,运用《铁路桥涵勘测设计规范》中公式计算的浮桥壅水值,较实际情况偏小,在计算浮桥的壅水时,取用规范公式计算结果不安全。

3.浮桥对水流挟沙能力的影响

根据水槽试验流速衰减成果,分析黄河下游"驼峰"河段典型断面处水流挟沙力的变化。

利用黄河干支流水流挟沙力公式进行计算:

$$S = 1.07 \frac{U^{2.25}}{R^{0.74} \omega^{0.77}} \tag{2-17}$$

式中,S 为全沙含沙量,kg/m³;R 为水力半径,m;U 为断面平均流速,m/s;ω 为泥沙沉速,cm/s。

根据 2008 年汛前地形资料,得到陶城铺断面附近、孙口断面附近的河床纵比降,通过曼宁公式推算平滩流量时的河段糙率系数,假定糙率与河床比降短时内未有大的变化,反推出当流量为 400 m³/s 和 3 000 m³/s 时的断面平均流速、最大水深和水力半径。根据水槽试验浮桥导致对应流速平均衰减量(夹角0°~20°流速衰减的平均值)可得到受附近浮桥的影响,在大小两种流量条件下,断面处流速减小值和水流挟沙力衰减值,与无浮桥相比,陶城铺分别减小到92.6%和94.3%,孙口分别减小到93.5%和94.2%(见表2-28)。

表2-28 推算原型典型断面挟沙力受浮桥影响

断面	400 m³/s			3 000 m³/s		
	$V_{自然}$(m/s)	$V_{浮桥影响}$(m/s)	挟沙力衰减(%)	$V_{自然}$(m/s)	$V_{浮桥影响}$(m/s)	挟沙力衰减(%)
孙口	0.96	0.932	93.5	2.39	2.327	94.2
陶城铺	1.25	1.208	92.6	2.45	2.387	94.3

五、建议

(一)宁蒙河段防凌分洪对策研究方面

初步分析了近年来凌汛灾害的新变化,即卡冰结坝增多和决口频繁,研究确定了水位高、槽蓄增量大、河槽淤积萎缩等重要致灾因素。初步探讨了分级防凌水位,提出了堤防达标河段和未达标河段警戒水位(当水位升到一定高度后对堤防构成一般险情威胁的水位值)和防凌临界水位(当水位升到一定高度后对堤防构成严重险情甚至决口威胁的水位值)的参考建议,并尝试提出了应急分洪区启用的参考条件:水位达到防凌临界水位,河道槽蓄增量达到16亿~17亿 m³。

(二)三门峡库区冲淤演变及利用并优化桃汛洪水冲刷降低潼关高程方面

(1)初步分析了桃汛期潼关高程的主要影响因素,提出了继续开展原型试验,可通过万家寨水库合理调控、塑造更为协调的水沙过程,实现潼关高程较大程度冲刷的建议。

(2)针对小北干流龙门洪峰流量2 800 m³/s条件下,永济河段部分滩区漫滩情况,初步分析了此次漫滩的原因为:持续小水、河势在黄淤51断面附近持续左移,导致滩地及生产堤塌失,水流沿串沟进入滩区;同时由于滩地横比降大,加剧水流漫滩程度。

(3)三门峡水库汛期首次敞泄累计出库沙量与累计出库水量相关关系较好。累计出库水量小于1亿 m³前,出库平均含沙量可达280 kg/m³;累计出库水量从1亿 m³增至3亿 m³,出库平均含沙量约110 kg/m³;累计出库水量大于3亿 m³后,出库平均含沙量约60 kg/m³,可以作为预测调水调沙期三门峡出库含沙量的参考依据。

(三)小浪底库区冲淤演变方面

(1)按照三角洲顶坡纵比降推移到坝前,目前约有9亿 m³ 的容积,按近年平均来沙情况估算,2~3年内,三角洲淤积、异重流排沙仍然是小浪底水库的主要排沙方式。

(2)通过对比计算分析认为:相同淤积量与相同蓄水量条件下,三角洲淤积形态比锥体淤积形态的回水长度明显缩短,异重流排沙效果优于壅水明流排沙。当前水库调度应尽可能延长库区由三角洲淤积转化为锥体淤积的时间,并开展相关研究工作。

(四)黄河下游河床演变方面

主要围绕"驼峰"河段主要影响因素、发展趋势及治理对策提出4项认识和建议:

(1)通过分析近3年平滩流量增加值、平滩流量与累计水量的关系及平滩流量与冲刷面积的关系,并考虑高村以上河段前期累计冲刷、河口淤积延伸对近河口河段冲刷的不利影响、未来小浪底水库排沙比较近3年会逐步增大的不利影响,综合分析认为:到2011年汛前,孙口、艾山平滩流量可恢复到约4 050 m³/s,但仍然存在"驼峰"现象,较其他河段平滩流量仍偏小约300 m³/s。

（2）单个浮桥在流量400 m³/s、3 000 m³/s时壅水分别为0.036 m和0.096 m,回水长度分别约为700 m和2 000 m,对水动力条件影响不大。但若浮桥间距小到2 000 m,则对水动力条件(水面比降)甚至输沙特性具有一定影响。

（3）由理论分析和实测资料可知,由于河宽缩窄,小浪底水库运用以来,高村以下同流量的输沙(挟沙)能力较三门峡水库清水排沙期明显偏大,同时受高村以上河段坍塌相对较少、泥沙补给量少的影响,高村—艾山河段包括特粗泥沙(粒径大于0.1 mm)都有所冲刷,但艾山—利津河段粗沙(粒径0.05~0.1 mm)和特粗沙是淤积的。

（4）小浪底水库运用以来清水下泄,加之调水调沙的共同作用,下游河道冲刷显著。但随着冲刷历时的加长,河床组成、河道比降等边界条件发生相应调整,冲刷效率出现降低的趋势,同时各河段的调整特点也不尽相同。建议加强对这种较长时间内持续冲刷的河道演变规律的深入研究,为小浪底水库以及未来的水沙调控体系的调水调沙运用提供科学依据。

第二部分　专题研究报告

第二编　寺观碑和突厥碑

第一专题 2008 年水沙情势、水库运用与下游河道冲淤演变

　　本专题对 2008 年黄河基本河情进行了跟踪分析,包括流域降雨及水沙特点、引水情况、干流主要水库对水沙的调控作用、三门峡水库运用情况及库区冲淤特点、潼关高程变化、小浪底水库运用情况及库区冲淤特点、黄河下游河道来水来沙情况及河道冲淤演变。通过分析认识到,2008 年黄河流域降水量偏少,实测水沙量大幅度减少;2008 年黄河干流引水量最大的河段分别是下河沿—石嘴山、石嘴山—头道拐和高村—利津河段,引水量分别为 57.38 亿 m³、66.29 亿 m³ 和 53.18 亿 m³;2008 年小浪底水库排沙仍以异重流排沙为主。调水调沙异重流排沙量 0.458 亿 t(6 月 29 日~7 月 3 日),其排沙比为 61.8%。小浪底水库库区泥沙淤积全部发生在干流,淤积量为 0.255 亿 m³,而支流则为冲刷,冲刷量为 0.015 亿 m³;黄河下游夹河滩主槽以上发生冲刷,艾山—泺口河段则出现淤积,下游河道冲刷效率为 4.6 kg/m³,是近年调水调沙中效率最小的,特别是高村以上河段,冲刷效率仅为 0.7 kg/m³;2008 年"驼峰"河段除影堂、陶城铺和黄庄断面淤积外,其余断面均有不同程度冲刷,平滩流量已提高至 3 810~3 900 m³/s,较 2007 年增加 90~200 m³/s。

第一章 流域降雨及水沙特点

一、汛期降雨特点

根据报汛资料统计,2008 年黄河流域年降水量 387 mm(日历年),其中汛期(7～10月)264 mm,与 1956～2000 年同期相比,全年偏少 13%,汛期偏少 7%。汛期除托克托以上偏多外,其他各区域均不同程度偏少(见图 1-1),其中主要来沙区河龙区间、泾渭河和北洛河汛期分别为 277 mm、301 mm 和 240 mm,分别偏少 4%、14% 和 29%。汛期降雨量最大发生地是大汶河下港,降雨量为 357 mm。

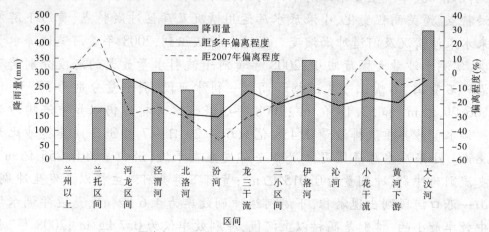

图 1-1 2008 年汛期黄河流域各区间降雨量

由表 1-1 可以看出,主要来沙区河龙区间、泾渭河和北洛河 6 月和 9 月降雨偏多,其中河龙区间分别偏多 51% 和 96%,泾渭河分别偏多 38% 和 11%,北洛河分别偏多 43% 和29%,而河龙区间、泾渭河和北洛河 7 月分别偏少 59%、25%、53%。

二、水沙变化特点

2008 年度(2007 年 11 月～2008 年 10 月)主要干流水量控制站唐乃亥、头道拐、龙门、潼关、花园口和利津站年水量分别为 170.48 亿 m³、171.69 亿 m³、184.44 亿 m³、215.2亿 m³、239 亿 m³ 和 157.07 亿 m³(见表 1-2),与 1956～2000 年同期相比偏少 16%～53%(见图 1-2)。

主要支流控制站华县(渭河)、河津(汾河)、洑头(北洛河)、黑石关(伊洛河)、武陟(沁河)来水量分别为 39.68 亿 m³、3.6 亿 m³、2.46 亿 m³、8.89 亿 m³、1.81 亿 m³,与 1956～2000年同期相比分别偏少 45%、68%、65%、68%、83%。支流水量减少幅度大于干流。

龙门、潼关、花园口和利津站沙量分别为 0.611 亿 t、1.397 亿 t、0.616 亿 t 和 0.832 亿t(见表 1-3),较 1956～2000 年同期偏少 88%～94%(见图 1-3);主要支流控制站华县(渭河)、洑头(北洛河)以及河龙区间(河口镇—龙门)年沙量分别为 0.582 亿 t、0.007 亿 t 和0.399 亿 t,较 1956～2000 年同期分别偏少 84%、99% 和 95%。

表 1-1 2008 年汛期流域降雨情况

区域	6月		7月		8月		9月		10月		7~10月		最大雨量(mm)	
	雨量(mm)	距平*(%)	雨量(mm)	距平(%)	雨量(mm)	距平(%)	雨量(mm)	距平(%)	雨量(mm)	距平(%)	雨量(mm)	距平(%)	量值	地点
兰州以上	78	10.5	85	-7.1	89	1.5	86	25.5	32	-5.6	292	3.7	186	折桥
兰托区间	23	-15.1	61	7.6	49	-24.1	53	68.3	12	-10.4	175	5.3	115	三湖河口
河龙区间	78	50.9	42	-58.5	103	1.1	115	96.2	17	-38.2	277	-4.2	212	靖边
泾渭河	89	37.6	82	-24.6	80	-21.3	99	10.7	40	-20	301	-14.0	184	锹峪
北洛河	84	42.9	52	-53.3	73	-33.2	100	29.0	15	-60.7	240	-28.6	146	铁边城
汾河	77	27.7	48	-57.6	82	-22.1	78	19.3	15	-58.0	223	-30.2	130	静乐
龙三干流	56	-8.6	94	-15.4	91	-13.7	70	-9.6	40	-3.1	295	-12.0	181	王坪
三小区间	55	-13.2	101	-31.8	91	-17.9	87	11.4	26	-47.4	305	-21.1	182	坡头
伊洛河	49	-33.2	133	-9.0	87	-25.5	89	5.5	36	-34.7	345	-14.3	242	栾川
沁河	69	-1.4	88	-40.2	109	-9.8	87	25.2	11	-72.6	295	-22.1	169	菁天河
小花干流	58	-4.4	143	0.1	63	-40.2	84	14.6	17	-62.8	307	-16.4	213	小关
黄河下游	63	-3.4	169	10.3	71	-43.5	52	-16.8	13	-63.7	305	-19.1	272	濮城
大汶河	47	-44.9	245	15.3	113	-25.2	70	9.7	19	-44.6	447	-3.2	357	下港

注：＊距平指距历年均值，历年均值指 1950～2000 年均值。

表 1-2 2008 年黄河流域主要控制站水量统计

站名	实测水量（亿 m³）			汛期占全年（%）	最大流量	
	运用年	汛期	主汛期		相应时间 （月-日 T 时:分 ）	流量 （m³/s）
唐乃亥	170.48	107.10	51.85	63	10-03T17:45	1 560
兰州	287.91	114.00	58.96	40	08-22T20:00	1 750
头道拐	171.69	62.96	25.90	37	03-25T12:00	1 890
吴堡	184.78	67.06	24.67	36	03-24T14:00	3 460
龙门	184.44	65.40	24.35	35	03-25T06:24	2 640
华县	39.68	19.59	7.64	49	07-23T17:00	702
河津	3.60	1.04	0.34	29	06-20T08:00	49.8
洑头	2.45	1.18	0.38	48	07-23T08:42	63.8
三门峡入库	230.17	87.21	32.70	38		
潼关	215.20	77.75	28.95	36	03-26T08:00	2 790
三门峡	218.12	80.02	29.67	37	06-29T00:12	6 080
小浪底	235.63	59.29	26.47	25	06-25T16:51	4 380
黑石关	8.89	3.11	1.95	35	07-22T09:51	276
武陟	1.81	0.78	0.44	43	07-25T08:00	21.3
进入下游	246.32	63.18	28.86	26		
花园口	239.00	70.17	31.90	29	07-01T10:03	4 600
夹河滩	230.88	64.72	30.12	28	06-26T20:00	4 200
高村	230.79	68.94	32.93	30	06-27T13:00	4 150
孙口	217.31	67.18	33.19	31	06-28T13:00	4 100
艾山	208.05	71.06	37.98	34	06-28T17:18	4 080
泺口	188.26	66.24	34.77	35	06-29T04:30	4 070
利津	157.07	60.40	32.38	38	06-29T16:30	4 050

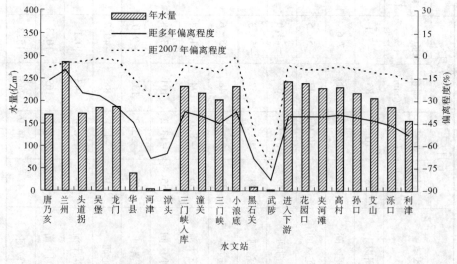

图 1-2 2008 年主要干支流水文站实测水量

表 1-3　2008 年黄河流域主要控制站沙量统计

水文站	实测沙量（亿 t）				汛期占全年（%）
	运用年	汛期	主汛期	非汛期	
唐乃亥	0.031	0.022	0.012	0.009	71
兰州	0.101	0.096	0.077	0.005	95
头道拐	0.537	0.219	0.092	0.317	41
吴堡	0.500	0.129	0.062	0.370	26
龙门	0.611	0.205	0.104	0.406	34
华县	0.582	0.565	0.418	0.017	97
河津	0.000	0.000	0.000	0.000	
洑头	0.007	0.006	0.003	0.001	86
三门峡入库	1.20	0.78	0.53	0.43	65
潼关	1.397	0.712	0.369	0.686	51
三门峡	1.337	0.744	0.442	0.593	56
小浪底	0.462	0.252	0.252	0.210	55
黑石关	0.000	0.000	0.000	0.000	
武陟	0.000	0.000	0.000	0.000	
进入下游	0.462	0.252	0.252	0.210	55
花园口	0.616	0.368	0.347	0.247	60
夹河滩	0.735	0.370	0.321	0.365	50
高村	0.941	0.410	0.342	0.531	44
孙口	0.943	0.447	0.382	0.496	47
艾山	0.981	0.450	0.376	0.531	46
泺口	0.851	0.449	0.390	0.401	53
利津	0.832	0.416	0.367	0.416	50

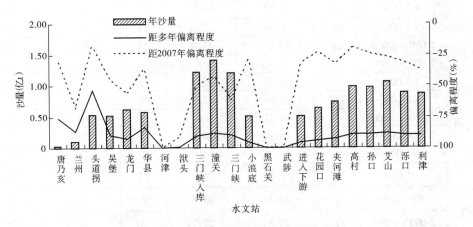

图 1-3　2008 年主要干支流水文站实测沙量

汛期水量占年水量比例干支流水文站除唐乃亥为 63% 外,其余均不足 50% ,特别是河津、小浪底和花园口站不足 30% ;汛期沙量占年沙量比例除兰州以上和支流比例仍然在 70% 以上,干流大部分站下降到 60% 以下,特别是头道拐、吴堡和龙门仅分别为 41% 、26% 和 34% 。

2008 年汛期 3 000 m³/s 以上流量级除花园口和利津分别出现 1 d 和 4 d(见表 1-4) 外,其余干流站没有出现;而小于 1 000 m³/s 以下流量历时占汛期历时 60% 以上,特别是下游花园口和利津达到 90% 以上。

表 1-4　干流主要站汛期各流量级出现情况

水文站	流量级(m³/s)	出现天数(d)			占汛期比例(%)		
		2008 年	1987 ~ 2007 年	1987 年以前	2008 年	1987 ~ 2007 年	1987 年以前
唐乃亥	<1 000	72	21.81	55	59	18	45
	1 000 ~ 2 000	51	80.19	53.6	41	65	44
	2 000 ~ 3 000		34.14	12.5		28	10
	≥3 000		5.90	1.9		5	2
兰州	<1 000	40		19.8	33		16
	1 000 ~ 2 000	83	71.29	61.7	67	58	50
	2 000 ~ 3 000		48.81	30.1		40	24
	≥3 000		2.33	11.4		2	9
头道拐	<1 000	106	5.14	52.6	86	4	43
	1 000 ~ 2 000	17	103.57	44.2	14	84	36
	2 000 ~ 3 000		12.71	19.6		10	16
	≥3 000		2.10	6.6		2	5
龙门	<1 000	103	4.29	33.8	84	3	27
	1 000 ~ 2 000	20	91.81	50.2	16	75	41
	2 000 ~ 3 000		22.29	27.1		18	22
	≥3 000		3.90	11.9		3	10
潼关	<1 000	95	2.90	22	77	2	18
	1 000 ~ 2 000	28	73.38	41.9	23	60	34
	2 000 ~ 3 000		35.43	28		29	23
	≥3 000		8.52	31.1		7	25
花园口	<1 000	118	6.86	17.3	96	6	14
	1 000 ~ 2 000	2	74.00	38.2	2	60	31
	2 000 ~ 3 000	2	28.90	30.7	2	23	25
	≥3 000	1	12.48	36.8	1	10	30
利津	<1 000	116	7.05	25.3	94	6	21
	1 000 ~ 2 000	2	81.71	33.8	2	66	27
	2 000 ~ 3 000	2	25.81	27.7	2	21	23
	≥3 000	4	11.19	36.2	3	9	29

潼关和花园口全年流量小于 1 000 m³/s 的历时分别为 316 d 和 337 d(见表1-5),占全年总历时的 86% 和 92%;大于 3 000 m³/s 以上流量级潼关全年没有一天,花园口全年大于 3 000 m³/s 以上流量级 11 d 中,有 10 d 出现在非汛期,主要出现在小浪底水库调水调沙期间。

表1-5 2008 年潼关和花园口非汛期以及全年各流量级出现情况

流量级 (m³/s)	潼关历时(d)			花园口历时(d)		
	非汛期	汛期	全年	非汛期	汛期	全年
<1 000	221	95	316	219	118	337
1 000 ~ 2 000	19	28	47	14	2	16
2 000 ~ 3 000	3		3		2	2
≥3 000				10	1	11

河龙区间是黄河的主要粗泥沙来源区,汛期降雨量 277 mm,实测水沙量分别为 13.82 亿 m³ 和 0.205 亿 t,与多年同期相比,分别偏少 6%、50% 和 97%;其中主汛期降雨量 145 mm,实测水沙量分别为 4.23 亿 m³ 和 0.104 亿 t,与多年同期相比,分别偏少 29%、76% 和 98%(见表1-6);秋汛期降雨量 132 mm,实测水沙量分别为 9.59 亿 m³ 和 0.101 亿 t,与多年同期相比,降雨量偏多 45%,水量偏少 6%,沙量偏少 90%。汛期主要来沙区实测沙量减少幅度大于水量,实测水量减少幅度大于降雨量。

表1-6 2007 年汛期河龙区间降雨和水沙变化

时段	项目	2008 年	距 1956 ~ 2000 年均值(%)
汛期	降雨量(mm)	277	−6
	水量(亿 m³)	13.82	−50
	沙量(亿 t)	0.205	−97
主汛期	降雨量(mm)	145	−29
	水量(亿 m³)	4.23	−76
	沙量(亿 t)	0.104	−98
秋汛期	降雨量(mm)	132	45
	水量(亿 m³)	9.59	−6
	沙量(亿 t)	0.101	−90

注:河龙区间引水没有考虑。

由表1-2 可以看出干流大部分水文站全年最大流量出现在非汛期,头道拐、龙门、潼关和花园口全年最大流量分别为 1 890 m³/s、2 640 m³/s、2 790 m³/s 和 4 600 m³/s。除调水调沙期间外,黄河下游没有发生编号洪水,只有中游干流和部分支流出现了几次小的洪水过程。

三、流域引水特点

(一)流域引水概况

根据黄委发证的取水工程统计,2008年黄河干流共引水230.85亿 m³(见表1-7),其中利津以上地区引水量为227.42亿 m³,是利津实测水量156.44亿 m³的1.45倍。

从引水量的时间分布上看,非汛期引水比较多,达146.66亿 m³,占全年的64%,但引水更集中于4~7月,占全年引水量的70%。

从沿程分布来看,头道拐以上地区引水量达114.27亿 m³,占全河的63%,三门峡以下引水量为77.38亿 m³,占全河的33%,而中游地区引水量很小,仅占全河的4%。引水量最大的有三个河段,分别是下河沿—石嘴山、石嘴山—头道拐和高村—利津河段,引水量分别为57.38亿 m³、66.29亿 m³、53.18亿 m³,考虑到各河段长度不同,换算为单位河长引水量后发现,下河沿—石嘴山河段单位河长引水量最大,达到0.18亿 m³/km,其次为高村—利津河段,为0.11亿 m³/km。

(二)引水对干流水量的影响

头道拐以上历史上即有引水,近20年来引水量增加迅速。由于引水量大,而且处于河流的上游,对河流水沙及河道演变的影响较大。由表1-8可见,2008年头道拐以上引水量占到头道拐实测水量的84%,其中汛期为1.01倍,影响程度大于汛期。特别是7月引水量高达22.24亿 m³,头道拐实测水量仅6.6亿 m³,引水量是实测水量的3.4倍,若将7月引水量折算为日均流量约830 m³/s,因此如果没有引水,头道拐日均流量将从246 m³/s增加到1 076 m³/s,由此可见引水的巨大影响。

对于下游,由表1-8可见,2008年利津以上引水量达227.42亿 m³,为利津实测水量的1.45倍,其中非汛期和汛期分别为1.48倍和1.40倍,非汛期影响程度大于汛期。特别是8月引水量高达19.83亿 m³,利津实测水量仅5.45亿 m³,引水量是实测水量的3.64倍,若将8月引水量折算为日均流量约740 m³/s,因此如果没有引水,利津日均流量将从203 m³/s增加到743 m³/s。

表1-8 2008年黄河流域引水对干流水量的影响

引水特征参数	非汛期	7月	8月	9月	10月	7~10月	全年	汛期占全年(%)
头道拐以上引水量(亿 m³)	80.63	22.24	13.86	10.02	17.54	63.65	144.27	44
头道拐实测水量(亿 m³)	108.58	6.60	18.96	22.34	15.16	63.06	171.64	37
头道拐引水占实测(%)	135	30	137	223	86	99	119	
还原后头道拐水量(亿 m³)	189.21	28.84	32.82	32.36	32.7	126.71	315.91	60
利津以上引水量(亿 m³)	143.74	28.28	19.83	14.58	21.00	83.68	227.42	46
利津实测水量(亿 m³)	96.82	26.40	5.45	14.87	12.90	59.62	156.44	66
利津引水占实测(%)	148	107	364	98	163	140	145	
还原后利津水量(亿 m³)	240.56	54.68	25.28	29.45	33.90	143.30	383.86	49

表 1-7　2008 年黄河流域引水量统计

项目		龙羊峡—兰州	兰州—下河沿	下河沿—石嘴山	石嘴山—头道拐	头道拐—龙门	龙门—三门峡	三门峡—花园口	花园口—高村	高村—利津	利津以下	利津以上合计	全河合计
引水量（亿 m³）	11月	0.88	1.16	9.17	3.14	0.16	0.31	0.15	0.16	0.68	0.10	15.81	15.90
	12月	0.21	0.05	0.00	0.19	0.16	0.41	0.14	0.39	3.20	0.45	4.74	5.19
	1月	1.27	0.05	0.00	0.31	0.06	0.06	0.27	1.55	1.78	0.04	5.36	5.40
	2月	1.14	0.05	0.00	0.28	0.05	0.12	0.44	1.40	4.28	0.30	7.76	8.05
	3月	1.40	0.13	0.00	0.27	0.15	1.25	0.69	3.08	14.31	0.83	21.29	22.12
	4月	1.50	0.93	5.41	4.01	0.32	0.34	0.26	1.74	10.53	0.62	25.04	25.66
	5月	1.57	1.59	10.89	10.82	0.34	0.39	0.46	1.86	3.17	0.34	31.10	31.45
	6月	1.12	1.64	11.04	10.39	0.42	0.80	1.00	2.26	4.00	0.24	32.66	32.90
	7月	0.62	1.61	11.11	8.89	0.56	1.07	0.45	0.96	3.00	0.06	28.28	28.34
	8月	0.60	1.26	8.14	3.86	0.24	1.06	0.49	0.56	3.62	0.20	19.83	20.03
	9月	0.55	0.28	1.00	8.19	0.24	0.14	0.38	1.41	2.40	0.13	14.58	14.71
	10月	0.54	0.44	0.62	15.93	0.52	0.05	0.24	0.44	2.22	0.12	21.00	21.11
	非汛期	9.10	5.60	36.51	29.42	1.65	3.67	3.41	12.44	41.94	2.92	143.74	146.66
	汛期	2.31	3.59	20.87	36.87	1.56	2.32	1.55	3.37	11.23	0.51	83.68	84.19
	全年	11.41	9.19	57.38	66.29	3.21	5.99	4.96	15.82	53.18	3.42	227.42	230.85
非汛期全占年（%）		80	61	64	44	51	61	69	79	79	85	63	64
河段占全河（%）		5	4	25	29	1	3	2	7	23	1	99	100
单位河长引水（亿 m³/km）		0.03	0.03	0.18	0.10	0.00	0.02	0.02	0.08	0.11	0.03	0.06	0.06

四、主要水库蓄水及对干流水量的影响

（一）水库蓄水情况

截至 2008 年 11 月 1 日(见表 1-9)，黄河流域主要八座水库蓄水总量 260.29 亿 m³，其中龙羊峡水库蓄水量 180.0 亿 m³，占总蓄水量的 69%；小浪底水库和刘家峡水库蓄水量分别为 34.4 亿 m³ 和 26.6 亿 m³，占总蓄水量的 13% 和 10%。与 2007 年同期相比，蓄水总量减少 34.23 亿 m³，其中龙羊峡水库占 53%，刘家峡和小浪底水库分别占 15% 和 32%。

表 1-9　2008 年主要水库蓄水情况

水库	2008 年 11 月 1 日		非汛期变量（亿 m³）	汛期变量（亿 m³）	秋汛期变量（亿 m³）	年蓄水变量（亿 m³）
	水位(m)	蓄水量(亿 m³)				
龙羊峡	2 581.3	180.00	−54.00	36.00	24.00	−18.00
刘家峡	1 723.6	26.60	−8.40	3.40	−0.90	−5.00
万家寨	976.79	4.84	−1.55	2.48	0.94	0.93
三门峡	316.87	3.40	−3.63	3.40	3.07	−0.23
小浪底	241.03	34.40	−29.70	18.70	14.10	−11.00
陆浑	308.41	2.98	−1.30	0.66	0.21	−0.64
故县	522.77	4.49	−1.03	0.71	0.68	−0.32
东平湖	41.84	3.58	−0.59	0.62	0.72	0.03
合　计		260.29	−100.20	65.97	42.82	−34.23

注：−为水库补水。

全年非汛期八大水库共补水 100.2 亿 m³，其中龙羊峡、刘家峡和小浪底水库分别为 54 亿 m³、8.4 亿 m³ 和 29.7 亿 m³；汛期增加蓄水 65.97 亿 m³，其中龙羊峡和小浪底水库分别为 36 亿 m³ 和 18.7 亿 m³，汛期蓄水主要在秋汛期，占汛期的 65%。

（二）水库蓄水对干流水量影响

龙羊峡、刘家峡水库控制了黄河主要少沙来源区的水量，对全流域水沙影响比较大；小浪底水库是进入黄河下游的重要控制枢纽，对下游水沙影响比较大，将这三大水库 2008 年蓄泄水量还原后可以看出(见表 1-10)，龙刘两库非汛期共补水 62.4 亿 m³，汛期蓄水 39.4 亿 m³，头道拐实测汛期水量仅 63.06 亿 m³，占年水量比例仅 37%，如果没有龙刘两库调节，汛期水量为 102.46 亿 m³，汛期占全年比例可以增加到 69%。

花园口和利津实测汛期水量分别为 70.01 亿 m³ 和 59.62 亿 m³，分别占年水量的 29% 和 38%，如果没有龙羊峡、刘家峡和小浪底水库调节，花园口和利津汛期水量分别为 128.11 亿 m³ 和 117.72 亿 m³，分别占全年比例为 62% 和 96%。

表 1-10 2008 年水库运用对干流水量的调节

项目	水量(亿 m³)				汛期占全年(%)	主汛期占全年(%)
	非汛期	汛期	全年	主汛期		
龙羊峡蓄泄水量	−54.00	36.00	−18.00	12.00		
刘家峡蓄泄水量	−8.40	3.40	−5.00	4.30		
龙羊峡、刘家峡两库合计	−62.40	39.40	−23.00	16.30		
实测头道拐水量	108.58	63.06	171.64	25.56	37	15
还原两库后头道拐水量	46.18	102.46	148.64	41.86	69	28
小浪底蓄泄水量	−29.70	18.70	−11.00	4.60		
实测花园口水量	170.05	70.01	240.06	31.44	29	13
实测利津水量	96.82	59.62	156.44	31.85	38	20
还原龙、刘、小水库后花园口水量	77.95	128.11	206.06	52.34	62	25
还原龙、刘、小水库后利津水量	4.72	117.72	122.44	52.75	96	43

综上所述,水库调节使水量年内分配发生变化,汛期占全年的比例由实测的不足 40%经还原后增加到 60%以上;特别是主汛期头道拐和花园口可由实测水量仅占年 15% 和 13%,还原以后达到 28%和 25%。

(三)流域引水和水库调蓄对干流水量影响

头道拐实测年水量 171.69 亿 m³,其中汛期占 37%(见表 1-11),如果没沿程引水和水库调蓄,头道拐还原年水量为 292.96 亿 m³,其中汛期占 57%;利津实测年水量 157.07 亿 m³,其中汛期占 38%,如果没有沿程引水和水库调蓄,利津还原年水量为 350.49 亿 m³,利津以上引水量占还原年水量的 65%。

表 1-11 主要水库和引水对干流水量影响

项目	水量(亿 m³)			汛期占全年(%)
	非汛期	汛期	全年	
①头道拐以上引水量	80.63	63.64	144.27	44
②龙羊峡、刘家峡两库合计	−62.4	39.4	−23	
③实测头道拐水量	108.73	62.96	171.69	37
④=①+②+③	126.96	166	292.96	57
⑤利津以上引水量	143.74	83.68	227.42	37
⑥龙羊峡、刘家峡、小浪底三库合计	−92.1	58.1	−34	
⑦实测利津水量	96.67	60.4	157.07	38
⑧=⑤+⑥+⑦	148.31	202.18	350.49	58

头道拐汛期实测水量 62.96 亿 m³,如果没有沿程引水和水库调蓄,头道拐还原后水量为 166.0 亿 m³,占还原后年水量 57%;利津实测汛期水量 60.4 亿 m³,如果没有沿程引水和水库调蓄,利津还原水量为 202.18 亿 m³,占还原后年水量 58%。

以上分析表明,2008 年利津以上年来水量中,65% 被用做引水灌溉,其中头道拐以上来水 58% 被灌溉利用;汛期利津以上来水中,41% 引水灌溉,38% 被主要水库拦蓄。

五、小结

(1)2008 年黄河流域年降水量 387 mm(日历年),其中汛期(7~10 月)264 mm,与 1956~2000 年同期相比,全年偏少 13%,其中汛期主要来沙区河龙区间为 277 mm,偏少 4%。

(2)2008 年黄河流域干流仍然是枯水枯沙年,实测水量偏少 16%~53%,实测沙量偏少 85% 以上;汛期水量占年比例大部分不足 50%,沙量占年比例大部分干流下降到 60% 以下;潼关站全年水沙分别为 215.2 亿 m³ 和 1.397 亿 t,分别偏少 41% 和 88%,汛期占年比例分别为 36% 和 51%。全年未出现编号洪水,干流主要站最大流量均出现在非汛期,龙门、潼关和花园口全年最大流量分别为 2 640 m³/s、2 790 m³/s 和 4 600 m³/s;大于 3 000 m³/s 以上流量级潼关全年没有一天,花园口全年大于 3 000 m³/s 以上流量级 11 d 中,有 10 d 出现在非汛期的汛前小浪底水库调水调沙期间。

(3)2008 年汛期河龙区间降雨 277 mm,实测水沙量分别为 13.82 亿 m³ 和 0.205 亿 t,与多年平均相比降雨偏少 6%,水量和沙量分别偏少 50% 和 97%;其中主汛期降雨量 145 mm,与多年平均相比偏少 29%,实测水沙量分别为 4.23 亿 m³ 和 0.104 亿 t,分别偏少 76% 和 98%;秋汛期降雨量 132 mm,实测水沙量分别为 9.59 亿 m³ 和 0.101 亿 t,降雨量偏多 45%,水沙量分别偏少 6% 和 90%。

(4)2008 年八座主要水库较 2007 年少蓄 34.23 亿 m³,其中龙羊峡水库占 53%,刘家峡和小浪底水库分别占 15% 和 32%。全年非汛期八大水库共补水 100.2 亿 m³,其中龙羊峡、刘家峡和小浪底水库分别为 54 亿 m³、8.4 亿 m³ 和 29.7 亿 m³。

(5)2008 年黄河干流黄委发证引水口共引水 230.85 亿 m³,其中非汛期占 64%,但引水更集中于 4~7 月,占全年引水量的 70%。引水量最大的河段分别是下河沿—石嘴山、石嘴山—头道拐和高村—利津河段,引水量分别为 57.38 亿 m³、66.29 亿 m³、53.18 亿 m³。

(6)头道拐实测年水量 171.69 亿 m³,利津实测年水量 157.07 亿 m³;如果没有沿程引水和龙刘小水库调蓄,头道拐还原年水量为 229.96 亿 m³,利津还原年水量为 350.49 亿 m³;头道拐以上来水 63% 被引出河道,利津以上来水 65% 被引出河道;其中汛期利津以上来水中,41% 被引走,38% 被主要水库拦蓄。

第二章　三门峡水库库区冲淤及潼关高程变化

2008 年潼关站洪峰流量为有实测资料以来的最小值,龙门和潼关年沙量也是有实测资料以来的最小值,汛期小北干流河道由三门峡水库蓄清排浑运用以来的淤积变为冲刷。

一、来水来沙条件

(一)水沙量及分配

2008 年黄河龙门水文站年径流量为 184.4 亿 m³,年输沙量仅 0.61 亿 t,是有实测资料以来最少的年份,与 1987~2007 年相比,年径流量减少 3.1%,输沙量减少 85%,年平均含沙量由 21.4 kg/m³ 减少为 3.31 kg/m³,降幅达到了 85%。渭河华县水文站年径流量 39.5 亿 m³,年输沙量 0.58 亿 t,与 1987~2007 年相比径流量减少 18%,输沙量减少 74%,年平均含沙量由 46.7 kg/m³ 减少为 14.7 kg/m³。潼关水文站年径流量 215.2 亿 m³,年输沙量 1.40 亿 t,与 1987~2007 年相比年径流量减少 11%,年输沙量减少 79%,年平均含沙量由 27.1 kg/m³ 减少为 6.49 kg/m³(见表 2-1)。可见,2008 年潼关以上干流和支流渭河来水量均有不同程度的减小,同时来沙量大幅度减少,与 1987~2007 年水文系列相比为枯水少沙年。

非汛期龙门站来水量为 119 亿 m³,来沙量为 0.41 亿 t,与 1987~2007 年相比,来水量增加 7.0%,来沙量减少 45%,平均含沙量由 6.67 kg/m³ 减少为 3.41 kg/m³;华县站来水量为 19.9 亿 m³,来沙量为 0.02 亿 t,与 1987~2007 年相比,来水量增加 3.5%,来沙量减少 94%,平均含沙量由 14.1 kg/m³ 减少为 0.84 kg/m³;潼关站来水量为 137.4 亿 m³,来沙量为 0.69 亿 t,与 1987~2007 年相比,来水量增加 4.6%,来沙量减少 57%,平均含沙量由 12.2 kg/m³ 减少为 4.99 kg/m³。

汛期龙门站来水量为 65.4 亿 m³,占全年水量的 35%,来沙量为 0.21 亿 t,占全年沙量的 34%,与 1987~2007 年相比,来水量减少 17%,来沙量减少 94%,平均含沙量由 42.2 kg/m³ 减少为 3.14 kg/m³;华县站来水量为 19.6 亿 m³,占全年水量的 50%,来沙量为 0.56 亿 t,占全年沙量的 97%,与 1987~2007 年相比,来水量减少 32%,来沙量减少 71%,平均含沙量从 68.4 kg/m³ 减少为 28.8 kg/m³;潼关站来水量为 77.8 亿 m³,占全年水量的 36%,来沙量为 0.71 亿 t,占全年沙量的 51%,与 1987~2007 年相比,来水量减少 29%,来沙量减少 86%,平均含沙量由 44.9 kg/m³ 减少为 9.15 kg/m³。

与 1987~2007 年相比,汛期水沙量占全年的比例进一步减少,龙门站汛期水量占全年的比例由 42% 减少到 35%,沙量比例由 82% 减少到 34%;华县站水量比例由 60% 减少到 50%,沙量比例由 88% 增加到 97%;潼关站汛期水量占全年的比例由 46% 减少到 36%,沙量占全年的比例由 76% 减少到 51%。

(二)洪水特点

2008 年最大洪峰流量出现在桃汛期,洪峰流量为 2 790 m³/s,汛期没有明显的洪水过程,最大流量仅 1 480 m³/s。

表 2-1 龙门、华县、潼关站水沙量统计

时　段	测站	非汛期 水量 (亿 m³)	非汛期 沙量 (亿 t)	非汛期 含沙量 (kg/m³)	汛期 水量 (亿 m³)	汛期 沙量 (亿 t)	汛期 含沙量 (kg/m³)	全年 水量 (亿 m³)	全年 沙量 (亿 t)	全年 含沙量 (kg/m³)	汛期占全年 比例(%) 水量	汛期占全年 比例(%) 沙量
1987～2007 年 平均	龙门	111.3	0.74	6.67	79.0	3.33	42.2	190.3	4.07	21.4	42	82
	华县	19.3	0.27	14.1	28.9	1.97	68.4	48.1	2.24	46.7	60	88
	潼关	131	1.60	12.2	110	4.94	44.9	241	6.54	27.1	46	76
2008 年	龙门	119.0	0.41	3.41	65.4	0.21	3.14	184.4	0.61	3.31	35	34
	华县	19.9	0.02	0.84	19.6	0.56	28.8	39.5	0.58	14.7	50	97
	潼关	137.4	0.69	4.99	77.8	0.71	9.15	215.2	1.40	6.49	36	51
2008 年较 1987～2007 年 增减百分数 (%)	龙门	7.0	-45	-49	-17	-94	-93	-3.1	-85	-85		
	华县	3.5	-94	-94	-32	-71	-58	-18	-74	-68		
	潼关	4.6	-57	-59	-29	-86	-80	-11	-79	-76		

1. 桃汛洪水特点

经万家寨水库调控的洪水过程传播到潼关站,3 月 17 日起涨,3 月 30 日回落,历时 14 d,出现两个洪峰,两个沙峰,并且较大的洪峰靠后,相应较大的沙峰也出现在该洪水的落水期,如图 2-1。潼关站洪峰流量为 2 790 m³/s、最大日均流量 2 580 m³/s,最大瞬时含沙量为 37.9 kg/m³、最大日均含沙量 29.3 kg/m³。其中流量 2 000 m³/s 以上持续 63 h,1 500 m³/s 以上持续 4 d 多(106 h),桃汛期间潼关站水量为 17.97 亿 m³,沙量为 0.200 亿 t,平均流量为 1 486 m³/s,平均含沙量为 11.15 kg/m³;最大 10 d(3 月 19～28 日)水量为 13.84 亿 m³,相应沙量为 0.126 亿 t,平均流量为 1 602 m³/s,平均含沙量为 9.1 kg/m³。

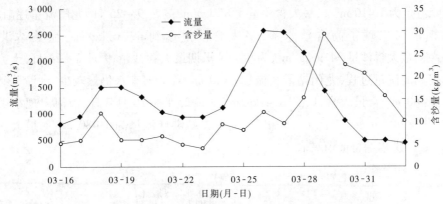

图 2-1 桃汛期潼关站日平均流量、含沙量过程

从表 2-2 可以看出,与以往不同时段平均值相比,2008 年桃汛洪水过程持续时间较长、洪量较大,洪峰流量也大于之前各时段的平均值,远大于 1999～2005 年万家寨水库运用以来的平均值 1 687 m³/s(最大值为 2 130 m³/s,1999 年),最大含沙量也较各时期平均值为大。

表 2-2 不同时期桃汛洪水特征值

年份	天数 (d)	水量 (亿 m³)	沙量 (亿 t)	洪峰流量 平均值 (m³/s)	最大含沙量 平均值 (kg/m³)
1974～1986	12	13.3	0.154	2 600	23.5
1987～1998	10	13.2	0.230	2 640	28.4
1999～2005	15	13.9	0.186	1 687	22.8
2006	14	17.3	0.190	2 570	17.1
2007	8	11.32	0.196	2 850	33.8
2008	14	17.97	0.200	2 790	37.9

2. 汛期洪水特点

2008 年汛期来水来沙均较少,黄河干流和支流渭河均无明显的洪水过程(见图 2-2),具有峰值小、含沙量低、次数少的特点(见表 2-3)。调水调沙期间龙门最大流量 1 530 m³/s,汛期龙门最大流量 1 720 m³/s;渭河有 2 次洪水过程,洪峰流量分别为 902 m³/s 和 745 m³/s,还有 3 次高含沙小流量过程,最大含沙量为 426 kg/m³,相应华县流量仅 118 m³/s;调水调沙期间潼关站最大流量 1 410 m³/s,汛期潼关洪峰流量大于 1 000 m³/s 的洪水过程有 4 次,最大流量为 1 480 m³/s。6 月 24 日~7 月 9 日为调水调沙期万家寨水库补水运用过程,龙门站洪峰流量 1 530 m³/s,最大含沙量 4.63 kg/m³,渭河来水少,到潼关站洪峰流量为 1 410 m³/s,最大含沙量 5.85 kg/m³;8 月 9~25 日,龙门流量逐渐增大,在涨水期渭河出现了高含沙水流,最大含沙量达到 42.6 kg/m³;潼关站洪峰为 1 390 m³/s,最大含沙量 34.9 kg/m³,为潼关站汛期最大含沙量;9 月 3~24 日,干流出现了一次较大的流量过程,龙门站最大流量 1 720 m³/s,渭河来水仍然较少,到潼关站洪峰流量为 1 460 m³/s,最大含沙量 18.4 kg/m³;9 月 25 日~10 月 7 日,渭河出现小洪水过程,最大洪峰 745 m³/s,与干流来水相遇,到潼关站洪峰流量为 1 480 m³/s,最大含沙量 34.3 kg/m³。洪水期特征值见表 2-4。

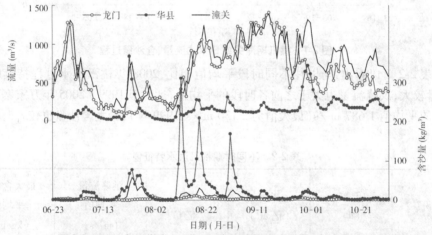

图 2-2　2008 年汛期龙门、华县、潼关站日平均流量、含沙量过程

表 2-3　汛期各站流量、含沙量统计

站名	最大瞬时流量 (m³/s)	最大瞬时含沙量 (kg/m³)	最大日均流量 (m³/s)	最大日均含沙量 (kg/m³)
龙门	1 720	15.1	1 410	10.8
华县	902	426	848	313
潼关	1 480	70.8	1 390	57.7

表 2-4 汛期洪水特征值

日期 （月-日）	洪水来源	站名	洪峰流量 （m³/s）	最大含沙量 （kg/m³）	水量 （亿 m³）	沙量 （亿 t）	平均流量 （m³/s）	平均含沙量 （kg/m³）
06-24～07-09	黄河	龙门	1 530	4.63	9.71	0.032	702	3.32
		华县	200	22.80	1.50	0.015	108	9.92
		潼关	1 410	5.85	10.60	0.051	769	4.76
08-09～08-25	黄河	龙门	1 640	15.10	10.10	0.068	697	6.73
		华县	409	42.6	2.26	0.201	155	88.70
		潼关	1 390	34.9	10.40	0.160	719	15.30
09-03～09-24	黄河	龙门	1 720	3.89	21.20	0.049	1 115	2.30
		华县	263	36.20	2.93	0.038	154	12.80
		潼关	1 460	18.40	20.70	0.109	1 088	5.26
09-25～10-07	黄河、渭河	龙门	1 500	7.05	7.02	0.027	625	3.85
		华县	745	24.60	3.85	0.061	343	15.80
		潼关	1 480	34.30	10.40	0.132	927	12.70

统计潼关站汛期不同流量级天数（见表 2-5）表明，2008 年汛期日平流量均在 1 500 m³/s 以下，其中大于 1 000 m³/s 的天数为 28 d，水量为 28.26 亿 m³，沙量为 0.281 亿 t；日平均流量在 500～1 000 m³/s 的天数为 62 d，水量为 42.27 亿 m³，沙量为 0.364 亿 t；日平均流量在 200～500 m³/s 的天数为 26 d，水量为 7.10 亿 m³，沙量为 0.064 亿 t；日平均流量小于 200 m³/s 的天数为 7 d，水量为 1.12 亿 m³，沙量为 0.002 亿 t。

表 2-5 2008 年汛期潼关站不同流量级天数、水沙量

项目	<200 m³/s	200～500 m³/s	500～1 000 m³/s	1 000～1 500 m³/s
天数（d）	7	26	62	28
水量（亿 m³）	1.12	7.10	42.27	28.26
沙量（亿 t）	0.002	0.064	0.364	0.281

二、三门峡水库运用情况

（一）非汛期运用水位

2008 年非汛期运用过程较为平稳，基本在 315～318 m 变化，最高日均水位 317.97 m，如图 2-3 所示。桃汛到来之前史家滩水位基本在 317～318 m；桃汛期 3 月下旬，水库运用水位降至 313 m 以下迎接桃汛洪水，最低水位 312.94 m；之后回升至 317～318 m，并持续到 6 月中旬；6 月下旬，为配合小浪底水库调水调沙并向汛期运用过渡，水库实施敞泄运用，6 月 20 日开始水位从 317 m 左右开始下降，至 6 月 30 日最低水位 290.13 m。非

汛期平均水位 316.63 m(见表2-6),除3月和6月平均水位较低外,其他月份在316.76～317.41 m。水位在 317～318 m 和 316～317 m 的天数分别为 136 d 和 60 d 天,共占非汛期运用天数的 81%。

表2-6　非汛期史家滩各月平均水位

月份	11	12	1	2	3	4	5	6	平均
水位(m)	317.09	316.98	317.12	317.41	315.89	316.88	316.76	314.91	316.63

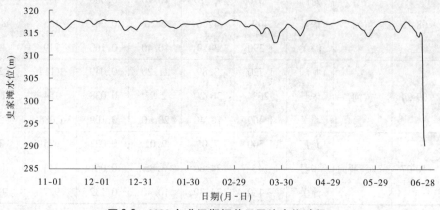

图2-3　2008年非汛期坝前日平均水位过程

(二)汛期运用水位

2003 年以来三门峡水库采用非汛期控制水位不超过 318 m,汛期控制水位不超过 305 m、流量大于 1 500 m³/s 敞泄的运用方式。2008 年汛期没有大于 1 500 m³/s 的流量过程,因此除汛初配合调水调沙运用敞泄排沙外,整个汛期无其他敞泄运用,汛期运用过程见图2-4。6月下旬起为配合小浪底水库调水调沙,三门峡水库开始降低水位敞泄运用,6 月 30 日水位降至最低 290.13 m,之后库水位逐步抬升,7 月 5 日达到 304.67 m,进入汛期 305 m 控制运用。整个敞泄期历时 4 d,坝前平均水位 291.23 m,潼关最大流量 1 410 m³/s。由于汛期潼关流量较小,因此在汛期没有进行敞泄排沙运用,整个平水期坝前平均水位 304.13 m。10 月 14 日水库开始蓄水,10 月 28 日蓄到 317 m 以上。

汛期平均水位为 304.97 m(见表2-7),其中 7 月最低,10 月下旬受水库蓄水的影响水位最高。

表2-7　2008 年汛期史家滩各月平均水位

月份	7	8	9	10	平均
水位(m)	302.81	303.92	304.66	308.48	304.97

(三)水库排沙特点

2008 运用年三门峡水库全年入库泥沙总量 1.397 亿 t,出库泥沙总量 1.337 亿 t,排沙比为 0.96,全年排沙具有敞泄期冲刷、平水期淤积的特点。其中非汛期来沙 0.686 亿

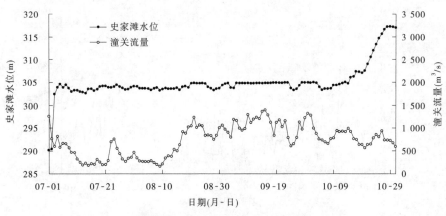

图 2-4　2008 年汛期水库运用过程

t,排沙 0.593 亿 t,相应排沙比为 0.86;汛期来沙 0.712 亿 t,排沙 0.744 亿 t,相应排沙比为 1.05。非汛期排沙出现在桃汛期和 6 月的调水调沙期,桃汛期(3 月 17～30 日)入库 0.200 亿 t,出库 0.040 亿 t,排沙比为 0.20,6 月底的调水调沙初期排沙 0.530 亿 t;汛期排沙集中在调水调沙时的敞泄运用期和洪水期(见图 2-5)。年内排沙量更集中在 6 月下旬到 10 月下旬。平水期入库流量小,水库控制水位 305 m 运用,坝前有一定程度壅水,入库泥沙部分淤积在坝前,平均排沙比为 0.8,而汛末由于库水位逐步抬高向非汛期运用过渡,壅水程度增加,排沙比减小,如 10 月 15～31 日坝前平均水位 311.88 m,排沙比只有 0.16,平水期水库排沙比与水库壅水程度关系很大。敞泄期库水位较低,产生溯源冲刷,相应排沙比较大。2008 年汛初敞泄排沙运用排沙效果非常可观,排沙比高达 39.6;平均单位水量冲刷量为 188.6 kg/m³;敞泄期一共有 4 d,来水量为 3.82 亿 m³,仅占汛期水量的 4.8%,出库总沙量 0.74 亿 t,占汛期的 58%,冲刷量达 0.72 亿 t。非敞泄期入库水量占汛期的 95.2%,出库沙量 0.534 亿 t,占汛期的 42%,排沙比为 0.76,库区淤积 0.17 亿 t,见表 2-8。可见水库冲刷主要集中在敞泄期,冲刷量的大小取决于敞泄期的洪水过程和敞泄时间的长短。

表 2-8　汛期排沙统计

日期 （月-日）	敞泄 天数 （d）	史家滩 水位 （m）	潼关		三门峡 沙量 （亿 t）	冲淤量 （亿 t）	单位水量 冲淤量 （kg/m³）	排沙比
			水量 （亿 m³）	沙量 （亿 t）				
06-29～07-02 （敞泄期）	4	291.23 （敞泄）	3.82	0.019	0.740	-0.720	-188.60	39.60
07-03～10-14		304.13	65.32	0.662	0.528	0.134	2.06	0.80
10-15～10-31		311.88	10.68	0.042	0.007	0.035	3.29	0.16
合计			79.82	0.723	1.275	-0.551	-6.90	1.76

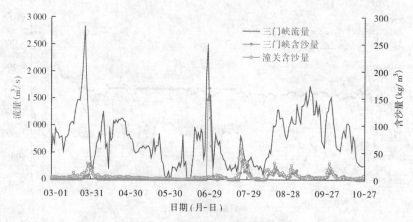

图 2-5　进出库含沙量过程

三、库区冲淤分布特点

根据断面资料,2008 年潼关以下库区非汛期淤积 0.521 4 亿 m³,汛期冲刷 0.285 5 亿 m³,年内淤积 0.235 9 亿 m³。小北干流河段非汛期冲刷 0.302 6 亿 m³,汛期冲刷 0.161 5 亿 m³,年内冲刷 0.464 1 亿 m³。

(一)潼关以下库区冲淤分布特点

2008 年非汛期潼关以下库区共淤积泥沙 0.521 4 亿 m³,各河段冲淤量见表 2-9,沿程冲淤分布见图 2-6。非汛期淤积末端在黄淤 36 断面,其中淤积强度最大的范围在黄淤 20—黄淤 29 断面之间,坝前—黄淤 8 断面以及黄淤 37—黄淤 41 断面或冲或淤,总的冲淤量较小。汛期共冲刷泥沙 0.285 5 亿 m³,其中黄淤 33 断面以上有冲有淤,调整幅度非常小;黄淤 15—黄淤 32 断面为连续冲刷河段,黄淤 14 断面以下为淤积,黄淤 8 断面以下受 305 m 控制运用的影响淤积强度最大,但这部分淤积物一旦敞泄即可排出库外,对累计淤积影响很小。总体来看,非汛期淤积量大的河段在汛期冲刷量也大。

表 2-9　2008 年潼关以下库区各河段冲淤量　　　　　　　　(单位:亿 m³)

时段	大坝—黄淤 12	黄淤 12—黄淤 22 断面	黄淤 22—黄淤 30 断面	黄淤 30—黄淤 36 断面	黄淤 36—黄淤 41 断面	大坝—黄淤 41 断面
非汛期	0.006	0.165	0.266	0.091	−0.006	0.521
汛期	0.183	−0.153	−0.193	−0.136	0.013	−0.286
全年	0.189	0.011	0.073	−0.045	0.008	0.236

潼关以下库区全年共淤积 0.236 亿 m³,黄淤 20—黄淤 30 断面非汛期淤积的泥沙汛期没有完全冲走,黄淤 14 断面以下的淤积量主要是汛期 305 m 运用造成,其年淤积量为 0.198 亿 m³,占全段淤积量的 83.9%,其余河段冲淤量均较小,见表 2-9。

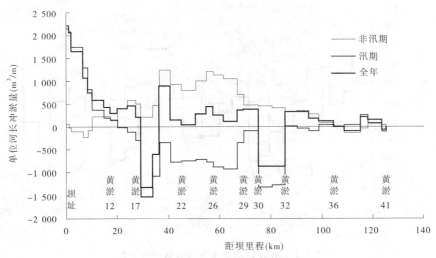

图 2-6　2008 年冲淤量沿程分布

(二)小北干流冲淤量及分布

根据实测断面资料,2008 年小北干流河段共冲刷泥沙 0.464 亿 m³,其中非汛期冲刷 0.302 亿 m³,汛期冲刷 0.162 亿 m³(见表 2-10)。沿程分布见图 2-7。从冲淤量沿程分布来看,只有个别断面淤积,大部分断面为冲刷。非汛期黄淤 41—汇淤 6 断面淤积,平均淤积强度 182 m³/m,其余河段除个别断面略有淤积外,大都为冲刷。汛期小北干流全河段仍以冲刷为主,只有个别断面发生淤积(见图 2-8)。全年来看整个河段除了黄淤 41—黄淤 42 断面以及汇淤 6—黄淤 45 断面略有淤积外,其余均为冲刷。

表 2-10　2008 年小北干流各河段冲淤量　　　　　　(单位:亿 m³)

时段	黄淤 41—黄淤 45 断面	黄淤 45—黄淤 50 断面	黄淤 50—黄淤 59 断面	黄淤 59—黄淤 68 断面	合计
非汛期	0.019	-0.052	-0.092	-0.177	-0.302
汛期	-0.027	-0.046	-0.076	-0.013	-0.162
全年	-0.008	-0.099	-0.168	-0.190	-0.464

(三)桃汛期冲淤变化

2008 年桃汛期(3 月 17 日至 3 月 30 日)龙门站沙量为 0.175 亿 t,潼关站沙量为 0.200 亿 t,三门峡水库排沙 0.040 亿 t,考虑渭河华县的水沙量,根据输沙量法计算小北干流冲刷 0.025 亿 t,三门峡库区淤积泥沙 0.160 亿 t。

四、潼关高程变化

(一)非汛期

非汛期最高水位 318 m 控制运用,潼关河段直接受水库回水影响较小,潼关高程变化主要受来水来沙的影响,从 2007 年汛后的 327.79 m 上升至 2008 年汛前的 327.98 m。以桃汛为界,将其变化分为 3 个阶段:2007 年汛后至桃汛前为上升阶段,潼关高程抬升至

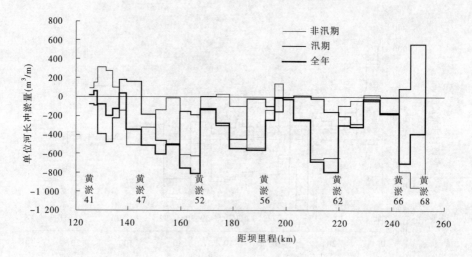

图 2-7　2008 年小北干流冲淤量沿程分布

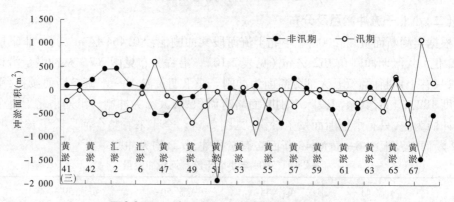

图 2-8　2008 年小北干流各断面冲淤面积变化

328.03 m;桃汛期潼关站洪峰流量 2 790 m³/s,最大含沙量 37.9 kg/m³,河床发生冲刷调整,潼关高程降至 327.96 m(见图 2-9);桃汛后至汛前,潼关站平均流量 590 m³/s,平均含沙量 3.64 kg/m³,断面调整很小,潼关高程仅上升 0.02 m。非汛期累计上升 0.19 m。

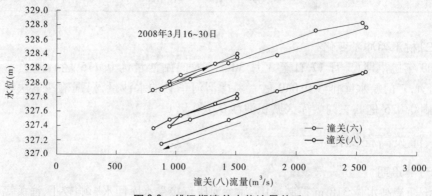

图 2-9　桃汛期潼关水位流量关系

(二)汛期

不同的洪水来源和水沙组合对潼关高程的影响不同,汛期从 327.98 m 下降到 327.72 m(见图 2-9)。汛期的洪水或平水期潼关高程升降幅度均比较小,4 场洪水中有 3 场抬升、1 场下降(见表 2-11),合计抬升 0.19 m;平水期进行调整,汛期累计冲刷 0.26 m。

表 2-11　汛期平水和洪水时段潼关高程变化

	时段(月-日)	最大日均流量 (m^3/s)	平均流量 (m^3/s)	平均含沙量 (kg/m^3)	潼关高程变化值 (m)
洪水	06-24 ~ 07-09	1 310	769	4.76	0.06
平水	07-10 ~ 08-08	769	319	16.5	-0.03
洪水	08-09 ~ 08-25	1 240	719	15.2	0.07
平水	08-26 ~ 09-02	1 060	902	12.8	0
洪水	09-03 ~ 09-24	1 390	1 088	5.26	-0.09
洪水	09-25 ~ 10-07	1 320	927	12.7	0.15
平水	10-08 ~ 10-31	994	775	4.05	-0.24

表 2-11 按不同来水时段统计了潼关高程变化,图 2-10 为潼关高程和相应潼关流量变化过程。可以看出,2008 年洪水期或平水期潼关高程升降幅度均比较小,4 场洪水中有 3 场抬升、1 场下降,合计抬升 0.19 m;平水期多为冲刷下降,累计下降 0.27 m。如 9 月 3 ~ 24 日,龙门站洪峰流量 1 720 m^3/s,渭河来水较少,到潼关站洪峰流量为 1 460 m^3/s,但潼关高程下降 0.09 m;9 月 25 日 ~ 10 月 7 日,渭河出现小洪水,华县最大流量 745 m^3/s,最大含沙量 24.6 kg/m^3,潼关站洪峰流量为 1 480 m^3/s,相应华县水量占潼关的 58%,潼关高程在初期剧烈冲刷,下降 0.19 m,但黄河干流来水量较少,因此落水时潼关回淤较为严重,该场洪水导致潼关高程抬升 0.15 m,为年内洪水期潼关高程抬升最大值;6 月 24 日 ~ 7 月 9 日,龙门站洪峰流量 1 530 m^3/s,最大含沙量 4.63 kg/m^3,潼关站洪峰流量为 1 410 m^3/s,最大含沙量 5.85 kg/m^3,潼关高程抬升 0.06 m;8 月 9 ~ 25 日,龙门流量逐渐增大,在涨水期渭河出现了高含沙水流,华县最大洪峰流量仅 406 m^3/s 的洪水最大含沙量达到 426 kg/m^3,潼关站洪峰为 1 390 m^3/s,潼关高程抬升 0.07 m。

五、小结

(1) 2008 年属于枯水少沙年,龙门和潼关站年沙量为有实测资料以来的最小值,汛期最大洪峰流量仅 1 480 m^3/s,为历年最小,桃汛期洪峰流量成为年内的最大流量过程。汛期具有洪水峰值小、含沙量低、次数少的特点,水沙量占全年的比例小于 1987 ~ 2007 年平均值。

(2)三门峡水库非汛期水位控制在 315 ~ 318 m,汛期平水期按照控制水位不超过

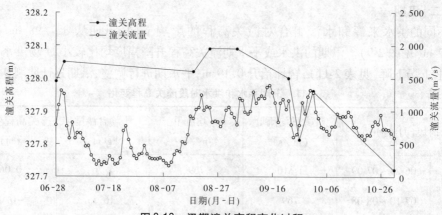

图 2-10　汛期潼关高程变化过程

305 m 运用。除配合小浪底水库调水调沙运用进行敞泄排沙外，汛期其他时段水库没有敞泄。汛期冲刷主要集中在调水调沙运用敞泄期，排沙比高达 39.6。

（3）年内潼关以下河段淤积、小北干流冲刷。潼关以下河段非汛期淤积末端在黄淤 36 断面附近，汛期库区发生冲刷，但坝前约 20 km 河段受汛期没有敞泄时机、保持 305 m 控制运用的影响表现为淤积。小北干流河段改变了三门峡水库蓄清排浑以来非汛期冲刷、汛期淤积的变化规律，受龙门来沙量少的影响，汛期也发生冲刷。

（4）潼关高程桃汛前淤积、桃汛期冲刷，桃汛后潼关高程持续到汛前，汛期冲刷下降，汛后潼关高程为 327.72 m，全年累积下降 0.07 m。

第三章　小浪底水库运用及库区冲淤变化

一、水沙条件

（一）入库水沙条件

2008 年入库水沙量分别为 218.12 亿 m^3、1.337 亿 t，见表 3-1。从三门峡水文站 1987～2008 年枯水少沙系列实测的水沙量来看，2008 年度入库水沙量分别是该系列多年平均水量 228.80 亿 m^3 的 95.33%、沙量 6.11 亿 t 的 21.88%。

2008 年共有 3 场洪水入库，其中包括桃汛洪水和汛前调水调沙形成的洪水，三门峡水文站洪水期水沙特征值见表 3-2。2008 年小浪底入库最大洪峰流量为 6 080 m^3/s（6 月 29 日 0 时 12 分），入库最大含沙量为 355 kg/m^3（6 月 29 日 16 时 36 分）。最大入库日均流量 2 820 m^3/s（3 月 27 日），最大日均含沙量为 168.92 kg/m^3（6 月 30 日）。日平均流量大于 2 000 m^3/s 流量级出现天数为 4 d，日均入库流量大于 1 000 m^3/s 流量级出现天数为 80 d。图 3-1 为日平均及瞬时入库流量及含沙量过程。入库日平均各级流量及含沙量持续时间及出现天数见表 3-3 及表 3-4。

表 3-1　三门峡水文站近年水沙量统计结果

年份	水量（亿 m^3）			沙量（亿 t）		
	汛期	非汛期	全年	汛期	非汛期	全年
1987	80.81	124.55	205.36	2.71	0.17	2.88
1988	187.67	129.45	317.12	15.45	0.08	15.53
1989	201.55	173.85	375.40	7.62	0.50	8.12
1990	135.75	211.53	347.28	6.76	0.57	7.33
1991	58.08	184.77	242.85	2.49	2.41	4.90
1992	127.81	116.82	244.63	10.59	0.47	11.06
1993	137.66	157.17	294.83	5.63	0.45	6.08
1994	131.60	145.44	277.04	12.13	0.16	12.29
1995	113.15	134.21	247.36	8.22	0.00	8.22
1996	116.86	120.67	237.53	11.01	0.14	11.15
1997	50.54	95.54	146.08	4.25	0.03	4.28
1998	79.57	94.47	174.04	5.46	0.26	5.72
1999	87.27	104.58	191.85	4.91	0.07	4.98
2000	67.23	99.37	166.60	3.34	0.23	3.57
2001	53.82	81.14	134.96	2.83	0.00	2.83
2002	50.87	108.39	159.26	3.40	0.97	4.37
2003	146.91	70.70	217.61	7.55	0.01	7.56
2004	65.89	112.50	178.39	2.64	0.00	2.64
2005	104.73	103.80	208.53	3.62	0.46	4.08
2006	87.51	133.49	221.00	2.07	0.25	2.32
2007	105.71	122.06	227.77	2.51	0.61	3.12
2008	80.02	138.10	218.12	0.74	0.59	1.34
平均	103.23	125.57	228.80	5.72	0.38	6.11

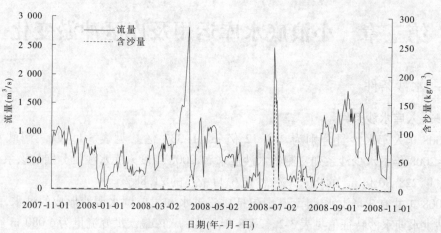

图 3-1　三门峡水文站日均流量、含沙量过程

表 3-2　2008 年三门峡水文站洪水期水沙特征值统计

日期 （月-日）	水量 （亿 m³）	沙量 （亿 t）	流量（m³/s）			含沙量（kg/m³）		
			洪峰	最大日均	时段平均	沙峰	最大日均	时段平均
03-18～04-02	19.09	0.058 8	3 330	2 820	1 381	34.3	27.83	6.05
06-27～07-03	8.01	0.741 2	6 080	2 470	1 324	355	168.92	71.17
09-18～10-01	26.43	0.156 7	2 290	1 730	1 275	16.8	15.99	5.64

表 3-3　2008 年三门峡水文站各级流量持续情况及出现天数

流量级 （m³/s）	>2 000		2 000～1 000		1 000～800		800～500		<500	
	持续	出现	持续	出现	持续	出现	持续	出现	持续	出现
天数	3	4	24	76	5	45	12	105	25	136

注：表中持续天数为全年该级流量连续出现最长时间。

表 3-4　2008 年三门峡水文站各级含沙量持续情况及出现天数

含沙量级 （kg/m³）	>100		100～50		50～0		0	
	持续	出现	持续	出现	持续	出现	持续	出现
天数（d）	3	3	1	1	70	107	145	255

注：表中持续天数为全年该级含沙量连续出现最长时间。

　　从年内分配看，汛期 7～10 月入库水量为 80.02 亿 m³，占全年入库水量的 36.7%，非汛期入库水量为 138.10 亿 m³，占全年入库水量的 68.3%；全年入库沙量为 1.34 亿 t，绝大部分来自 6～10 月，其中汛期为 0.74 亿 t，占全年入库沙量的 55.6%（见图 3-2）。

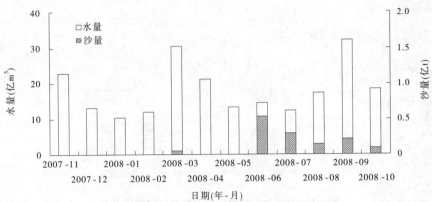

图 3-2　三门峡水文站水沙量年内分配

（二）出库水沙条件

2008 年全年出库水量为 235.63 亿 m³，其中 7～10 月出库水量为 59.29 亿 m³，仅占全年的 25.16%，而春灌期 3～6 月出库水量为 117.35 亿 m³，占全年出库水量的49.8%。2008 年除调水调沙期间出库流量较大外，其他时间出库流量较小且过程均匀，年出库最大流量为 4 380 m³/s(6 月 25 日 16 时 24 分)，最大出库日均流量为 4 200 m³/s(6 月 26日)，全年有 267 d 出库流量小于 800 m³/s。

全年出库沙量为 0.462 亿 t，仅有 9 d 排沙出库，且全部发生在调水调沙期间，其中 6月 19～22 日闸门刚开启的 4 d 时间内水库排沙 0.004 亿 t，调水调沙异重流排沙 0.458 亿t(6 月 29 日～7 月 3 日期间)，异重流排沙比为61.8%。最大出库日均含沙量发生在 6 月30 日，为 70.55 kg/m³；最大瞬时含沙量为 148 kg/m³，发生在 6 月 30 日 12 时。

出库水沙量年内分配及水沙过程分别见表 3-5、图 3-3 及图 3-4。出库日平均各级流量及含沙量持续时间及出现天数见表 3-6 及表 3-7。各时段排沙量见表 3-8。

表 3-5　小浪底水库出库水沙量年内分配

时段		水量（亿 m³）	沙量（亿 t）
2007 年	11 月	17.56	0.000
	12 月	14.41	0.000
2008 年	1 月	12.33	0.000
	2 月	14.70	0.000
	3 月	25.86	0.000
	4 月	23.78	0.000
	5 月	21.18	0.000
	6 月	46.52	0.210
	7 月	16.29	0.252
	8 月	10.17	0.000
	9 月	18.41	0.000
	10 月	14.41	0.000
汛期		59.29	0.252
非汛期		176.34	0.210
全年		235.63	0.462

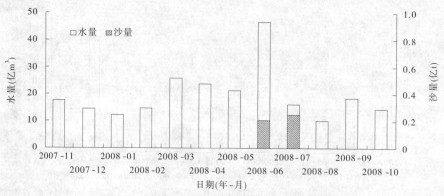

图 3-3　2008 年小浪底出库水量及沙量年内分配

图 3-4　2008 年小浪底水文站日均流量、含沙量过程

表 3-6　2008 年小浪底水文站各级流量持续情况及出现天数

流量级 （m³/s）	>4 000		4 000～3 000		3 000～2 000		2 000～1 000		1 000～800		800～500		<500	
	持续	出现	持续	出现	持续	出现	持续	出现	持续	出现	持续	出现	持续	出现
天数（d）	2	2	5	8	3	3	12	28	12	58	30	151	43	116

注：表中持续天数为全年该级流量连续最长时间。

表 3-7　2008 年小浪底水文站各级含沙量持续情况及出现天数

含沙量级 （kg/m³）	>50		50～0		0	
	持续	出现	持续	出现	持续	出现
天数（d）	3	3	4	6	231	357

注：表中持续天数为全年该级含沙量连续最长时间。

表 3-8　2008 年小浪底水库主要时段排沙情况

时段 （月-日）	水量（亿 m³）		沙量（亿 t）		排沙比 （%）
	三门峡	小浪底	三门峡	小浪底	
06-19～06-22	2.99	10.08	0	0.004	—
06-29～07-03	5.87	10.86	0.741	0.458	61.86
06-19～07-03 （整个调水调沙期）	13.51	41.13	0.741	0.462	62.35

二、水库调度方式及过程

2008 年水库日均最高水位达到 252.9 m（12 月 20 日），相应蓄水量为 54.35 亿 m³，库水位及蓄水量变化过程见图 3-5。

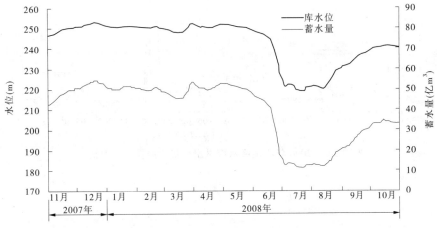

图 3-5　2008 年小浪底水库库水位及蓄水量变化过程

2008 年水库运用可划分为三个时段：

第一阶段为 2007 年 11 月 1 日至 2008 年 6 月 19 日，库水位变化不大，一直保持 250 m 左右，水库蓄水量维持 42 亿 m³ 以上。其中，2007 年 11 月 1 日到 2007 年 12 月 20 日库水位逐步抬高，到 12 月 20 日达到全年度水库最高水位 252.90 m，相应蓄水量由 42.94 亿 m³ 上升到 54.35 亿 m³。2008 年 5 月 28 日到 6 月 19 日开始了维持将近 1 个月的补水期，6 月 19 日库水位下降至 244.90 m，向下游补水 8.56 亿 m³，相应蓄水量减至 40.60 亿 m³，保证下游用水及河道不断流。

第二阶段为 2008 年 6 月 19 日至 7 月 3 日，为汛前调水调沙生产运行期。根据 2008 年汛前小浪底水库蓄水情况和下游河道的现状，该时段调水调沙生产运行分为两个阶段：第一阶段从 6 月 19 日至 6 月 28 日为调水期，起始调控流量 2 600 m³/s，最大调控流量 4 280 m³/s。利用小浪底水库下泄一定流量的清水，冲刷下游河槽。同时，本着尽快扩大主槽行洪输沙能力的要求,逐步加大小浪底水库的泄流量,以此逐步检验调水调沙期间下游河道水流是否出槽,以确保调水调沙生产运行的安全。第二阶段从6月28日至7月3日为水库排沙期,小浪底水库水位6月28日降至227.3 m时,通过万家寨、三门峡、小浪底三水库联合调度,在小浪底塑造有利于形成异重流排沙的水沙过程。6月29日18时,小浪底水库人工塑造异重流排沙出库,6月30日12时,高含沙异重流出库,小浪底排沙洞出库含沙量达350 kg/m³,排沙一直持续到7月3日8时,共排沙0.462亿t,排沙比61.86%。7月3日调水调沙试验结束,库水位下降至222.30 m,相应水库蓄水量减至13.40亿m³。

第三阶段为2008年7月3日至10月31日。8月20日之前,库水位一直维持在汛限水位225 m以下。8月20日之后,水库运用以蓄水为主,库水位持续抬升,最高库水位一度上升至241.60 m(10月19日),相应水库蓄水量为72.19亿m³。至10月31日,库水位为240.90 m,相应水库蓄水量为33.24亿m³。

经过小浪底水库调节,进出库流量及含沙量过程发生了较大的改变。图3-6、图3-7分别为进出库日均流量、含沙量过程。

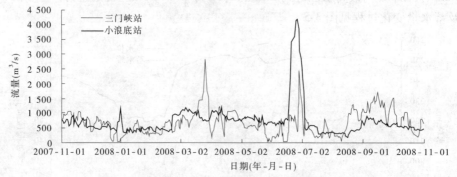

图3-6 2008年小浪底水库进出库日均流量过程对比

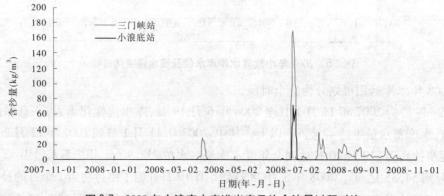

图3-7 2008年小浪底水库进出库日均含沙量过程对比

三、库区冲淤特性及库容变化

(一)库区冲淤特性

根据库区断面测验资料统计,2008年小浪底全库区淤积量为0.24亿m³;利用沙量平衡法计算库区淤积量为0.87亿t。根据断面法计算泥沙的淤积分布有以下特点:

（1）2008 年库区泥沙淤积全部发生在干流，淤积量为 0.256 亿 m³，支流表现为冲刷，冲刷量为 0.015 亿 m³，全库区淤积量为 0.241 亿 m³，见表 3-9。

表 3-9　2008 年各时段库区淤积量

时段		2007 年 10 月~ 2008 年 4 月	2008 年 4~ 10 月	2007 年 10 月~ 2008 年 10 月
淤积量 （亿 m³）	干流	−0.304	0.560	0.256
	支流	−0.415	0.400	−0.015
	合计	−0.719	0.960	0.241

（2）2008 年库区非汛期表现为冲刷，冲刷量为 0.719 亿 m³；淤积全部集中于 4~10 月，淤积量为 0.960 亿 m³，其中干流淤积量 0.560 亿 m³，占汛期库区淤积总量的 58.32%，汛期干、支流的详细淤积情况见图 3-8。支流淤积主要分布在畛水河、石井河、沇西河、西阳河、大峪河等较大的支流，其他支流的淤积量均较小。

（3）淤积主要发生在 195~235 m 高程，淤积量为 0.827 亿 m³；冲刷则主要发生在 240~275 m 高程，冲刷量为 0.378 亿 m³。不同高程的冲淤量分布见图 3-9。

（4）泥沙主要淤积在 HH7—HH38 断面之间库段（含支流），淤积量为 0.798 亿 m³，HH38 断面以上库段（含支流）发生冲刷，冲刷量为 0.358 亿 m³。不同库段冲淤量见表 3-10，图 3-10 为断面间干流冲淤量分布。

（5）支流泥沙主要淤积在沟口附近，沟口向上沿程减少。

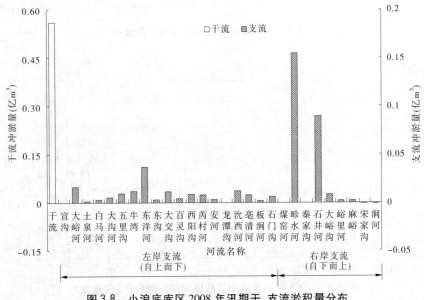

图 3-8　小浪底库区 2008 年汛期干、支流淤积量分布

表 3-10　2008 年小浪底库区不同库段(含支流)冲淤量分布

库段	HH7 以下	HH7—HH15	HH15—HH38	HH38—HH49	HH49—HH56	合计
距坝里程 (km)	0 ~ 8.96	8.96 ~ 24.43	24.43 ~ 64.83	64.83 ~ 93.96	93.96 ~ 123.41	0 ~ 123.41
冲淤量 (亿 m³)　2008 年 4 ~ 10 月	0.065	0.921	0.392	-0.414	-0.004	0.960
冲淤量 (亿 m³)　2007 年 10 月 ~ 2008 年 4 月	-0.263	-0.359	-0.159	0.102	-0.042	-0.719
冲淤量 (亿 m³)　全年	-0.198	0.562	0.235	-0.312	-0.046	0.241

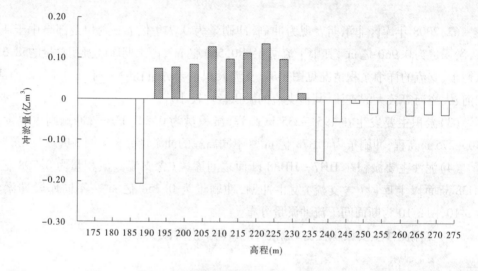

图 3-9　小浪底库区不同高程冲淤量分布

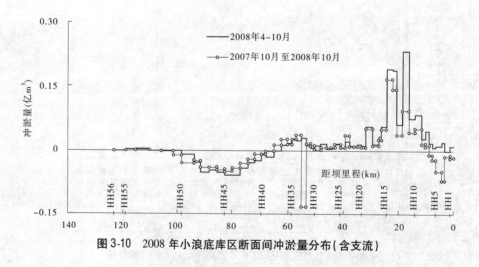

图 3-10　2008 年小浪底库区断面间冲淤量分布(含支流)

（二）库区淤积形态

1. 干流淤积形态

1）纵向淤积形态

2007年10月至2008年4月下旬,大部分时段三门峡水库下泄清水,小浪底水库进库沙量为0.062亿t,出库沙量为0;库水位基本上经历了先升后降的过程,库水位在246.59~252.90 m变化,均高于水库淤积三角洲面高程,因此干流纵向淤积形态几乎变化不大（见图3-11）。

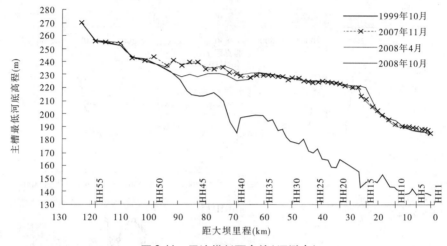

图3-11 干流纵剖面套绘（深泓点）

2008年10月库区淤积形态仍为三角洲淤积,由图3-11可以看出,HH37—HH49断面发生冲刷,最大深泓点冲深达10.35 m（HH45断面）,HH8—HH19断面表现为淤积,最大淤积抬升为10.14 m（HH15断面）,其他断面均表现为淤积抬升。

三角洲顶点由距坝27.19 km左右下移至距坝24.43 km（HH15断面）处,顶点高程为220.25 m。距坝20.39 km以下库段为三角洲坝前淤积段,其主要原因是异重流挟带的细颗粒泥沙淤积沉降所致;距坝20.39~24.43 km库段（HH13—HH15断面）为三角洲前坡段,也是本年度淤积最多的库段,比降为45.69‰;三角洲顶坡段位于距坝24.43~93.96 km（HH15—HH49断面）之间,比降为2.5‰,其中距坝24.43~62.49 km库段（HH15—HH37断面）,比降与2007年洲面段比降一致为3‰,距坝62.49~93.96 km（HH37—HH49断面）库段,比降为0.9‰;距坝93.96 km以上库段为尾部段,比降为12.1‰。

2）横断面淤积形态

图3-12为2007年10月~2008年10月期间三次库区横断面套绘图,不同库段的冲淤形态及过程有较大的差异。

HH1—HH7断面位于坝前段;HH8—HH18断面表现为非汛期冲刷,汛期全断面淤积抬高,属于本年度淤积量最大的库段,其中HH8—HH15断面位于三角洲前坡段,非汛期发生淤积物密实,汛期则表现为全断面水平淤积抬高,三角洲顶点所在的HH15断面抬升幅度最大,约为15 m,而HH16—HH18断面为三角洲洲面向下延长河段,由于坡降减缓,引起的洲面段再淤积;HH19—HH28断面,由于此库段弯道控制较多,汛期部分断面表现

·109·

为淤滩为主,如 HH23 断面;HH33—HH37 断面位于三角洲淤积形态的洲面段,挟沙水流在此库段进入回水区,主槽含沙量大,级配粗,水流挟沙能力过饱和,出现淤槽为主,如

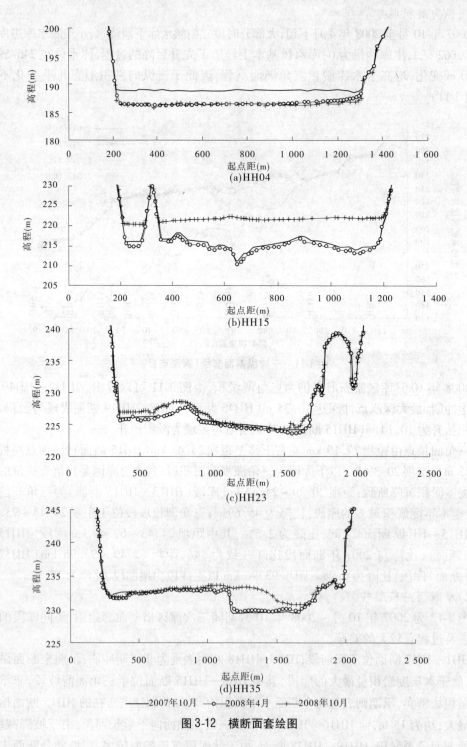

(a)HH04

(b)HH15

(c)HH23

(d)HH35

2007年10月　—○—2008年4月　—+—2008年10月

图 3-12　横断面套绘图

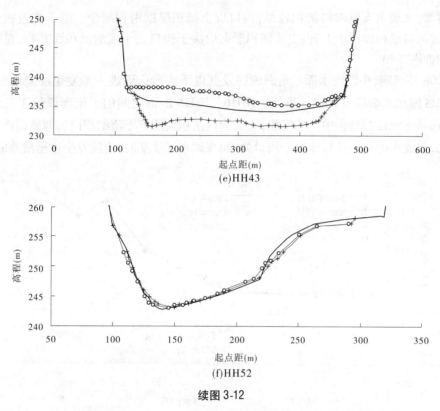

(e)HH43

(f)HH52

续图 3-12

HH35 断面；HH37—HH48 断面位于三角洲顶坡段的后段，在非汛期蓄水位较高的情况下，库段处于回水末端，入库泥沙在该库段产生淤积，而汛期随着库水位降低，发生全断面冲刷，例如 HH43 断面；HH51—HH56 断面处于三角洲尾部段，河道形态窄深，坡度陡，断面形态变化不大，例如 HH52 断面。

2. 支流淤积形态

从汛期干、支流淤积量分布图（见图 3-8）看，汛期大峪河、东洋河、西阳河、大交沟、沇西河、大峪沟、畛水河、石井河等支流淤积量较大，而非汛期部分支流产生不同程度的冲刷，特别是沇西河。表 3-11 为典型支流冲淤量。

表 3-11　典型支流冲淤量 （单位：亿 m³）

支流	2007 年 10 月 ~ 2008 年 4 月	2008 年 4 ~ 10 月	全年
沇西河	-0.164	0.011	-0.153
除沇西河外支流	-0.251	0.389	0.138
全部支流	-0.415	0.400	-0.015

2008 年支流总体表现为冲刷，冲刷量为 0.015 亿 m³。除沇西河外，小浪底库区大部分支流表现为淤积，而支流自身来沙量可略而不计，所以支流的淤积主要是干流来沙倒灌所致。发生异重流期间，水库运用水位较高，库区较大的支流多位于干流异重流潜入点下游，由于异重流清浑水交界面高程超出支流沟口高程，干流异重流沿河底向支流倒灌，并

沿程落淤,表现出支流沟口淤积较厚,沟口以上淤积厚度沿程减少。随干流淤积面的抬高,支流沟口淤积面同步上升,支流淤积形态取决于沟口处干流的淤积面高程,见典型支流纵剖面图3-13。

2008年汛期,小浪底水库三角洲洲面及其以下库段床面进一步发生冲淤调整,在小浪底库区回水末端以下形成异重流。HH16—HH28断面之间的干流库段位于三角洲洲面段,在异重流运行过程中产生淤积,支流沟口淤积面随着干流淤积面的调整而产生较大的变化,支流内部的调整幅度小于沟口处,而在调水调沙期间,干流发生冲槽淤滩的情况,

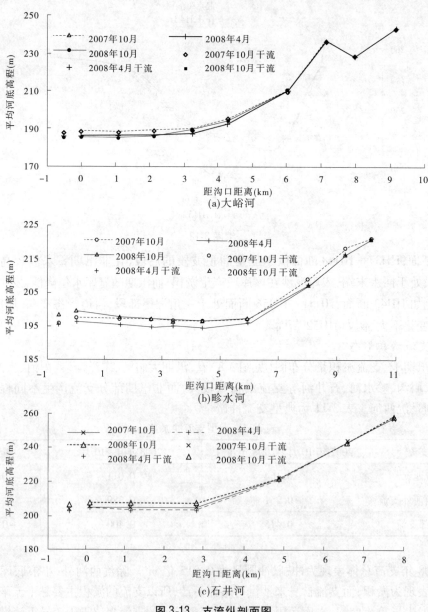

图3-13　支流纵剖面图

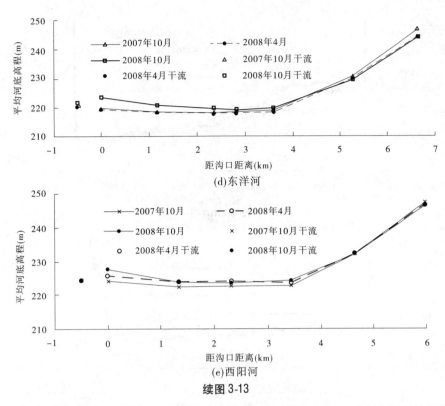

(d)东洋河

(e)西阳河

续图 3-13

导致支流沟口淤积面高于干流,如东洋河、西阳河等;HH1—HH15 断面主要是异重流及浑水水库淤积,异重流倒灌亦产生大量淤积,沟内河底高程同沟口干流河底高程基本持平,如畛水河、石井河等;而位于坝前段的大峪河,由于淤积物长期密实固结,干支流淤积面均表现为压缩。

需要说明的是,位于 HH32 库段的沈西河全年度均表现为冲刷,从纵剖面图来看,与2007 年汛后比较基本一致,但由于沈西河内部河道宽,而冲刷主要发生在沈西河 1+1、沈西河 2 等较宽断面,导致整条支流表现为冲刷,见图 3-14、图 3-15。

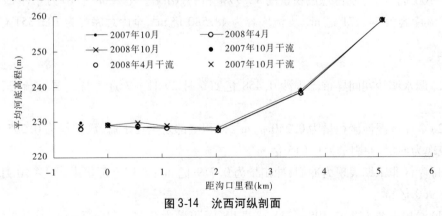

图 3-14　沈西河纵剖面

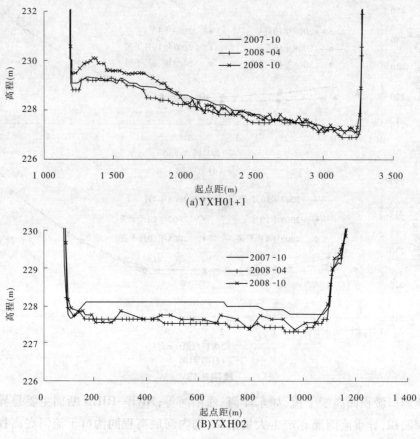

(a)YXH01+1

(B)YXH02

图 3-15　沈西河横断面

（三）库容变化

从图 3-16 中可以看出,本年度库区的冲淤变化较小,1999 年 9 月到 2008 年 10 月,小浪底全库区断面法淤积量为 24.109 亿 m³。其中,干流淤积量为 20.009 亿 m³,支流淤积量为 4.100 亿 m³,分别占总淤积量的 82.99% 和 17.01%。至 2008 年 10 月水库 275 m 高程下干流库容为 54.771 亿 m³,支流库容为 48.580 亿 m³,全库总库容为 103.351 亿 m³。

四、小结

（1）调水调沙期间异重流排沙 0.458 亿 t（6 月 29 日 ~ 7 月 3 日）,异重流排沙比为 61.8%。

（2）全库区泥沙淤积量为 0.240 亿 m³,淤积全部发生在干流,淤积量为 0.255 亿 m³,支流表现为冲刷,冲刷量为 0.015 亿 m³。

（3）库区非汛期表现为冲刷,冲刷量为 0.719 亿 m³;淤积全部集中于 4 ~ 10 月,淤积量为 0.960 亿 m³。

（4）淤积主要发生在 195 ~ 235 m 高程,淤积量为 0.827 亿 m³;冲刷则主要发生在 240 ~ 275 m 高程,冲刷量为 0.378 亿 m³。

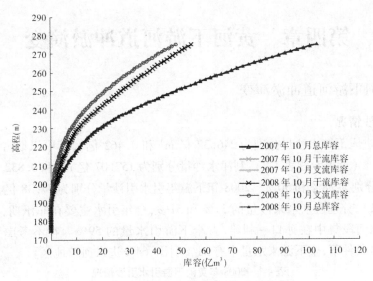

图 3-16　小浪底水库不同时期库容曲线

（5）泥沙主要淤积在 HH7—HH38 断面之间库段（含支流），淤积量为 0.798 亿 m³，HH38 断面以上库段（含支流）发生冲刷，冲刷量为 0.358 亿 m³。

第四章 黄河下游河道冲淤演变

一、黄河下游河道冲淤演变

(一)水沙情况

2008 年进入下游水沙量分别为 246.32 亿 m³ 和 0.462 亿 t,其中汛期占年比例分别为 26% 和 55%(见本专题表 1-2),利津水沙量分别为 157.07 亿 m³ 和 0.832 亿 t,其中汛期占年比例分别为 38% 和 50%。2008 年下游年引水引沙量分别为 77.38 亿 m³ 和 0.239 亿 t(见表 4-1),分别占来水来沙量的 31% 和 51%;全年引水主要在非汛期,占年引水量的 78%;引水河段集中在孙口—利津,占全下游引水量的 59%。在不考虑大汶河加水(6.38 亿 m³)条件下,全下游来水量中有 31% 引出、64% 进入河口地区。

表 4-1 2008 年黄河下游引水引沙情况

河段	引水量(亿 m³)			引沙量(亿 t)			汛期占全年(%)	
	非汛期	汛期	全年	非汛期	汛期	全年	水量	沙量
花园口以上	3.41	1.55	4.96	0.005	0.007	0.012	31	58
花园口—夹河滩	5.20	2.02	7.22	0.010	0.010	0.020	28	50
夹河滩—高村	7.24	1.36	8.59	0.018	0.007	0.026	16	28
高村—孙口	6.76	1.05	7.81	0.024	0.005	0.029	13	19
孙口—艾山	10.53	0.49	11.02	0.034	0.001	0.035	4	3
艾山—泺口	10.99	5.64	16.63	0.032	0.033	0.066	34	51
泺口—利津	13.66	4.05	17.71	0.031	0.015	0.046	23	32
利津以下	2.92	0.51	3.42	0.004	0.001	0.006	15	24
合计	60.72	16.66	77.38	0.159	0.080	0.239	22	34

(二)冲淤情况

根据黄河下游河道 2007 年 10 月、2008 年 4 月和 2008 年 10 月三次统测大断面资料,计算了 2008 运用年非汛期和汛期各河段的冲淤量(见表 4-2)。可以看出,2008 运用年白鹤—汊 3 河段共冲刷 0.784 亿 m³,其中汛期冲刷 0.531 亿 m³,占年冲刷量的 68%。全年冲刷主要集中在夹河滩以上,冲刷量占全下游的 51%;高村—孙口冲刷量也较大,占全河的 19%;孙口以下河段冲刷较少,其中艾山—泺口河段稍有淤积。

表 4-2　2008 运用年主槽断面法冲淤量计算成果

河段	冲淤量(亿 m³)			河段占全下游(%)
	非汛期	汛期	运用年	
白鹤—花园口	-0.109	-0.114	-0.222	28
花园口—夹河滩	-0.137	-0.043	-0.180	23
夹河滩—高村	-0.033	-0.052	-0.085	11
高村—孙口	0.001	-0.153	-0.151	19
孙口—艾山	0.004	-0.041	-0.037	5
艾山—泺口	0.028	-0.016	0.011	-1
泺口—利津	-0.013	-0.048	-0.061	8
利津—汊3	0.007	-0.064	-0.058	7
白鹤—汊3	-0.253	-0.531	-0.784	100

从 1999 年 10 月小浪底水库投入运用到 2008 年汛后,黄河下游利津以上河段全断面累计冲刷 11.277 亿 m³,其中夹河滩以上河段累计冲刷 7.324 亿 m³,占总冲刷量的 75%,孙口—艾山河段冲刷最小,仅 0.398 亿 m³,占总冲刷量的 4%(见图 4-1)。

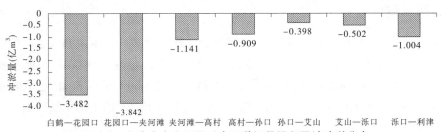

图 4-1　小浪底水库运用以来下游河段沿程累计冲淤分布

若以主槽单位长度冲淤量表示冲淤强度,由图 4-2 可以看出,2000 年高村—孙口和艾山—泺口河段淤积强度最大,约为 0.001 1 亿 m³/km;2001 年艾山—泺口河段淤积强度最大,为 0.000 6 亿 m³/km;自 2002 年下游全河段冲刷,孙口—艾山河段冲刷强度最小,为 0.000 2 亿 m³/km;2003 年孙口—艾山河段冲刷强度最小,为 0.001 7 亿 m³/km;2004 年高村—孙口河段冲刷强度最小,为 0.000 3 亿 m³/km;2005 年泺口—利津河段冲刷强度最小,为 0.001 亿 m³/km;2006 年艾山—泺口河段出现淤积,淤积强度为 0.000 7 亿 m³/km;2007 年全下游冲刷,泺口—利津河段冲刷强度最小,为 0.001 亿 m³/km;2008 年艾山—泺口河段出现淤积,冲刷强度为 0.000 1 亿 m³/km。

(三)平滩流量变化

2008 年汛后黄河下游平滩流量在 3 850～6 500 m³/s,最小平滩流量仍然在孙口附近(见表 4-3),与 2008 年汛前相比增加 0～200 m³/s。

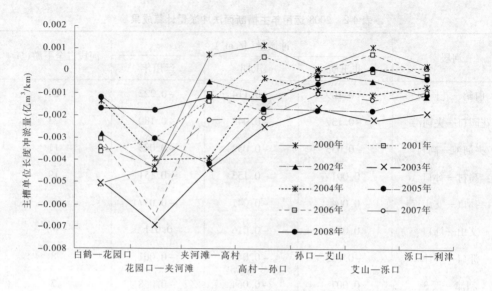

图 4-2　小浪底水库运用以来不同河段主槽历年冲淤强度变化

表 4-3　2008 年主要水文站平滩流量变化　　　　　（单位：m³/s）

项　目	花园口	夹河滩	高村	孙口	艾山	泺口	利津
2008 年汛后平滩流量	6 500	6 000	5 000	3 850	3 900	4 200	4 300
较 2008 年汛前增加值	200	0	100	150	100	200	200

二、调水调沙过程

2008 年 6 月 19 日至 7 月 4 日,进行了黄河第八次调水调沙。本次调水调沙生产运行通过科学调控万家寨、三门峡、小浪底水库的泄流时间和流量,在小浪底库区成功塑造异重流并运行出库。调水调沙期间黄河下游各断面均通过 4 000 m³/s 流量,小浪底水库实现异重流排沙,黄河下游河势平稳、无漫滩、无大险,黄河下游河道主槽全线冲刷。

(一)调度过程

第一阶段:流量调控阶段。

根据下游主河槽分段平滩流量和确定的黄河下游各河段流量调控指标,自 6 月 19 日至 28 日,利用下泄小浪底水库的蓄水冲刷下游河道。起始调控流量 2 600 m³/s,最大调控流量 4 100 m³/s。

第二阶段:水沙联合调控阶段。

万家寨水库:为冲刷三门峡库区非汛期淤积泥沙提供水量和流量过程。从 6 月 25 日 8 时起,万家寨水库按照 1 100 m³/s、1 200 m³/s、1 300 m³/s 逐日加大下泄流量,在三门峡库水位降至 300 m 时准时对接,延长三门峡水库出库高含沙水流过程。

三门峡水库:6 月 28 日 16 时起,三门峡水库依次按 3 000 m³/s 控泄 3 h、按 4 000 m³/s 控泄 3 h;之后,按 5 000 m³/s 控泄,直至水库敞泄运用,利用库水位 315 m 以下 2.35 亿 m³ 库容蓄水塑造大流量过程,与小浪底库水位 227 m 对接,冲刷小浪底库区三角洲洲面淤积的泥沙,形成高含沙水流过程在小浪底水库形成异重流;后期敞泄运用,利用万家寨下泄水流过程继续冲刷三门峡淤积泥沙并与前期在小浪底库区形成的异重流相衔接，促使异重流运行到小浪底坝前排沙出库，并延长异重流过程。

小浪底水库：通过第一阶段调度使库水位降至 227 m，以利于异重流潜入和运行。6 月 29 日 18 时，小浪底水库人工塑造异重流排沙出库，之后，小浪底水库继续降低水位补水运用，以延长异重流出库过程，并尽量增加泥沙入海的比例。7 月 3 日 18 时小浪底库水位降至 221.5 m，结束调水调沙运用，转入正常汛期调度运行。

（二）水沙过程

2008 年调水调沙洪水小浪底水库出库最大瞬时流量和最大含沙量分别为 4 380 m³/s 和 148 kg/m³，花园口最大流量和含沙量分别为 4 600 m³/s 和 83 kg/m³，利津最大流量和含沙量分别为 4 050 m³/s 和 56 kg/m³（见表 4-4）。

本次调水调沙自 6 月 19 日 9 时开始，至 7 月 3 日 18 时水库调度结束，历时 14 d，小浪底水库入库水沙量分别为 13.51 亿 m³ 和 0.741 亿 t，出库水沙量分别为 41.3 亿 m³ 和 0.462 亿 t，水库排沙比 62%。

表 4-4　2008 年调水调沙期间黄河下游洪水特征值

站名	最大流量			最大含沙量	
	最大流量（m³/s）	相应水位（m）	出现时间（月-日 T 时：分）	最大含沙量（kg/m³）	出现时间（月-日 T 时：分）
小浪底	4 380	137.10	06-25T16：24	148.0	06-30T12：00
花园口	4 600	92.70	07-01T10：36	83.0	07-01T16：54
夹河滩	4 200	75.76	06-26T00：00	68.7	07-02T08：00
高村	4 150	62.80	06-28T00：30	64.4	07-03T00：00
孙口	4 100	48.89	06-28T13：00	64.3	07-03T20：00
艾山	4 080	41.86	06-28T17：18	62.5	07-04T05：57
泺口	4 070	31.12	06-29T17：38	64.3	07-04T20：00
利津	4 050	13.73	06-29T16：30	56.0	07-05T18：00

图 4-3 是调水调沙洪水演进过程，小浪底水库 6 月 30 日 10.3 时洪峰流量 4 050 m³/s，花园口 7 月 1 日 10.6 时洪峰流量 4 600 m³/s，区间加入流量不足 50 m³/s，花园口洪峰增值 500 m³/s，增加 12%。沙峰沿程衰减较大，花园口两个沙峰分别为 83 kg/m³ 和 59.9 kg/m³，利津两个沙峰分别为 56 kg/m³ 和 32.8 kg/m³，分别衰减 33% 和 45%。

（三）冲淤效果

点绘花园口和利津日平均流量和含沙量过程（见图 4-4），可以看出，本次调水调沙利津沙峰明显滞后，考虑洪水在下游的演进，采用等历时法计算冲淤量，将历时延长到 20 d

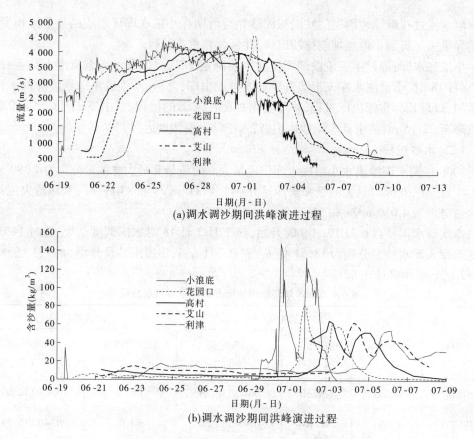

(a)调水调沙期间洪峰演进过程

(b)调水调沙期间洪峰演进过程

图 4-3　调水调沙期间洪峰、沙峰演进过程

（小浪底水文站时间 6 月 19 日～7 月 8 日），进入下游水沙量分别为 43.85 亿 m³ 和 0.462 亿 t,花园口水沙量分别为 45.45 亿 m³ 和 0.438 亿 t,利津水沙量分别为 41.04 亿 m³ 和 0.615 亿 t(见表 4-5），下游引水 3.87 亿 m³。考虑花园口—利津引水 3.37 亿 m³ 后,大约 1.04 亿 m³ 水量不能平衡,占花园口水量的 2%。

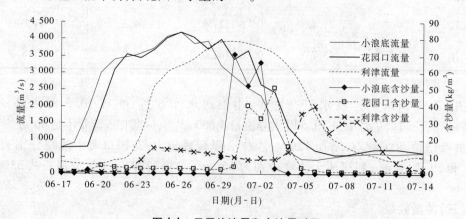

图 4-4　日平均流量和含沙量过程

表 4-5　2008 年汛前调水调沙分河段水沙量及冲淤量

水文站	水量 （亿 m³）	沙量 （亿 t）	含沙量 （kg/m³）	引水量 （亿 m³）	引沙量 （亿 t）	冲淤量 （亿 t）
小浪底	43.36	0.462	10.7			
黑石关	0.44					
武陟	0.05					
小黑武	43.85	0.462	10.5			
花园口	45.45	0.438	9.6	0.50	0.005	0.019
夹河滩	43.38	0.441	10.2	0.72	0.007	−0.011
高村	42.87	0.477	11.1	0.38	0.004	−0.040
孙口	42.17	0.588	13.9	0.51	0.006	−0.117
艾山	42.51	0.586	13.8	0.23	0.003	−0.002
泺口	42.10	0.601	14.3	0.93	0.013	−0.028
利津	41.04	0.615	15.0	0.60	0.010	−0.022
合计				3.87	0.048	−0.201

由表 4-5 可以看出，全下游冲刷 0.201 亿 t，除花园口以上淤积外其余河段均发生冲刷，其中高村—孙口冲刷量最大，为 0.117 亿 t，占总冲刷量的 58%，冲刷河段中孙口—艾山冲刷量最小，仅 0.002 亿 t。

统计历次调水调沙冲刷效果见表 4-6，可以看出 2008 年汛前调水调沙下游冲刷效率明显降低，冲刷效率为 4.6 kg/m³，特别是高村以上河段，冲刷效率仅 0.7 kg/m³。

表 4-6　历次调水调沙情况

项目	河段	2002 年	2003 年	2004 年	2005 年	2006 年	2007 年	2008 年
河槽 冲淤量 （亿 t）	白鹤—花园口	−0.136	−0.105	−0.169	−0.210	−0.101	−0.052	0.019
	花园口—夹河滩	−0.071	−0.036	−0.101	−0.120	−0.191	−0.041	−0.011
	夹河滩—高村	−0.028	−0.117	−0.046	−0.130	0.006	−0.018	−0.040
	高村—孙口	−0.083	0.024	−0.123	−0.140	−0.153	−0.085	−0.117
	孙口—艾山	−0.019	−0.187	−0.074	−0.070	−0.039	−0.016	−0.002
	艾山—泺口	−0.090	−0.002	−0.001	0.060	0.005	−0.031	−0.028
	泺口—利津	−0.107	−0.033	−0.150	−0.070	−0.128	−0.044	−0.022
	合计	−0.534	−0.456	−0.664	−0.680	−0.601	−0.288	−0.201
河槽 冲刷 效率 （kg/m³）	下游	−18.5	−17.2	−13.9	−13.2	−10.8	−7.3	−4.6
	高村以上	−8.1	−9.7	−6.6	−8.9	−5.1	−2.8	−0.7
	高村—孙口	−4.1	−6.0	−4.1	−4.4	−3.8	−2.7	−2.8
	艾山—利津	−8.1	−1.2	−3.1	−0.2	−2.5	−2.0	−1.2

（四）生产堤偎水情况

从 6 月 23 日开始，当高村站流量超过 3 270 m³/s 时，其上下河段部分滩区开始出现生产堤偎水，其中河南黄河滩区共有 20.65 km 的生产堤偎水，分别分布在开封市和濮阳市境内（开封市生产堤偎水长度 1.1 km、最大水深 1.1 m，位于兰考北滩。濮阳市生产堤偎水长度 19.55 km、平均深度为 0.56 m，最大水深 0.9 m，位于辛庄滩）。山东河段生产堤从开始偎水至 6 月 30 日偎水长度为 41.04 km（生产堤偎水平均水深为 0.42 m 左右，最大水深为 1.02 m）。表 4-7、表 4-8 是 2008 年调水调沙期间河南、山东生产堤偎水情况。

表 4-7　2008 年调水调沙期间河南黄河滩区生产堤偎水情况统计

滩区名称	时间	位置及桩号	长度（m）	水深（m）	生产堤出水高度（m）	相对应附近水文站最大流量（m³/s）
刘店滩区	6 月 23 日	刘店黄庄—杜庄	600	0.7	1.5	夹河滩 3 490
兰考北滩	6 月 23 日	蔡集 62 坝上首	500	1.1	1.2	夹河滩 3 490
辛庄滩	6 月 23 日	彭楼 36 坝以下 3 800 m 处到旧城浮桥	2 200	0.8	1.0	高村 3 490
辛庄滩	6 月 24 日	旧城浮桥以下	300	0.6	1.0	高村 3 490
陆集滩	6 月 23 日	李桥工程 22 坝以上	1 600	0.9	1.3	高村 3 490
陆集滩	6 月 23 日	邢庙险工以下	800	0.7	1.4	孙口 3 490
陆集滩	6 月 23 日	杨楼工程 1 坝上首	600	0.8	1.4	孙口 3 050
清河滩	6 月 28 日	李清浮桥—韩胡同工程	2 150	0.25	0.9	孙口 4 090
孙口滩	6 月 27 日	将军渡浮桥—影堂险工上首	2 250	0.5	1.5	孙口 4 020
梁集滩	6 月 28 日	影堂险工—赵庄	2 300	0.3	1.2	孙口 4 090
梁集滩	6 月 28 日	赵庄—枣包楼控导	1 600	0.3	1.3	孙口 4 090
梁集滩	6 月 28 日	枣包楼控导—贺注	2 750	0.2	1.6	孙口 4 090
梁集滩	6 月 28 日	张堂险工—银河浮桥	3 000	0.25	1.8	孙口 4 090

表 4-8(1)　2008 年调水调沙期间山东黄河滩区生产堤偎水情况统计

县局	滩名	时间	位置及桩号	长度（m）	水深（m）	生产堤出水高度（m）	相对应附近水文站最大流量（m³/s）	备注
东明	南滩	6 月 28 日	179 + 550—180 + 400	1 300	0.5		高村 4 060	
鄄城	临濮滩	6 月 27 日	236 + 495—238 + 095	1 600	0.85			
郓城	四杰滩	6 月 28 日	杨集险工 18#坝以下 302 + 300—304 + 100	1 800	0.2 ~ 0.5		孙口 4 100	滩面进水
	四杰滩	6 月 28 日	伟庄险工 9 垛以上 309 + 300—309 + 100	200	0.3 ~ 0.5			滩面进水
梁山	于楼滩	6 月 28 日	313 + 075—316 + 700	3 625	0.3		孙口 4 100	串沟进水
	蔡楼滩	6 月 28 日	320 + 680—321 + 000	320	0.15			串沟进水
	蔡楼滩	6 月 28 日	蔡楼控导 4#坝上首	450	靠河走溜			
	蔡楼滩	6 月 28 日	324 + 440—326 + 070	2 560				串沟进水
	蔡楼滩	6 月 28 日	330 + 700—332 + 100	1 400	0.2			串沟进水
齐河	水坡	6 月 29 日	73 + 620	520	0.5		艾山 3 970	
	曹营	6 月 29 日	98 + 700—101 + 700	3 000	0.25		泺口 4 070	串沟进水
	大庞	6 月 29 日	110 + 400	700	0.93		泺口 4 070	串沟进水
	李家岸	6 月 29 日	122 + 000—123 + 050	1 050	0.56		泺口 4 070	串沟进水
长清	长清滩	6 月 29 日	燕刘宋工程上	250	0.2 ~ 0.6	3.00	泺口 4 070	取水口低洼串沟进水,生产堤处较低
		6 月 29 日	许道口工程上	1 500	0.3 ~ 0.8	3.00		
		6 月 29 日	顾小庄工程 14#坝下首 80 m	100	0.80	3.10		
		6 月 29 日	桃园工程下至董苗工程上	2 600	0.3 ~ 0.65	3.50		
		6 月 29 日	贾庄工程下至孟李魏工程上	1 500	0.3 ~ 0.80	3.80		
		6 月 29 日	西兴隆工程上	650	0.3 ~ 1.20	2.65		
		6 月 29 日	西兴隆工程 2 ~ 8#坝后	600	0.3 ~ 1.15	2.60		
		6 月 29 日	小侯工程 17#坝后	80	0.6 ~ 1.0	2.85		

表 4-8(2)　2008 年调水调沙期间山东黄河滩区生产堤偎水情况统计

县局	滩名	时间	位置及桩号	长度(m)	水深(m)	生产堤出水高度(m)	相对应附近水文站最大流量(m³/s)	备注
章丘	黄河	6 月 29 日	73+884—74+484	600	1.2	1	泺口 4 070	此处滩面低洼
高青	大郭家	6 月 29 日	115+000—115+400	400	0.3		利津 4 110	
滨城	代家滩	6 月 30 日	166+800—167+400	600		1.7	利津 4 110	生产堤紧靠水边
	代家滩	6 月 30 日	168+000—168+900	700		1.1		生产堤紧靠水边
	代家滩	6 月 30 日	169+400—170+800	1 400	0.2	1.2		
张肖堂	纸坊滩	6 月 30 日	260+000—260+110	110		1.06	利津 4 110	生产堤紧靠水边
	纸坊滩	6 月 30 日	263+800—264+000	200		1.04		生产堤紧靠水边
	纸坊滩	6 月 30 日	263+050—263+300	250	0.45	1.15		
	纸坊滩	6 月 30 日	257+000—257+200	200		0.76		
博兴	乔庄滩	6 月 30 日	186+300—189+000	1 900	0.35	1.45	利津 4 110	
邹平	台子滩	6 月 30 日	16+300—16+600	300		1.5	利津 4 110	
利津	南宋滩	6 月 30 日	297+050—297+550	500	0.10	1.80	利津 4 110	
	大田滩	6 月 30 日	304+630—305+000	370	0.15	1.30		
	大田滩	6 月 30 日	306+900—307+150	250	0.30	1.30		
	东关滩	6 月 30 日	315+200—315+500	300	0.40	1.30		
	东关滩	6 月 30 日	317+050—317+200	150	0.40	0.90		
	付窝滩	6 月 30 日	355+500—356+000	500	0.20	1.30		
	付窝滩	6 月 30 日	358+800—362+000	3 200	0.30	1.20		
	付窝滩	6 月 30 日	365+500—368+800	3 300	0.20	1.30		

可以看出,从 6 月 23 日高村断面上下游生产堤开始偎水,到 7 月 1 日生产堤偎水共计 61.69 km。生产堤偎水主要原因是:部分生产堤直接修建在滩唇上,紧靠主河槽,河道过水断面狭窄;串沟进水;部分生产堤外滩面较低,嫩滩进水造成生产堤偎水。从偎水情况看,这一河段主槽平滩流量仍相对较小。

三、"驼峰"河段平滩流量的变化

小浪底水库运用以来孙口—黄庄河段过流能力一直比较小,被称为"驼峰"河段,2008 年该河段冲淤面积变化见图 4-5,可以看出除影堂、陶城铺和黄庄断面淤积外,其余断面均有不同程度冲刷,其中雷口、白铺和徐巴什断面冲刷不足 50 m^2;目前该河段平滩流量在 3 810 ~ 3 900 m^3/s,较 2007 年增加 90 ~ 200 m^3/s(见表 4-9)。

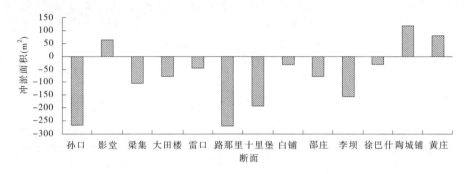

图 4-5　2007 年 10 月 ~ 2008 年 10 月"驼峰"河段各断面冲淤面积变化

表 4-9　2008 年汛后平滩流量变化　　　　　　　　　　(单位: m^3/s)

断面	孙口	影堂	梁集	大田楼	雷口	路那里	邵庄	陶城铺
2008 年汛后	3 850	3 900	3 900	3 850	3 850	3 850	3 810	3 850
2007 年汛后	3 700	3 750	3 700	3 700	3 700	3 650	3 720	3 750
差值	150	150	200	150	150	200	90	100

四、小结

(1)2008 年白鹤—汊 3 主槽共冲刷 0.784 亿 m^3,其中汛期冲刷 0.531 亿 m^3,占年冲刷量的 68%。全年冲刷集中在夹河滩以上,冲刷量占全下游的 51%。艾山—泺口河段出现淤积,淤积强度 0.000 1 亿 m^3/km。

(2)调水调沙历时 14 d,小浪底水库入库水沙量分别为 13.51 亿 m^3 和 0.741 亿 t,出库水沙量分别为 41.3 亿 m^3 和 0.462 亿 t,水库排沙比 62%。下游冲刷 0.201 亿 t,冲刷效率 4.6 kg/m^3,是近年调水调沙中效率最小的,特别是高村以上,冲刷效率仅 0.7 kg/m^3;除花园口以上淤积外其余河段均发生冲刷,其中高村—孙口冲刷量最大,为 0.117 亿 t,占总冲刷量的 58%。

(3)调水调沙期间花园口水文站再现洪峰增值现象,河南开封市和濮阳市境内生产堤偎水 20.65 km,山东东明、鄄城、郓城、梁山、齐河、长清、章丘、高青、滨城、张肖堂、博兴、邹平和利津等 13 县生产堤共偎水 41.04 km。

(4)2008 年"驼峰"河段除影堂、陶城铺和黄庄断面淤积外,其余断面均有不同程度冲刷,其中雷口、白铺和徐巴什断面冲刷不足 50 m^2;目前该河段平滩流量在 3 810 ~ 3 900 m^3/s,较 2007 年增加 90 ~ 200 m^3/s。

第五章 主要认识与建议

一、主要认识

（1）2008 年黄河流域降水量偏少，实测水沙量大幅度减少。与 1956～2000 年相比，全流域年降水量 387 mm，偏少 13%；实测水量偏少 16%～53%，实测沙量偏少 85% 以上，而且汛期水量占全年比例大部分不足 50%，汛期沙量占全年比例大部分干流下降到 60% 以下；全年未出现编号洪水，龙门、潼关和花园口全年最大流量分别为 2 640 m³/s、2 790 m³/s 和 4 600 m³/s。

（2）根据黄委发证引水口统计，2008 年黄河干流全河共引水 230.85 亿 m³，其中非汛期占 64%。引水量最大的河段分别是下河沿—石嘴山、石嘴山—头道拐和高村—利津河段，引水量分别为 57.38 亿 m³、66.29 亿 m³ 和 55.18 亿 m³。

（3）2008 年小浪底水库排沙仍以异重流排沙为主。调水调沙异重流排沙 0.458 亿 t（6 月 29 日～7 月 3 日），其排沙比为 61.8%。小浪底水库库区泥沙淤积全部发生在干流，淤积量为 0.255 亿 m³，而支流则为冲刷，冲刷量为 0.015 亿 m³。库区淤积主要发生在 195～235 m 高程，淤积量为 0.827 亿 m³；冲刷则主要发生在 240～275 m 高程，冲刷量为 0.378 亿 m³。

（4）黄河下游夹河滩主槽以上发生冲刷，其中白鹤—汊 3 河段主槽共冲刷 0.784 亿 m³，其中汛期冲刷 0.531 亿 m³，占年冲刷量的 68%；艾山—泺口河段则出现淤积，淤积强度为 0.000 1 亿 m³/km。

（5）2008 年黄河下游河道冲刷效率为 4.6 kg/m³，是近年调水调沙中效率最小的，特别是高村以上，冲刷效率仅为 0.7 kg/m³；除花园口以上淤积外，其余河段均发生冲刷，其中高村—孙口冲刷量最大，为 0.117 亿 t，占总冲刷量的 58%。

（6）2008 年"驼峰"河段除影堂、陶城铺和黄庄断面淤积外，其余断面均有不同程度的冲刷，平滩流量已提高至 3 810～3 900 m³/s，较 2007 年增加 90～200 m³/s。

二、建议

（1）在黄河流域降水量减少不是太显著的情况下，黄河实测水沙量大幅度减少，引起一系列生态问题，同时直接影响到治黄决策的重大问题。因此，迫切需要对黄河水沙大幅度减少的原因进行分析，建议在典型支流进行重点调查剖析，开展专题研究，揭示黄河水沙大幅度变化的成因。

（2）小浪底水库调度应考虑进行适时排沙运用，尽可能延长库区由三角洲淤积转化为锥体淤积的时间，以便更有利于减少水库淤积，调整床沙组成，优化出库水沙过程，同时可增强小浪底水库运用的灵活性和调控水沙的能力。另外，应对库区不同组成淤积物的沉积历时及沉积环境与其固结度的关系、不同固结度淤积物对不同量级水流和水库控制水位的响应、水库低水位冲刷时机及其综合影响等开展系统研究。

（3）自 2002 年开展调水调沙试验以来，黄河下游河道主河槽在得到冲刷下切、过洪能力明显提高的同时，河床也随之不断粗化，使水流冲刷能力降低。因此，需要对黄河下游的河床粗化过程进行跟踪研究，分析河床冲刷效率变化规律，为黄河调水调沙方案制定提供科学依据。

第二专题　宁蒙河段防凌分洪对策研究

　　近年来宁蒙河段凌灾时有发生,主要表现为凌汛期卡冰结坝增多和决口频繁。本专题重点分析了宁蒙河段近期凌情特点、凌汛成灾特点、凌灾成因,并探讨了凌灾防御措施,指出了防凌建议。统计表明,在内蒙古河段,1968~1986年发生卡冰年均1.5次,1987~2008年年均4次,1990年以来接近年均1次。根据资料分析认为,近期凌灾原因一是卡冰结坝增多;二是河槽淤积萎缩,凌汛水位屡创新高;三是槽蓄增量加大。建议实行分级防凌水位管理,可分为警戒水位和防凌临界水位;建立分洪区,可将乌兰布和分洪区、河套灌区作为重要蓄滞洪区,杭锦淖尔、蒲圪卜、昭君坟、小白河划为一般蓄滞洪区;进行宁蒙河段大断面测量,以掌握河道行洪、输沙、排冰能力等基本情况,并在分洪区上首关键部位增设临时水位观测站,以在冰凌期动态监测卡冰壅水过程,为及时分洪调度提供科学依据。同时,开展防凌基础研究,如分洪区分洪能力、分洪时机及过程研究,槽蓄增量和冰凌水位近年来异常变化原因分析,分洪区与水库联合运用分析,冰凌生消和输移规律分析及数学模拟,以及抢险新技术研究等。

第一章　宁蒙河段凌情特点分析

宁蒙河段是黄河宁夏河段和内蒙古河段的统称,大致呈"Γ"型。干流纬度为37°17′~40°51′N,水流由低纬度流向高纬度,11月至次年2月,多年平均气温低纬度地区比高纬度地区高3.4℃,这种由于纬度差别形成的热力因素差异,使得宁蒙河段封河时由河段下游向河段上游封冻,开河时则由河段上游向河段下游解冻,具有明显的地区性。宁蒙河段地处黄河流域最北端,大陆性气候特征显著,冬季干燥寒冷,常为蒙古高压所控制,日平均气温在0℃以下的时间可持续4~5个月,极端气温(头道拐站1988年1月1日)达-39℃,纬度差引起的气温差,使每年凌汛期(当年11月至次年3月)发生不同程度的凌情,当出现冰塞、冰坝等特殊凌情后,河道水位便迅猛上涨,可导致凌灾发生。宁夏河段从南长滩至枣园为坡陡流急的峡谷型河道,为不常封冻河段;枣园至麻黄沟河道坡小流缓且气温低,为常封冻河段。宁夏河段凌灾一般不大,刘家峡、龙羊峡、青铜峡水库相继投入运行后,河道流量和水温不常封冻河段下延至新田,青铜峡水库坝下40~90km河段也成为了不常封冻河段,石嘴山以上河段封冻现象减弱,稳定封河持续时间缩短,常封冻河段主要在青铜峡水库坝下40~90km河段内。内蒙古河段自麻黄沟至榆树湾,由上游窄深逐渐向下游变为宽浅,弯道多,弯曲度大,比降由0.56‰降为0.1‰,为稳定封冻河段,拐上至万家寨河道比降大、流速大,一般不封冻。万家寨水库运用后,库区水面比降和回水末端流速变小,使得输冰能力变小,容易发生卡冰和冰塞,并向上游延伸,原来不常封冻河段成为了封冻河段。宁蒙河段受自然因素与人类活动因素影响,每年封开河日期的提前或推迟,稳定封冻期的长短,冰层的厚薄,可能形成的冰塞,冰坝灾害,封冻期槽蓄水增量的多少,开河期槽蓄水增量释放的快慢乃至形成高水位凌峰的大小,都存在明显差异。

一、流凌、封河、开河日期

宁蒙河段流凌、封河一般先出现在三湖河口至头道拐区间,然后向上下游延伸。根据宁蒙河段多年凌汛资料统计,宁蒙河段流凌开始日期多年均值为11月17日,流凌结束日期多年均值为12月1日。流凌开始日期最早的出现在11月4日(1969年),位于三湖河口以下河段;流凌结束日期最晚的为12月28日(1989年),位于昭君坟河段。封河开始日期多年均值为12月1日,封河结束日期多年均值为1月4日。封河开始日期最早的出现在11月7日(1969年),位于三湖河口至包头区间;封河结束日期最晚的为1月31日(1974年),位于石嘴山河段。宁蒙河段开河一般先出现在宁夏河段,内蒙古河段一般在三湖河口以上区间,然后由上游向下游发展。开河开始日期多年均值为3月4日,开河结束日期多年均值为3月27日,开河日期最早出现在2月10日(1979年),在石嘴山断面;开河结束日期最晚为4月5日(1970年),位于三湖河口至昭君坟河段。

二、槽蓄水增量、凌峰流量

河槽槽蓄水增量受当年的气温、上游来水及封开河冰情变化影响,各年不尽相同。20世纪70年代以来,石嘴山—头道拐区间最大槽蓄水增量多年均值为9.29亿m³。20世纪

80 年代以来各河段最大槽蓄水增量增幅明显,龙羊峡、刘家峡水库运用前,宁蒙河段为自然调节,历年流量变幅大,如头道拐封河流量最小为 52.5 m³/s,最大为 535 m³/s,相差 10 倍。水库运用后下泄流量受调度控制,封河流量三湖河口以上河段多年均值在 350 m³/s 以上,三湖河口以下河段在 350 m³/s 以下。宁蒙河段开河时一般自上游向下游逐渐开通,槽蓄水增量沿程不断释放,下游流量大于上游,如石嘴山站开河流量多年均值为 593 m³/s,头道拐为 811 m³/s。凌峰流量一般也是沿程逐渐增大,尤其是"武开河"河段,槽蓄水增量的急剧释放,往往形成峰高时短的尖瘦凌峰。如 1997～1998 年封河期上游刘家峡水库下泄流量较大,加上宁夏灌区停灌,致使宁蒙河段槽蓄水增量超过多年均值 29%,开河期由于气温较多年均值偏高约 6 ℃,导致快速开河槽蓄水增量集中释放,凌峰流量沿程增大,石嘴山 750 m³/s,巴彦高勒 985 m³/s,三湖河口 2 190 m³/s,头道拐 3 350 m³/s,后两站为实测凌峰的第二位和第一位。20 世纪 90 年代后暖冬现象较为明显,加之水库水量的调控,导致槽蓄水增量释放变得均缓,从而减小了凌峰流量,延长了开河过程。

三、冰凌水位

在凌汛期,宁蒙河段冰凌水位普遍超高,并具有瞬间突发性增高的特点。一旦某河段出现卡冰结坝,冰凌水位上涨迅猛,甚至常出现超过百年一遇洪水位的现象,如 1988 年 12 月,磴口渡口、粮台乡封河期行程冰塞涨水,堤防溃决,形成凌灾;1989 年 3 月 24 日,包头市九原区打不素太卡冰结坝,结坝 3 000 m,壅水 1 m,造成凌灾。

四、20 世纪 90 年代以来的来水量凌情

1991～1992 年、1997～1998 年来水量比 1970～1971 年、1988～1989 年普遍偏少。从 11 月至翌年 2 月多年平均流量分析可知,兰州站 1991～1992 年到 1997～1998 年平均流量比 1970～1971 年到 1988～1989 年偏小不到 4%,石嘴山偏小 10%,三湖河口偏小 2%,头道拐偏小 7%;1989～1990 年到 2002～2003 年及 1989～1990 年到 2004～2005 年平均流量石嘴山站比 1970～1971 年到 1988～1989 年偏小 9%,兰州、三湖河口、头道拐站则偏小 1%～3%,且 1995～1996 年到 1997～1998 年持续偏小,是 20 世纪 70 年代以来最枯冰期。

在气温偏高、上游来水量减少以及冬灌引水等人类活动影响下,20 世纪 90 年代以来宁蒙河段凌情发生明显变化。

20 世纪 90 年代以来平均流凌日期石嘴山站较历年平均流凌日期推迟了 8 d,巴彦高勒推迟 6 d,三湖河口和头道拐基本不变;封河日期石嘴山、巴勒、三湖河口、头道拐分别推迟了 11 d、10 d、7 d、3 d;开河日期石嘴山、巴彦高勒、三湖河口、头道拐分别提前了 10 d、6 d、3 d、5 d。其中石嘴山至巴彦高勒区间,多年平均流凌日期、封河日期、开河日期推迟和提前较多,1994～1995 年流凌日期除石嘴山外,其余均为历年度最晚,1998 年、1999 年春季,部分站出现有资料记录以来最早开河日期,封河推迟,开河提前。

20 世纪 90 年代以来平均封冻天数石嘴山、巴彦高勒、三湖河口、头道拐分别减少了 21 d、15 d、8 d、7 d。

2001～2002 年度冰厚是 70 年代以来最薄的一年。20 世纪 90 年代以来石嘴山、巴彦

高勒、三湖河口、头道拐最大冰厚分别为 0.36 m、0.42 m、0.40 m、0.53 m,比历年均值薄 0.07 m、0.29 m、0.28 m 和 0.11 m。

除 1996～1997 年、2003～2004 年外,20 世纪 90 年代以来石嘴山至头道拐河段最大槽蓄水增量都在 10 亿 m³ 以上。其中 2007～2008 年槽蓄水增量达到 18 亿 m³ 以上。

在气温变化剧烈的年份,局部河段会出现严重卡冰结坝,河道水量不断出现有资料记录以来最高水位。1993 年 11 月 15 日强冷空气侵入内蒙古河段后,气温骤降,降幅达到 20 ℃ 以上,全河段在几天内即全部封冻,与此同时,上游水库仍维持超过 800 m³/s 的较大下泄流量,12 月 6 日以后气温回升,冰块下滑,形成大量流冰,导致巴彦高勒附近河段产生冰塞,巴彦高勒水位猛涨到 1 054.4 m,为有记录以来最高水位。1998～1999 年封河期,三湖河口和昭君坟河段封河水位分别为 1 020.57 m 和 1 010.14 m,均为历史同期最高,开河期间三盛公水利枢纽闸下形成冰坝,致使巴彦高勒水位达 1 054 m,为有记录以来最高开河水位。

第二章 近期凌灾情况

20 世纪 90 年代以来,宁蒙河段凌情灾害出现了新的特点,即卡冰结坝增多和决口日益频繁。

一、卡冰结坝增多

在内蒙古河段,1968~1986 年共发生卡冰结坝 26 次,年均 1.5 次,1987~2008 年共发生卡冰结坝 91 次,年均 4 次,较以前明显增多。

二、决口日益频繁

由于卡冰结坝增多,导致 1990 年以来黄河内蒙古河段发生了 7 次决口(见表 2-1),年均约 1 次,其中 2 次漫决、5 次溃决。

表 2-1 黄河内蒙古河段决口情况统计

溃口段名称	桩号	决口时间	距堤顶高(m)	当年最大槽蓄增量(亿 m³)	决口形式
达拉特旗大树湾段		1990 年 2 月 6 日	0.3	13.49	溃决
磴口段拦河闸	3+300	1993 年 12 月 6 日	1.6	11.84	溃决
达拉特旗乌兰段蒲圪卜堤防	271+400	1994 年 3 月 20 日	凌水漫顶	11.84	漫决
乌达公路桥上游 200~800 m 处黄河左岸堤防 4 处		1996 年 3 月 5 日		15.48	溃决
三湖河口—昭君坟段鄂尔多斯市达拉特旗乌兰乡万新林场堤防桩号 261 km	260+500	1996 年 3 月 26 日	凌水漫顶	15.48	漫决
杭锦旗独贵特拉奎素段东溃口	195+090	2008 年 3 月 20 日	0.96	18.62	溃决
杭锦旗独贵特拉奎素段东溃口	196+658		0.94		溃决

第三章　近期凌灾成因

一、河槽持续淤积萎缩

卡冰结坝次数增多,其原因是多方面的,涉及水流、气温、河道、水库等方面,其中河槽淤积萎缩是一个重要的因素(见图3-1),河槽淤积急剧萎缩、平滩流量大幅度减少,导致河道输水排冰能力显著降低,卡冰结坝明显增多。

图 3-1　内蒙古河段主要断面平滩流量的变化

图 3-1 表明,1990 年以来巴彦高勒断面平滩流量减少了约 80%,三湖河口减少了约 70%,昭君坟减少了约 25%。

二、凌汛水位屡创新高

由本专题表 2-1 可知,内蒙古河段共发生 7 次决口,2 次漫决的原因是冰塞或冰坝壅高水位漫顶而致,5 次溃决的原因主要是凌汛期水位大幅度抬升造成堤防两侧水位差增大,加之堤防级别低、渗透率稳定性差,使得堤防渗流量增大,并进而发生管涌渗漏造成堤防溃决。由此可知,在现行堤防标准不高的条件下,凌汛水位应是凌汛灾害的一个重要因素。

1990 年以来,凌汛最高水位屡创新高。在凌汛期,宁蒙河段冰凌水位普遍超高,并具有瞬间突发性增高的特点。一旦某河段出现卡冰结坝,冰凌水位上涨迅猛,甚至常出现超过千年一遇洪水位的现象。如 1993 年 12 月 6 日,因冰塞致使巴彦高勒水位高达 1 054.40 m,超过千年一遇水位 0.2 m,为有记录以来封河期最高水位。1998～1999 年封河期,三湖河口和昭君坟河段封河水位分别为 1 020.68 m 和 1 010.14 m,均为历史同期最高水位,开河期巴彦高勒水位达 1 054.00 m,为有记录以来的开河最高水位。2007～2008 年开河期,三湖河口 3 月 18 日水位达 1 020.85 m,刷新凌汛期历史记录,3 月 20 日水位达 1 021.22 m,再创新高,超过历史最高水位 0.41 m。

图 3-2 为三湖河口历年凌期最高水位变化情况,说明 20 世纪 90 年代以来,三湖河口历年凌汛期最高水位呈递增趋势,18 年中抬升约 1 m,年均 0.06 m。

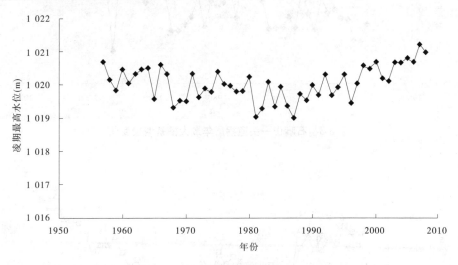

图 3-2 三湖河口历年凌期最高水位变化

分析冰凌水位日益增高的原因,冰凌水位增高值(ΔZ)与槽蓄增量增大值(ΔW)、河槽淤积抬升值(ΔZ_0)及河道断面淤积萎缩值($-\Delta A_0$)等因素密切相关,符合下式关系

$$\Delta Z = a\Delta Z_0 + b\Delta W/(A_0 - \Delta A_0) \tag{3-1}$$

式中,a、b 为大于 0 的系数;A_0 为 1990 年河道断面面积;ΔZ、ΔW、ΔA_0 为现状减去 1990 年的差值。

(一)槽蓄增量逐年增加

槽蓄增量加大是导致水位抬高的直接原因。河道槽蓄增量受当年的气温、上游来水及封开河冰情变化影响,各年不尽相同,图 3-3 为石嘴山—头道拐历年最大槽蓄增量变化。从图中可以看出,20 世纪 90 年代以来,宁蒙河段凌汛期槽蓄增量比以前明显增加,除极个别年份外,每年槽蓄增量都在 12 亿 m³ 以上,总体呈递增趋势。分析其原因,主要影响因素是 20 世纪 90 年代后暖冬现象较为明显,加之水库水量的调控等。

(二)河槽淤积抬升明显

河槽淤积抬升也可导致凌汛水位的抬高。三湖河口历年同流量水位变化如图 3-4 所示,由图可见,三湖河口河段 1990～2004 年同流量水位抬升幅度高达 1.5 m,年均抬升约 0.1 m,这说明河槽在不断淤积,河底高程在不断抬升,这也从客观上导致了历年凌期最高水位的抬高。

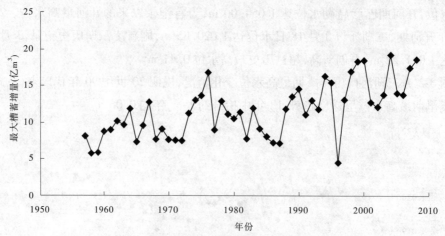

图 3-3　石嘴山—头道拐历年最大槽蓄增量变化

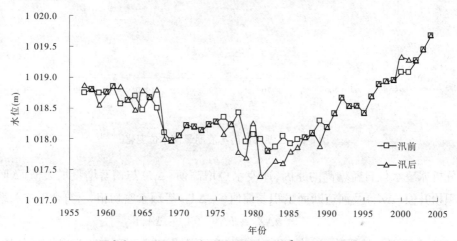

图 3-4　三湖河口历年同流量(1 000 m³/s)水位变化

第四章　凌灾防御措施

近期凌灾的主要特点是卡冰结坝增多,决口频繁。卡冰结坝的一个重要原因是河槽淤积萎缩,解决的主要措施是通过水库调节和水土保持等措施调控水沙过程而减少河槽淤积,来达到通过水库调节和应急分洪区分水减少河道槽蓄增量。

一、应急分洪区的设置

内蒙古自治区已经对应急分洪区进行了规划设计,并正待批复建设。

根据《黄河内蒙古防凌应急分洪工程可行性研究报告》,选定了 6 处防凌分洪区,如图 4-1 所示。

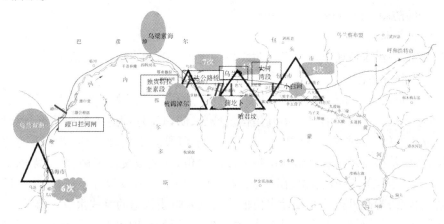

注:空心三角表示卡冰结坝集中发生河段,实心椭圆表示分洪区位置,粗横条为决口发生部位。

图 4-1　黄河内蒙古防凌应急分洪区及卡冰结坝决口平面图

左岸有 3 处分洪区,即巴彦淖尔市磴口县乌兰布和沙漠分洪区、河套灌区及乌梁素海分洪区、包头市小白河分洪区;右岸 3 处分洪区,即鄂尔多斯市杭锦旗杭锦淖尔分洪区、达拉特旗蒲圪卜分洪区、昭君坟分洪区。乌兰布和分洪区库容 1.17 亿 m^3、河套灌区分洪区库容 1 亿 m^3、杭锦淖尔分洪区库容 0.82 m^3、蒲圪卜分洪区库容 0.24 亿 m^3、昭君坟分洪区库容 0.33 亿 m^3、小白河分洪区库容 0.34 亿 m^3。六个分洪区设置的原则是尽量利用现有工程和有利地形、工程量小,占用耕地少,少移民、少拆迁,尽量利用原有低洼盐碱荒地、淹没损失小,不使当地环境恶化,保障当地人民群众正常生活、生产和当地社会经济持续发展。

根据历史资料,发生较大卡冰结坝及其位置分布如表 4-1 所示。

表 4-1　发生较大卡冰结坝及其位置分布情况

序号	发生卡冰结坝位置	发生卡冰结坝年份	发生次数	邻近分洪区
1	三湖河口河段	1990、1996、1998、1999、2000、2002、2004、2008	8	杭锦淖尔
2	昭君坟河段	1994、1997、1998、2001	4	蒲圪卜、昭君坟
3	南海子河段	1972、1998、1999、2000、2001	5	小白河
4	乌达区河段	1972、1974、1975、1977、1980、2002	6	无

由表 4-1 可知:

(1)三湖河口出现次数最多为 8 次,全部为近 20 年发生的,本次拟设置的杭锦淖尔分洪区即在其上首河段。

(2)包头市昭君坟河段也是卡冰结坝出现次数较多的地方,1968 年以后出现了 4 次。

(3)包头市九原区南海子河段出现 5 次冰坝。包头市土右旗李五营子段 5 次冰坝出现的年份为 1973 年、1990 年、2000 年、2001 年和 2002 年。

(4)出现 6 次的有乌海市乌达区河段。

近年来卡冰结坝段落指标统计见表 4-2,通过对历年卡口河段卡冰结坝情况的总结可知,上面所设置的六个应急分洪区均设置在易发生凌情的卡口河段附近。

二、应急分洪区的运用

(一)分级防凌水位分析

1. 防凌警戒水位

由前文知,凌汛水位屡创新高是堤防决口的重要原因,因此凌汛警戒水位是防凌分洪的一个重要控制性指标。

警戒水位是指当凌水位升到一定高度后对堤防构成一般险情威胁的水位值。在黄河下游,当流量达到一定量级后对大堤开始构成威胁,防汛工作即进入警戒状态,此时的流量即为警戒流量(编号洪峰)。同样,对于黄河宁蒙河段凌汛期,由于造成危害的关键因素是水位,即使是小流量也容易卡冰结坝形成高水位,并造成凌汛威胁,因此需确定一个警戒水位(编号水位)。一般来说,在宁蒙河段,水位值超过防凌设计水位后,防凌堤防即处于不安全状态,为此可把防凌设计水位值作为进入防凌状态的警戒水位。目前,宁蒙河段有些河段达到了设计标准,有些没有达到标准,对于没有达标河段,可用现堤顶高程减去安全超高代替,超高值可参照《黄河宁蒙河段近期防洪工程建设可行性研究》中防凌堤防堤顶超高的计算,超高在 1.9 ~ 2.5 m 范围内(见表 4-3)。

2. 防凌临界水位

防凌临界水位是指当水位升到一定高度后对堤防构成严重险情甚至决口威胁的水位值,超过此水位后,根据来水、气温和堤防等情况考虑研究实施分洪。根据研究,在宁蒙河段出险段最高水位距堤顶 0 ~ 1.6 m 范围内发生溃堤决口,考虑现状堤防情况和时间段的影响,并优先考虑最近时期决口情况,多种加权平均计算后,可得到不决口时最高水位距堤顶差为 0.85 ~ 1 m,考虑到 1 ~ 1.6 m 范围内仍会发生溃堤决口现象,以安全计可取 1.5 m。为此,可将堤顶高程减去 1.5 m 作为防凌临界水位(分洪水位)。

(二)河道槽蓄增量分析

根据本专题表 2-1,发生决口年份的河道槽蓄增量均比较大,可以此来分析计算不决口时河道最大槽蓄增量。考虑到堤防条件、河道槽蓄增量近期变化特点和时间段的影响,并优先考虑最近时期决口情况,将接近现状堤防条件年份的槽蓄增量权重适当加大,即现状堤防情况 2008 ~ 2009 权重为 1,距现状堤防条件较远的 1989 ~ 1990 年份权重分别取为 0.3 ~ 1,经加权平均计算后可得表 4-4。

表 4-2 1987～2008 年黄河内蒙古段易卡冰结坝情况统计

位置	桩号	长度(km)	卡冰结坝次数	卡冰结坝概率(次/年)	造成凌灾次数	卡冰结坝特征	凌灾损失
磴口段	0+000 — 16+600	16.6	3	0.14	2	(1)1988 年 12 月,磴口渡口,粮台乡封河期形成冰塞涨水,堤防溃决,形成凌灾	1988 年 12 月,磴口渡口,粮台乡封河期形成成冰塞涨水,堤防溃决,淹没耕地 0.75 万亩,受灾人口 0.02 万人
						(2)1988 年 12 月 19 日,磴口县巴彦高勒结坝,水位达 1 054.13 m,距堤顶 1.75 m	
						(3)1993 年 12 月,磴口段拦河封河期水位急剧上升,到 12 月 6 日,闸上水位已经高达 1 054.62 m,达到拦河闸运行 32 年来的最高水位。闸下水位也升至 1 054.4 m,超过该板组工程千年一遇的设防标准洪水位。7 日晚 8 时闸下 3+300 处堤防决口,到 12 日凌晨决口堵复	1993 年 12 月 7 日晚 8 时,闸下 3+300 处堤防决口,使磴口县粮台乡两个乡 8 个村,32 个社,渡口乡严重受灾,其中成灾严重的有 22 个社,1 747 户,9 448 人,7 486 人受灾,严重损坏房屋 709 户,1 512 户,倒塌房屋 803 户,支、斗渠闸 1 100 座,农毛渠闸 15 座,大水冲毁干渠工程 36 座,农用桥涵 90 座。5 所学校房屋设施损坏,冲毁鱼种场和蜜瓜种子繁育基地;冲毁磴头公路 3.6 km,28 个社农用电设施严重损坏,损坏主线路 20 km;淹死大小牲畜 5 268 头(只);损失粮食 108.9 万 kg;损坏农机具折合人民币 4.6 万元,损失化肥 3 918 t,水毁砖瓦窑 4 座

续表 4-2

位置	桩号	长度(km)	卡冰结坝次数	卡冰结坝概率(次/年)	造成凌灾次数	卡冰结坝特征	凌灾损失
五原县三苗树到白音苏老	110+600—118+400	7.8	6	0.27	0	(1)1994年3月18日,巴彦淖尔市五原县白音赤老卡冰结坝长度5 km,壅水1.5 m,最后飞机炸开 (2)1996年3月21日,巴彦淖尔市五原县三苗树卡冰结坝长度4 km,结坝宽300 m,最后炸开 (3)1998年3月6日,巴彦淖尔市五原县白音赤老卡冰结坝,最后炮击开 (4)1998年3月6日,巴彦淖尔市五原县复兴大坝卡冰结坝,最后炮击开 (5)2000年3月20日,巴彦淖尔市五原县三苗树卡冰结坝,最后自开 (6)2004年3月12日,巴彦淖尔市五原县三苗树卡冰结坝,最后自开	
三湖河口段	195+500—204+600	9.1	11	0.5	2	(1)1990年3月18日,巴彦淖尔市乌拉特前旗三湖河口卡冰结坝,最后造成凌灾 (2)1990年3月,杭锦旗独贵特拉四方口村卡冰结坝,最后造成凌灾 (3)1996年3月26日,巴彦淖尔市乌拉特前旗三湖河口卡冰结坝,凌汛水位达到1 018.87 m,最后自开 (4)1998年3月,巴彦淖尔市乌拉特前旗三湖河口卡冰结坝,凌汛水位达到1 018.6 m,最后自开 (5)1999年3月15日,巴彦淖尔市乌拉特前旗三湖河口卡冰结坝,凌汛水位达到1 018.8 m,最后自开	1990年3月,独贵特拉四方口村发生凌灾,淹没耕地2 955亩,损失粮食4万kg,死亡牲畜140头

续表 4-2

位置	桩号	长度（km）	卡冰结坝次数	卡冰结坝概率（次/年）	造成凌灾次数	卡冰结坝特征	凌灾损失
						（6）2000 年 3 月 20 日,巴彦淖尔市乌拉特前旗三湖河口卡冰结坝,凌汛水位达到 1 019.05 m,最后自开	
						（7）2002 年 3 月 5 日,巴彦淖尔市乌拉特前旗三湖河口卡冰结坝,最后自开	
						（8）2004 年 12 月 9 日,巴彦淖尔市乌拉特前旗三湖河口卡冰结坝,凌汛水位达到 1 019.23 m,最后自开	
三湖河口段	195 + 500 — 204 + 600	9.1	11	0.5	2	（9）2006 年 3 月,巴彦淖尔市乌拉特前旗三湖河口 208 险工段卡冰结坝,最后自开	
						（10）2008 年 3 月 18 日,杭锦旗杭锦淖尔 208 险工段 208 + 000 处卡冰结坝,结坝高500 m,结坝宽 300 m,结坝高0.5 m,壅水 0.25 m,最后炮击开	
						（11）2008 年 3 月 19 日,杭锦淖尔芒哈图段 216 + 000 处卡冰结坝,结坝宽 320 m,结坝高 0.8 m,1 000 m,冲毁堤防 200 m,渠道 36 km,排、扬水站 3 座,壅水 0.4 m,最后炮击开,造成凌灾	2008 年凌灾,据不完全统计,本次共有 2 个乡镇 51 个社不同程度地遭受凌水灾害。淹没面积 106 km²,受灾人口累计达 10 241 人,倒塌房屋 20 526 间,倒塌棚圈 6 939处,276 户个体工商户被冲被淹,受灾耕地 8.1万亩,冲毁堤防 200 m,渠道 36 km,冲毁公路 272 km,冲毁干沟 21 km,排、扬水站 3 座,机电井 1 047 眼,输电线路 831 km,造成总的经济损失达 9.35 亿元

位置	桩号	长度 (km)	卡冰结坝次数	卡冰结坝概率(次/年)	造成凌灾次数	卡冰结坝特征	凌灾损失
						(1)1994 年 3 月 23 日,达拉特旗乌兰乡卡冰结坝,壅水 1.5 m,最后飞机炸开	
						(2)1996 年 3 月 25 日,鄂尔多斯市达拉特旗乌兰乡万新林场堤防桩号 261 km 处出现冰坝,水位上涨迅猛,晚 20 时水位上涨了 1.9 m,超过百年一遇洪水位,致使凌水漫水顶而过,260+500 处堤防决口	1996 年 3 月达拉特旗乌兰、解放滩段堤防两处决口,淹没 9 个村庄,39 个社,耕地 7.35 万亩,致使乌兰 2 510 间房屋进水,其中 1 165 间房屋倒塌,造成危房 1 345 间,倒塌校舍 2 438 m²,卷碾 4 643 处;损失粮食 3 650 t,饲草 1 690 t,化肥 1 449 t,种子 207 t,饲畜 3 106 头(只),造成直接经济损失 6 940 万元(当年价格)
中和西段	239+400 — 261+000	21.6	7	0.32	1	(3)2005 年 3 月 24 日,达拉特旗中和西镇张四圪堵卡冰结坝,结坝 2 000 m,结坝宽 500 m,结坝高 1 m,壅水 0.5 m,最后飞机炸开	
						(4)2005 年 3 月 25 日,达拉特旗中和西镇卡冰结坝,结坝 2 000 m,最后飞机炸开	
						(5)2006 年 3 月,达拉特旗中和西镇段卡冰结坝,壅水距堤顶 1.5 m,最后飞机炸开	
						(6)2006 年 3 月,布尔斯太沟对面的乌拉特前旗先锋乡杭盖村卡冰结坝,最后自开	
						(7)2008 年 3 月 18 日,达拉特旗中和西镇张四圪堵下游卡冰结坝,结坝 1 000 m,结坝宽 550 m,结坝高 1 m,壅水 0.8 m,最后自然消失	

续表 4-2

位置	桩号	长度(km)	卡冰结坝次数	卡冰结坝概率(次/年)	造成凌灾次数	卡冰结坝特征	凌灾损失
鄂尔多斯市四村段	271+400 — 290+600	19.2	10	0.45	2	(1)1989 年 3 月,鄂尔多斯市达旗四村卡冰结坝,最后自开	
						(2)1989 年 3 月 24 日,包头市九原区打不素太卡冰结坝,结坝 3 000 m,壅水 1 m,造成凌灾	1989 年 3 月 24 日,包头市九原区打不素太卡冰结坝,结坝 3 000 m,壅水 1 m,造成凌灾
						(3)1994 年 3 月 20 日,达旗乌兰蒲汔乌兰段卡冰结坝,壅水漫顶,最后炮击开	1989 年 3 月 24 日,包头市九原区打不素太卡冰结坝,倒塌房屋 11 间
						(4)1996 年 3 月 26 日,包头市打不素太卡冰结坝,最后炮击开	1994 年 3 月 20 日,达旗乌兰段蒲汔卜堤防 271+400 因凌水漫顶,造成乌兰乡 10 个村社受淹,直接经济损失达 19 万元
						(5)2000 年 3 月 20 日,巴彦淖尔市乌拉特前旗兰虎圪塔卡冰结坝,最后自开	
						(6)2001 年 3 月 18 日,巴彦淖尔市乌拉特前旗兰虎圪塔卡冰结坝,最后自开	
						(7)2004 年 3 月,巴彦淖尔市乌拉特前旗兰虎圪塔卡冰结坝,最后自开	
						(8)2004 年 3 月,达旗蒲汔卜卡冰结坝,壅水距顶 1.3 m,最后飞机炸开	
						(9)2004 年 3 月 16 日,包头市九原区三岔口卡冰结坝,结坝 3 000 m,最后炸药包炸开	
						(10)2007 年 3 月 20 日,包头市九原区三岔口卡冰结坝,结坝宽 30 m,结坝高 1.1 m,最后炮击开	

续表 4-2

位置	桩号	长度（km）	卡冰结坝次数	卡冰结坝概率（次/年）	造成凌灾次数	卡冰结坝特征	凌灾损失
昭君坟段	308+700 — 311+100	2.4	4	0.18	1	(1)1989年3月,包钢水源地解放滩乡卡冰结坝,最后自开 (2)1994年3月22日,包钢水源地卡冰结坝,最后炮击开 (3)1997年3月16日,昭君坟卡冰结坝,最高凌水位达到1 007.53 m,造成凌灾 (4)1998年3月,昭君坟卡冰结坝,凌汛水位达到1 005.92 m,最后自开	1997年3月发生凌灾,损失未统计
包头市画匠营子段	324+400 — 332+500	8.1	7	0.32	2	(1)1990年2月6日,由子包（包头）神（神木）铁路桥（昭君坟上游21.5 km)束水,在其上游形成冰坝,水位壅高距提顶30 cm 当时昭君坟实测流量为800 m³/s)时,达拉特旗大树湾穿堤涵洞破损引起堤防决口,致使堤防决口 (2)1993年3月21日,包头黄河公路桥段卡冰结坝,"飞机炸开 (3)1993年3月21日,包头包神铁路桥段卡冰结坝,炮击开 (4)1998年3月16日,包头共青农场黄河卡冰结坝,造成凌灾 (5)1999年3月11日,包头画匠营子段卡冰结坝,壅水高度0.5 m,最后飞机,炮击开 (6)2001年3月19日,黄河乳牛场黄河孔段黄河卡结坝,最后炮击开 (7)2002年3月,包头包神铁路桥段黄河卡冰结坝,最后自开	1990年2月6日,达拉特旗大树湾穿堤涵洞破损引起堤防渗水,致使堤防决口,淹没耕地2万余亩,倒塌房屋100间,受灾人口2 842人 1998年3月16日,包头共青农场黄河卡结坝淹没红旗砖厂

位置	桩号	长度（km）	卡冰结坝次数	卡冰结坝概率（次/年）	造成凌灾次数	卡冰结坝特征	凌灾损失
包头市南海子段	338＋500 — 346＋400	7.9	8	0.36	0	（1）1998 年 3 月 9 日，包头南海子段卡冰结坝，最后炮击开	
						（2）1999 年 3 月 11 日，包头南海子段卡冰结坝，壅水高度 0.5 m，最后飞机、炮击开	
						（3）2000 年 3 月 22 日，包头南海子段卡冰结坝，最后自开	
						（4）2001 年 3 月 18 日，包头南海子段卡冰结坝，最后自开	
						（5）2006 年 3 月 18 日，达拉特旗三贯圪旦下游卡冰结坝，结坝宽 500 m，结坝高 0.3 m，最后自开	
						（6）2007 年 3 月 18 日，达拉特旗三贯圪旦下游卡冰结坝，结坝宽 450 m，结坝高 0.8 m，壅水 0.3 m，最后自开	
						（7）2008 年 3 月 14 日，达拉特旗三贯圪旦下游卡冰结坝，结坝宽 500 m，结坝高 1 m，壅水 0.5 m，最后炮击开	
						（8）2008 年 3 月 17 日，达拉特旗三贯圪旦下游卡冰结坝，结坝宽 1 500 m，结坝高 2 m，壅水 0.8 m，最后自开	

续表 4-2

位置	桩号	长度 (km)	卡冰结坝次数	卡冰结坝概率 (次/年)	造成凌灾次数	卡冰结坝特征	凌灾损失
章盖营子到季五营子	351+600 — 369+100	17.5	13	0.59	2	(1)1989 年 3 月 26 日,包头季五营子卡冰结坝,结坝 2 000 m,造成凌灾	1989 年 3 月 26 日,包头季五营子由于卡冰结坝造成凌灾,受灾人口 1 470 人
						(2)1990 年 3 月 19 日,包头季五营子卡冰结坝,壅水 1.5 m,最高凌水位达到 1 000.4 m	受灾范围 5 km², 飞机轰炸 10 h
						(3)1991 年 3 月 20 日,包头官地卡冰结坝,结坝 4 500 m,壅水 1.5 m,最后炸药包炸开	
						(4)1993 年 3 月 16 日,包头官地卡冰结坝,最后飞机击开	
						(5)1995 年 3 月 21 日,包头章盖营子卡冰结坝,壅水 1 m,最后炮击开	
						(6)1999 年 3 月 12 日,达拉特旗德胜太卡冰结坝,最后飞机炸开	
						(7)2000 年 3 月 22 日,包头季五营子卡冰结坝,最后自开	
						(8)2001 年 3 月 22 日,包头季五营子卡冰结坝,最后自开	
						(9)2002 年 3 月 1 日,包头季五营子卡冰结坝,最后自开	
						(10)2002 年 3 月 19 日,达拉特旗德胜太卡冰结坝,最后炮击开	

续表 4-2

位置	桩号	长度(km)	卡冰结坝次数	卡冰结坝概率(次/年)	造成凌灾次数	卡冰结坝特征	凌灾损失
章盖营子到李五营子	351+600 — 369+100	17.5	13	0.59	2	(11)2005年3月27日，包头管地卡冰结坝，最后炮击开 (12)2006年3月12日，包头管章盖营子卡冰结坝，结坝50 m，结坝宽20 m，结坝高1 m，最后炮击开 (13)2008年3月22日，包头管地卡冰结坝，结坝450 m，结坝宽200 m，结坝高0.3 m，最后炮击开	

三盛公水利枢纽以下桩号从三盛公水利枢纽为起点向下编号，三盛公水利枢纽以上桩号从石嘴山42号断面为起点向下编号

表 4-3　内蒙古河段相关堤段防凌堤顶超高计算结果

河段	岸别	堤防级别	波浪壅高(m)	安全加高(m)	采用超高(m)
三盛公—三湖河口	左岸	2级	1.11	0.8	2.0
	右岸	3级	1.70	0.7	2.4
三湖河口—昭君坟	左岸	2级	1.09	0.8	1.9
	右岸	3级	1.61	0.7	2.3
昭君坟—蒲滩拐	左岸	2级	1.10	0.8	1.9
	右岸	2级	1.80	0.7	2.5

同时,以历次决口时当年槽蓄增量为样本,运用 BP 神经网络原理,采用动量法和学习率自适应调整两种策略,建立了以槽蓄增量预测堤防决口的预测模型,经计算得到 2009～2010 年不决口时河道最大槽蓄增量预测值为 15.70 m³。

经过多种方法计算,得到当前不决口时河道最大槽蓄增量为 16 亿～17 亿 m³。

表 4-4　不决口时河道最大槽蓄增量计算

槽蓄增量参数	不同年度最大槽蓄增量				2008～2009	槽蓄增量均值(亿 m³)
	1989～1990	1993～1994	1994～1995	1995～1996		
槽蓄增量(亿 m³)	13.49	11.84	11.84	15.48	18.62	
权重范围(0.30～1)	0.30	0.45	0.48	0.52	1	17.14
权重范围(0.50～1)	0.50	0.61	0.63	0.66	1	16.80
权重范围(0.70～1)	0.70	0.76	0.78	0.79	1	16.50
权重范围(1)	1	1	1	1	1	16.14

(三)其他分洪因素分析

是否分洪,除考虑壅高水位和槽蓄增量因素外,还要涉及具体的气温变化、上游来水量、流凌密度及冰块大小、堤防级别及渗透稳定性等综合情况。鉴于分洪因素的多面性、复杂性以及防凌应急分洪区工程尚未全部建成等情况,各应急分洪区诸多运用指标还需进一步研究。

(四)应急分洪区的启用

综上分析,凌汛水位及槽蓄增量可作为应急分洪最重要的一个控制性指标。同时,还应把气温变化、上游来水量、流凌密度及冰块大小、堤防级别及渗透稳定性等作为应急分洪时的参考指标。

当河道水位达到警戒水位(编号水位)以上,有可能发生凌情时,应及时采取破冰、抢险等措施。

当河道水位达到防凌临界水位(分洪水位)、河道槽蓄增量达到 16 亿～17 亿 m³,采取应急措施后但仍有可能造成堤防决口等重大险情时,应采取主动分洪措施,以尽量避免或减少灾害损失。

应急分洪区的启用条件为：

（1）当发生冰塞、冰坝，造成严重壅水，河道水位达到防凌临界水位（分洪水位）、河道槽蓄增量达到 16 亿~17 亿 m³；

（2）当堤防已经发生重大险情，特别是有溃堤危险，抢险需要降低水位时；

（3）当预报气温急剧升高导致开河速度加快，槽蓄增量可能集中释放，以致将在极短时间内将发生水位超过防凌临界水位、河道槽蓄增量超过 16 亿~17 亿 m³ 时。

当应急分洪工程下游防控河段出现上述条件一条以及以上时，经综合分析研究，并结合现场会商，可启用一处或几处应急分洪。

黄河防总内蒙古自治区黄河凌汛期应急分洪区运行调度方案批复，提出当年的应急分洪区启用条件如下：

当防控河段（本分洪区至下游相邻分洪区之间河段）出现以下情形之一时，可启用相应的应急分洪区紧急分凌。

（1）防控河段发生冰塞、冰坝，造成严重壅水；

（2）防控河段堤防发生决口；

（3）防控河段局部河段水位距防洪堤堤顶不足 1.5 m，且堤防发生重大险情；或者防控河段局部河段水位距防洪堤堤顶不足 1.0 m，且堤防发生较大险情；

（4）出现其他特殊紧急情况，需通过分洪措施减轻冰凌灾害时；

（5）乌兰布和和河套灌区、乌梁素海分洪区的运用，除上述启用条件外，当三盛公水利枢纽以上凌情不影响拦河闸运用安全、内蒙古河段槽蓄增量超过 1986 年龙羊峡、刘家峡联合运用以来平均值的 30%，或者宁蒙河段槽蓄增量超过 17 亿 m³，并且防控河段水量较大、水位达到或超过历史最高水位时可启用。

三、应急分洪区的运用实践

2007~2008 年鉴于三湖河口至头道拐河段槽蓄增量大、水位高的情况，实施了三盛公分洪运用。

2008 年 3 月 10 日，三盛公拦河闸实施分洪，当时河道槽蓄增量为 17.6 亿 m³，累计分水 1.32 亿 m³。

四、应急分洪区的管理

蓄滞洪区是江河防洪工程体系的重要组成部分，在防洪紧急关头能够发挥削减洪峰、蓄滞超额洪水的关键作用，是防洪调度的重要手段和有效措施。

（一）蓄滞洪区的调整与分类

国务院《关于加强蓄滞洪区建设与管理若干意见》（以下简称《意见》）规定：根据防洪需要，可以增设蓄滞洪区，蓄滞洪区的调整应通过编制（修订）防洪规划或防御洪水方案，按防洪规划和防御洪水方案的权限审批。按照蓄滞洪区在防洪体系中的地位和作用、运用概率、调度权限以及所处地理位置等因素，可将蓄滞洪区划分为重要蓄滞洪区、一般蓄滞洪区和蓄滞洪保留区。其中重要蓄滞洪区是指涉及省际间防洪安全，保护的地区和设施极为重要,运用概率较高,由国务院、国家防总或流域防总调度的蓄滞洪区;一般蓄滞洪区是指保护局部地区,由流域防总或省级防指调度的蓄滞洪区;蓄滞洪保留区是指运用概率较低但暂时还不能取消的蓄滞洪区。参照上述关于蓄滞洪区的相关管理办法,并考虑黄河防凌、水资源管理要求和分洪区的实际情况,可将乌兰布和分洪区、河套灌区参考为重要蓄滞洪区,将杭锦淖尔分洪区、蒲圪卜分洪区、昭君坟分洪区、小白河分洪区参考为一般蓄滞洪区,统一由内蒙古防指提出运用申请后黄河防总批准。

黄河防总提出应急分洪工程批准程序为:

(1)乌兰布和和河套灌区、乌梁素海分洪区分洪运用,由内蒙古自治区防汛抗旱指挥部提出申请,经黄河防汛抗旱总指挥部批准后,由内蒙古自治区防汛抗旱指挥部组织实施。

(2)杭锦淖尔分洪区分洪运用,由内蒙古自治区防汛抗旱指挥部报告黄河防汛抗旱总指挥部,由内蒙古自治区防汛抗旱指挥部组织实施。

(3)蒲圪卜、昭君坟和小白河分洪区分洪运用,由相关盟(市)防汛抗旱指挥部提出申请,经内蒙古自治区防汛抗旱指挥部批准,并报黄河防汛抗旱总指挥部备案,由相关盟(市)防汛抗旱指挥部组织实施。

比较本次研究和黄河防总意见(见表4-5),综合考虑黄河防凌和水资源管理要求,研究认为,各应急分洪区正常运用宜统一由黄河防总批准。

表4-5　蓄滞洪区分类及应急分洪区情况

类别	地位和作用	参考为蓄滞洪区的应急分洪区	规定调度权限单位	建议调度权限单位	黄河防总意见
重要蓄滞洪区	省际间防洪安全,保护的地区和设施极为重要,运用概率较高	乌兰布和、河套灌区	国务院、国家防总或流域防总	黄河防总	黄河防总
一般蓄滞洪区	保护局部地区	杭锦淖尔、蒲圪卜、昭君坟、小白河	流域防总或省(区)防指	黄河防总	内蒙古防指

(二)蓄滞洪区调度运用

蓄滞洪区运用涉及多方利益主体,管理关系复杂,应加强蓄滞洪区运用管理,明确蓄滞洪区调度中各单位责任,规范调度程序,明确会商制度、工作范围,以实现洪水"分得进、蓄得住、退得出",确保蓄滞洪区及时安全有效运行,最大限度地减少洪灾损失,实现水资源的科学管理。

按照《蓄滞洪区安全与建设指导纲要》(简称《指导纲要》)和《蓄滞洪区运用补偿暂行办法》的精神,参照《河北省蓄滞洪区管理办法》、《天津市蓄滞洪区管理条例》及《东平湖蓄滞洪区管理办法》,内蒙古应急分洪区运用前,由区防汛指挥部发布分洪、滞洪警报;分洪、滞洪警报应当明确预测的洪水位、洪水量、分洪时间、撤退道路、撤离时间和紧急避洪措施等内容,并通过广播、电视、电话、报警等途径,及时准确地传播到有关蓄滞洪区;分洪、滞洪警报一经发布,蓄滞洪区所在地的各级地方人民政府应当组织有关部门和单位做好蓄滞洪区内人员、财产的转移和保护工作,尽量减少蓄滞洪造成的损失,并由公安机关负责维持社会治安。

(三)蓄滞洪区开发利用

近年来在蓄滞洪区内进行的调水调蓄、河砂矿产资源开发、渔业养殖、航运开发、旅游开发、湿地建设等开发活动越来越多,蓄滞洪区治理与开发呈现出了主体多元化的趋势,同时,乱挖、乱建、乱围、乱占等现象日益增多,对蓄滞洪区的防洪功能产生了较大程度的影响,已严重威胁到了防洪工程的安全,危及两岸人民群众的生命财产安全。

参照《意见》和《指导纲要》规定,内蒙古应急分洪区的土地利用、开发和各项建设必须符合防洪的要求,保持蓄洪能力,实现土地的合理利用,减少洪灾损失。在蓄滞洪区内或跨蓄滞洪区建设非防洪项目,必须依法就洪水对建设项目可能产生的影响和建设项目对防洪可能产生的影响进行科学评价,编制洪水影响评价报告,提出防御措施,报黄河防总批准。同时应调整蓄滞洪区内经济结构和产业结构,积极发展农牧业、林业、水产业等,因地制宜发展第二、三产业,限制蓄滞洪区内高风险区的经济开发活动,鼓励企业向低风险区转移或向外搬迁等。

第五章　主要认识与建议

一、近期凌灾特点

近期宁蒙河段卡冰结坝增多和决口频繁,在内蒙古河段,1968~1986 年发生卡冰结坝年均 1.5 次,1987~2008 年年均 4 次,1990 年以来黄河内蒙古河段发生决口 7 次,接近年均 1 次。

二、近期凌灾原因

一是河槽持续淤积萎缩是卡冰结坝增多的一个重要原因,1990 年以来三湖河口断面淤积萎缩后平滩流量减少了约 70%;二是凌汛水位屡创新高是堤防决口的一个重要原因,1990 年以来年凌期最高水位呈递增趋势,抬升约 1 m,原因是槽蓄增量加大、河槽淤积萎缩和抬升,1990 年以来河道年槽蓄增量基本都在 12 亿 m³ 以上(近 5 年达 14 亿~18 亿 m³),三湖河口同流量(1 000 m³/s)年均抬升 0.1 m。

三、防凌分洪运用条件分析

建议实行防凌水位分级管理:一是警戒水位(当凌水位升到一定高度后对堤防构成一般险情威胁的水位值),根据现有堤防标准,对于达到设计标准的堤防,取防凌设计水位作为警戒水位,对于堤防未达标河段,用堤顶高程减去安全超高作为警戒水位;二是防凌临界水位(当水位升到一定高度后对堤防构成严重险情甚至决口威胁的水位值,超过此水位后,根据来水、气温和堤防等情况考虑实施分洪),考虑到现有堤防的标准,用堤顶高程减去 1.5 m 作为防凌临界水位。

建议应急分洪区启用条件:当发生冰塞、冰坝,造成严重壅水,河道水位达到防凌临界水位(分洪水位)、河道槽蓄增量达到 16 亿~17 亿 m³;当堤防已经发生重大险情,特别是有溃堤危险,抢险需要降低水位时;当预报气温急剧升高导致开河速度加快,以致将在极短时间内发生水位超过防凌临界水位、河道槽蓄增量超过 16 亿~17 亿 m³ 时。当满足上述条件之一以及以上时,经综合分析并结合现场会商,可启用一处或几处应急分洪区。

参照有关规定,可将乌兰布和分洪区、河套灌区参考为重要蓄滞洪区,杭锦淖尔、蒲圪卜、昭君坟、小白河划为一般蓄滞洪区。参照规定,并考虑黄河防凌和水资源管理要求,当需要启用内蒙古防凌分洪区时,6 个应急分洪区均宜统一由内蒙古防指向黄河防总提出运用申请,并经黄河防总批准后,由内蒙古防指负责组织实施。内蒙古应急分洪区一经确定,其土地利用、开发和各项建设必须符合防洪的要求,保持蓄洪能力。

第三专题 三门峡水库运用情况及对有关问题的分析

本专题主要开展了 4 个方面的研究工作:①2008 年三门峡库区河段的水沙情况和冲淤变化分析;②2006~2008 年利用桃汛洪水冲刷降低潼关高程试验效果初步分析;③汛期敞泄对排沙和库区冲淤的影响,探索库区冲刷的条件,为小浪底水库调水调沙期塑造异重流提供入库水沙条件;④永济滩区漫滩原因分析。

2008 年三门峡水库除配合小浪底水库调水调沙运用进行敞泄排沙外,没有敞泄过程;潼关以下库区为非汛期淤积、汛期冲刷,年内累计淤积泥沙 0.236 亿 m³,淤积量主要集中在坝前约 20 km 河段;小北干流河段非汛期和汛期均表现为冲刷,改变了三门峡水库蓄清排浑以来非汛期冲刷、汛期淤积的变化规律;潼关高程仍然为非汛期抬升、汛期下降,全年累计下降 0.7 m,汛后潼关高程为 327.72 m;三门峡水库敞泄时累计出库沙量和相应水量具有较好的对应关系,随累计水量的增加出库含沙量减小,同时敞泄期库区的冲刷量与入库水量存在较好关系,但冲刷效率随入库水量的增加而减小;2006~2008 年桃汛期洪峰均在 2 500 m³/s 以上,最大 10 d 水量在 13 亿 m³ 以上,潼关高程产生一定冲刷下降,平均下降 0.11 m,对年内潼关高程保持在较低状态起到一定作用;目前小北干流河段淤积萎缩导致过流能力偏低,小水漫滩概率增大,威胁滩区人民生产生活和生命财产安全。建议利用上游水库塑造洪水过程,冲刷河槽,改善河道淤积状况;推进古贤、碛口水库的论证与建设,完善黄河水沙调控体系。

第一章 来水来沙条件

一、水沙量及分配

2008 年(运用年,指 2007 年 11 月~2008 年 10 月)黄河龙门站年径流量为 184.4 亿 m³,年输沙量仅 0.611 亿 t,是有实测资料以来沙量最少的年份,与 1987~2007 年相比,年径流量减少 3.1%,输沙量减少 85%,年平均含沙量由 21.4 kg/m³ 减为 3.31 kg/m³;渭河华县水文站年径流量 39.5 亿 m³,年输沙量 0.58 亿 t,与 1987~2007 年相比,径流量减少 18%,输沙量减少 74%,年平均含沙量由 46.7 kg/m³ 减为 14.7 kg/m³;潼关站年径流量 215.2 亿 m³,年输沙量 1.40 亿 t,与 1987~2007 年相比,年径流量减少 11%,年输沙量减少 79%,年平均含沙量由 27.1 kg/m³ 减为 6.49 kg/m³(见表 1-1)。

龙门站非汛期来水量为 119 亿 m³,来沙量为 0.41 亿 t,与 1987~2007 年相比,来水量增加 7.0%,来沙量减少 45%,平均含沙量由 6.67 kg/m³ 减为 3.41 kg/m³;华县站来水量为 19.9 亿 m³,来沙量为 0.02 亿 t,与 1987~2007 年相比,来水量增加 3.5%,来沙量减少 94%,平均含沙量由 14.1 kg/m³ 减为 0.84 kg/m³;潼关站来水量为 137.4 亿 m³,来沙量为 0.69 亿 t,与 1987~2007 年相比,来水量增加 4.6%,来沙量减少 57%,平均含沙量由 12.2 kg/m³ 减为 4.99 kg/m³。

龙门站汛期来水量为 65.4 亿 m³,占全年水量的 35%,来沙量为 0.21 亿 t,占全年沙量的 34%,与 1987~2007 年相比,来水量减少 17%,来沙量减少 94%,平均含沙量由 42.2 kg/m³ 减少为 3.14 kg/m³;华县站来水量为 19.6 亿 m³,占全年水量的 50%,来沙量为 0.56 亿 t,占全年沙量的 97%,与 1987~2007 年相比,来水量减少 32%,来沙量减少 71%,平均含沙量从 68.4 kg/m³ 减少为 28.8 kg/m³;潼关站来水量为 77.8 亿 m³,占全年水量的 36%,来沙量为 0.71 亿 t,占全年沙量的 51%,与 1987~2007 年相比,来水量减少 29%,来沙量减少 86%,平均含沙量由 44.9 kg/m³ 减少为 9.15 kg/m³。

汛期水沙量占全年的比例也发生了较大变化。与 1987~2007 年相比,龙门站汛期水量占全年的比例由 42% 减少到 35%,沙量占全年的比例由 82% 减少到 34%;华县站水量比例减少而沙量比例增加;潼关站汛期水量占全年的比例由 46% 减少到 36%,沙量占全年的比例由 76% 减少到 51%。

二、洪水特点

2008 年潼关最大洪峰流量出现在桃汛期,为 2 790 m³/s,汛期没有大的暴雨洪水过程,最大流量仅 1 480 m³/s。

(一)桃汛洪水

桃汛期间开展了利用并优化桃汛洪水过程冲刷降低潼关高程试验。试验宗旨是在确保凌汛安全的前提下,通过适当调整万家寨水库运用方式,塑造有利于潼关高程冲刷的桃汛洪水过程。根据试验预案提出的潼关高程冲刷降低的水沙条件为洪峰流量 2 800 m³/s 左右,最大 10 日洪量 13.91 亿 m³,万家寨出库控制指标为最大日平均出库流量 3 000

表 1-1　龙门、华县、潼关水站水沙量统计

时段	测站	非汛期			汛期			全年			汛期占全年比例(%)	
		水量(亿m³)	沙量(亿t)	含沙量(kg/m³)	水量(亿m³)	沙量(亿t)	含沙量(kg/m³)	水量(亿m³)	沙量(亿t)	含沙量(kg/m³)	水量	沙量
1987~2007年平均	龙门	111.3	0.74	6.67	79.0	3.33	42.2	190.3	4.07	21.4	42	82
	华县	19.3	0.27	14.1	28.9	1.97	68.4	48.1	2.24	46.7	60	88
	潼关	131	1.60	12.2	110	4.94	44.9	241	6.54	27.1	46	76
2008年	龙门	119.0	0.41	3.41	65.4	0.21	3.14	184.4	0.61	3.31	35	34
	华县	19.9	0.02	0.84	19.6	0.56	28.8	39.5	0.58	14.7	50	97
	潼关	137.4	0.69	4.99	77.8	0.71	9.15	215.2	1.40	6.49	36	51
2008年较1987~2007年增减百分数(%)	龙门	7.0	-45	-49	-17	-94	-93	-3.1	-85	-85		
	华县	3.5	-94	-94	-32	-71	-58	-18	-74	-68		
	潼关	4.6	-57	-59	-29	-86	-80	-11	-79	-76		

m³/s,历时 1 d,最大 8 日水量 12.79 亿 m³ 左右。凌汛期间根据内蒙古河段的开河形势和试验补水要求,万家寨水库采取了先泄再蓄后补的运用方式。期间,头道拐洪峰流量为 1 920 m³/s,经过万家寨水库的补水运用,出库(河曲站)最大流量 2 960 m³/s,万家寨水库调控的洪水过程经过天桥水库排沙运用和沿程调整,传播到潼关站形成具有 2 个洪峰、2 个沙峰的洪水过程,3 月 17 日起涨,3 月 30 日回落,历时 14 d(见图 1-1)。防凌运用泄水期形成的洪峰到潼关站最大流量 1 750 m³/s,最大含沙量 18 kg/m³;万家寨水库按试验指标补水运用形成的洪水过程到潼关站洪峰流量为 2 790 m³/s(3 月 26 日 13 时 54 分)、最大瞬时含沙量为 37.9 kg/m³(3 月 29 日 12 时 12 分),水沙过程不适应,沙峰滞后于洪峰;最大日均流量 2 580 m³/s、最大日均含沙量 29.3 kg/m³;流量 2 000 m³/s 以上持续 63 h,1 500 m³/s 以上持续 4 d 多(106 h),桃汛期间潼关站水量为 17.97 亿 m³,沙量为 0.200 亿 t,平均流量为 1 486 m³/s,平均含沙量为 11.15 kg/m³;最大 10 日(3 月 19～28 日)水量为 13.84 亿 m³,相应沙量为 0.126 亿 t,平均流量为 1 602 m³/s,平均含沙量为 9.1 kg/m³。

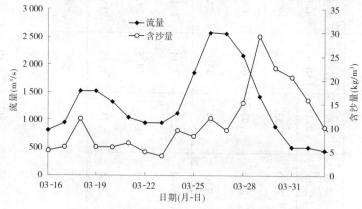

图 1-1　桃汛期潼关站日平均流量、含沙量过程

从表 1-2 可以看出,与以往不同时段平均值相比,2008 年桃汛洪水过程持续时间较长、洪量较大,洪峰流量远大于 1999～2005 年即万家寨水库运用以来的平均值 1 687 m³/s(最大值为 2 130 m³/s,1999 年),也大于 1987～1998 年和 1974～1986 年的时段平均值。最大含沙量也较各时期平均值为大。

表 1-2　不同时期桃汛洪水特征值

年份	天数(d)	水量 (亿 m³)	沙量 (亿 t)	洪峰流量平均值 (m³/s)	最大含沙量平均值 (kg/m³)
1974～1986	12	13.3	0.154	2 600	23.5
1987～1998	10	13.2	0.230	2 640	28.4
1999～2005	15	13.9	0.186	1 687	22.8
2006	14	17.3	0.190	2 570	17.1
2007	8	11.32	0.196	2 850	33.8
2008	14	17.97	0.200	2 790	37.9

(二)汛期洪水

2008年汛期来水来沙均比较少,黄河干流和支流渭河均无大的洪水过程(见图1-2),具有峰值小、含沙量低、次数少的特点(见表1-3)。调水调沙期间龙门最大流量1 530 m³/s,汛期龙门最大流量1 720 m³/s;渭河有2次洪水过程,洪峰流量分别为902 m³/s和745 m³/s,还有3次高含沙小流量过程,最大含沙量为426 kg/m³,相应华县流量仅118 m³/s;调水调沙期间潼关站最大流量1 410 m³/s,汛期潼关洪峰流量大于1 000 m³/s的洪水过程有4次,最大流量为1 480 m³/s。6月24日~7月9日为调水调沙期万家寨水库补水运用过程,龙门站洪峰流量1 530 m³/s,最大含沙量4.63 kg/m³,渭河来水少,到潼关站洪峰流量为1 410 m³/s,最大含沙量5.85 kg/m³;8月9~25日,龙门流量逐渐增大,在涨水期渭河出现了高含沙小流量过程,最大含沙量达到426 kg/m³,到潼关站形成最大流量1 390 m³/s、最大含沙量34.9 kg/m³的小洪水过程;9月3~24日,干流出现了一次较大的流量过程,龙门站最大流量1 720 m³/s,渭河来水仍然较少,到潼关站洪峰流量为1 460 m³/s,最大含沙量18.4 kg/m³;9月25日~10月7日,渭河出现小洪水过程,最大洪峰745 m³/s,与干流来水相遇,到潼关站洪峰流量为1 480 m³/s,最大含沙量34.3 kg/m³。汛期洪水特征值见表1-4。

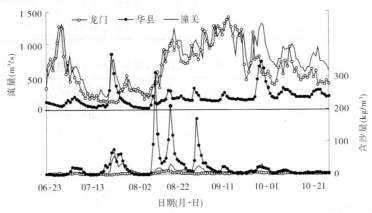

图1-2 2008年汛期龙门、华县、潼关站日平均流量、含沙量过程

表1-3 汛期各站流量、含沙量统计

站名	最大瞬时流量 (m³/s)	最大瞬时含沙量 (kg/m³)	最大日均流量 (m³/s)	最大日均含沙量 (kg/m³)
龙门	1 720	15.1	1 410	10.8
华县	902	426	848	313
潼关	1 480	70.8	1 390	57.7

统计潼关站汛期不同流量级天数(见表1-5)表明,2008年汛期日平均流量均在1 500 m³/s以下,其中大于1 000 m³/s的天数为28 d,水量为28.26亿m³,沙量为0.281亿t;日平均流量在500~1 000 m³/s的天数为62 d,水量为42.27亿m³,沙量为0.364亿t;日平均流量在200~500 m³/s的天数为26 d,水量为7.10亿m³,沙量为0.064亿t;日平均流量小于200 m³/s的天数为7 d,水量为1.12亿m³,沙量为0.002亿t。

表1-4　汛期洪水特征值

日期 （月-日）	洪水 来源	站名	洪峰流量 （m³/s）	最大含沙量 （kg/m³）	水量 （亿 m³）	沙量 （亿 t）	平均流量 （m³/s）	平均含沙量 （kg/m³）
06-24～07-09	黄河	龙门	1 530	4.63	9.71	0.032	702	3.32
		华县	200	22.8	1.50	0.015	108	9.92
		潼关	1 410	5.85	10.6	0.051	769	4.76
08-09～08-25	黄河	龙门	1 640	15.1	10.1	0.068	697	6.73
		华县	409	426	2.26	0.201	155	88.7
		潼关	1 390	34.9	10.4	0.160	719	15.3
09-03～09-24	黄河	龙门	1 720	3.89	21.2	0.049	1 115	2.30
		华县	263	36.2	2.93	0.038	154	12.8
		潼关	1 460	18.4	20.7	0.109	1 088	5.26
09-25～10-07	黄河、 渭河	龙门	1 500	7.05	7.02	0.027	625	3.85
		华县	745	24.6	3.85	0.061	343	15.8
		潼关	1 480	34.3	10.4	0.132	927	12.7

表1-5　2008年汛期潼关站不同流量级天数、水沙量

项目	<200 m³/s	200～500 m³/s	500～1 000 m³/s	1 000～1 500 m³/s
天数（d）	7	26	62	28
水量（亿 m³）	1.12	7.10	42.27	28.26
沙量（亿 t）	0.002	0.064	0.364	0.281

三、水沙变化原因

进入龙门以下河段的泥沙主要受上游来沙量、区间产沙和万家寨水库拦沙等影响。

（一）区间产沙少

2008年黄河中游地区没有强降雨过程,区间产沙极少。

头道拐—龙门区间是黄河大洪水的重要来源区之一,是黄河泥沙特别是粗泥沙的主要来源区。龙羊峡水库运用之前的1950～1986年该区间来沙量为7.933亿t,占同期潼关站沙量13.4亿t的59%;1987～1998年该区间来沙量为5.093亿t,占同期潼关站沙量8.269亿t的62%;万家寨水库运用后的1999～2007年该区间来沙量为1.802亿t,占同期潼关站沙量3.864亿t的47%,可见头道拐—龙门区间来沙量在逐渐减少。头道拐—龙门区间泥沙主要来自皇甫川、窟野河、无定河等支流,该区域产沙量主要受暴雨洪水、水土流失治理程度的影响。1999～2007年河曲—龙门区间沙量为2.062亿t,较1987～1998年减少58%,而水量仅减少18%,2008年河曲—龙门区间沙量只有0.399亿t,较前一阶段减少81%,而水量仅减少25%(见表1-6)。

表 1-6　头道拐—龙门区间水沙统计

区间	时段	水量(亿 m³)		沙量(亿 t)	
		汛期	全年	汛期	全年
头道拐	1987 ~ 1998	64.3	162.8	0.290	0.454
	1999 ~ 2007	53.3	142.9	0.204	0.378
	2008	63.0	171.3	0.220	0.536
头道拐—河曲	1987 ~ 1998	0.98	− 0.95	0.213	0.228
	1999 ~ 2007	− 3.95	− 8.83	− 0.172	− 0.260
	2008	− 11.4	− 17.3	− 0.216	− 0.324
河曲—龙门	1987 ~ 1998	22.3	44.0	4.099	4.865
	1999 ~ 2007	18.3	35.6	1.636	2.062
	2008	13.8	30.3	0.202	0.399

(二)万家寨水库拦沙作用

万家寨水库 1998 年 10 月下闸蓄水后,库区发生淤积,减少了进入水库下游的泥沙。1950 ~ 1986 年头道拐年均沙量为 1.439 亿 t,1987 年以来除个别年份外头道拐沙量均比较少,2008 年沙量为 0.536 亿 t,略大于 1987 ~ 2007 年平均值。1987 ~ 1998 年头道拐—河曲区间平均来沙量(河曲和头道拐沙量之差)为 0.228 亿 t,万家寨水库运用后拦截了大部分来沙,使得河曲站沙量与头道拐站相比非但没有增加,反而减少,因而头道拐—河曲区间平均来沙量为负值,其中 1999 ~ 2007 年为 − 0.260 亿 t,2008 年为 − 0.324 亿 t。根据万家寨库区断面测验资料,2007 年 10 月到 2008 年 4 月库区冲刷 0.098 5 亿 m³,2008 年 4 月到 10 月淤积 0.229 3 亿 m³。万家寨水库的淤积减少了进入中游河道的泥沙。

第二章 水库运用情况

一、非汛期运用水位

2008 年非汛期运用过程较为平稳,基本在 315～318 m 变化,最高日均水位 317.97 m,如图 2-1 所示。桃汛到来之前史家滩水位基本在 317～318 m;桃汛期间 3 月下旬,水库运用水位降至 313 m 以下迎接桃汛洪水,最低水位 312.94 m;之后回升至 317～318 m,并持续到 6 月中旬;6 月下旬,为配合小浪底水库调水调沙并向汛期运用过渡,水库实施敞泄运用,6 月 20 日开始位从 317 m 左右开始下降,至 6 月 30 日最低水位 290.13 m。非汛期平均水位 316.63 m,除 3 月和 6 月平均水位较低外,其他月份在 316.76～317.41 m(见表 2-1)。水位在 317～318 m 和 316～317 m 的天数分别为 136 d 和 60 d,共占非汛期运用天数的 81%。

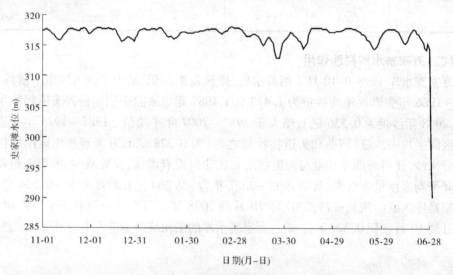

图 2-1 2008 年非汛期坝前日平均水位过程

表 2-1 非汛期史家滩各月平均水位

月份	11	12	1	2	3	4	5	6	平均
水位(m)	317.09	316.98	317.12	317.41	315.89	316.88	316.76	314.91	316.63

二、汛期运用水位

2003 年以来三门峡水库采用非汛期控制水位不超过 318 m,汛期控制水位不超过 305 m、流量大于 1 500 m³/s 敞泄的运用方式。2008 年汛期运用过程见图 2-2。6 月下旬起为配合小浪底水库调水调沙,三门峡水库开始降低水位敞泄运用,6 月 30 日水位降至最低水位 290.13 m,之后库水位逐步抬升,7 月 5 日达到 304.67 m,进入汛期 305 m 控制运用。整个敞泄期历时 4 d,坝前平均水位 291.23 m,潼关最大流量 1 410 m³/s。由于汛期潼关站没有超过 1 500 m³/s 的流量过程,因此在汛期没有进行敞泄排沙运用,整个平水期坝前平均水位 304.13 m。10 月 14 日水库开始蓄水,10 月 28 日蓄到 317 m 以上。

汛期平均水位为 304.97 m,其中 7 月最低,10 月下旬受水库蓄水的影响水位最高(见表 2-2)。

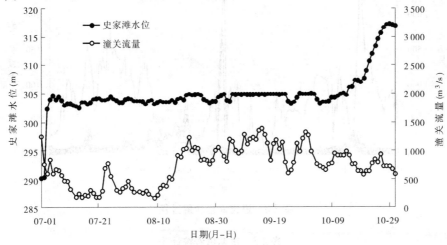

图 2-2　2008 年汛期水库运用过程

表 2-2　2008 年汛期史家滩各月平均水位

月份	7	8	9	10	平均
水位(m)	302.81	303.92	304.66	308.48	304.97

三、水库排沙特点

2008 年三门峡水库全年入库泥沙总量 1.397 亿 t,出库泥沙总量 1.337 亿 t,排沙比为 0.96,全年库区具有敞泄期冲刷、平水期淤积的特点。其中非汛期来沙 0.686 亿 t、排沙 0.593 亿 t,相应排沙比为 0.86,汛期来沙 0.712 亿 t,排沙 0.744 亿 t,相应排沙比为 1.05。非汛期排沙发生在桃汛期和 6 月的调水调沙期,桃汛期(3 月 17～30 日)入库沙量 0.200 亿 t,出库沙量 0.040 亿 t,排沙比为 0.20;调水调沙期(6 月 29 日～7 月 2 日)排沙 0.530 亿 t。汛期排沙集中在调水调沙时的敞泄运用期和来沙集中时期(见图 2-3)。敞泄期库水位较低,产生溯源冲刷,相应排沙比较大。虽然 2008 年只在汛初进行了敞泄排沙运用,但是排沙效果非常可观,敞泄期一共有 4 d,来水量为 3.82 亿 m³,仅占汛期水量的 4.8%,出库总沙量 0.74 亿 t,占汛期的 58%,冲刷量为 0.72 亿 t,排沙比高达 38.95,平均单位水量冲刷量为 188.6 kg/m³。7 月 3 日到 10 月 14 日入库流量小,水库控制水位 305 m 运用,坝前有一定程度壅水,入库泥沙部分淤积在坝前,平均排沙比为 0.80;汛末由于库水位逐步抬高向非汛期运用过渡,壅水程度增加,排沙比减小,10 月 15～31 日坝前平均水位 311.88 m,排沙比只有 0.16。汛期 7 月 3 日到 10 月 31 日非敞泄期入库水量占汛期的

· 161 ·

95.2%,出库沙量 0.534 亿 t,占汛期的 42%,排沙比为 0.76,库区淤积 0.17 亿 t,见表 2-3。可见,水库冲刷主要集中在敞泄期,冲刷量的大小取决于敞泄期的洪水过程和敞泄时间的长短。

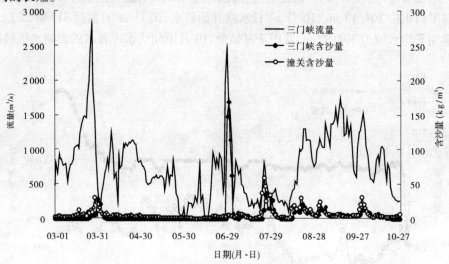

图 2-3　进出库含沙量过程

表 2-3　汛期排沙统计

日期 （月-日）	史家滩水位 （运用方式） （m）	潼关水沙量		三门峡沙量 （亿 t）	冲淤量 （亿 t）	单位水量 冲淤量 （kg/m³）	排沙比
		水量 （亿 m³）	沙量 （亿 t）				
06-29 ~ 07-02	291.23（敞泄）	3.82	0.019	0.74	-0.72	-188.6	38.95
07-03 ~ 10-14	304.13（控制）	65.32	0.662	0.528	0.134	2.06	0.80
10-15 ~ 10-31	311.88（蓄水）	10.68	0.042	0.007	0.035	3.29	0.16
合计		79.8	0.722	1.274	-0.552	-6.91	1.76

第三章 库区冲淤分布特点

根据断面资料,2008 年潼关以下库区非汛期淤积 0.521 4 亿 m³,汛期冲刷 0.285 5 亿 m³,年内淤积 0.235 9 亿 m³。小北干流河段非汛期冲刷 0.303 0 亿 m³,汛期冲刷 0.161 5 亿 m³,年内合计冲刷 0.464 5 亿 m³。

一、潼关以下冲淤分布特点

2008 年非汛期潼关以下库区共淤积泥沙 0.522 亿 m³,各河段淤积量见表 3-1,沿程冲淤分布如图 3-1 所示。非汛期淤积末端在黄淤 36 断面,其中淤积强度最大的范围在黄淤 20—黄淤 29 断面,坝前—黄淤 8 断面以及黄淤 37—黄淤 41 断面或冲或淤,总的冲淤量较小。汛期共冲刷泥沙 0.286 亿 m³,其中黄淤 33 断面以上有冲有淤,调整幅度非常小;黄淤 15—黄淤 32 断面为连续冲刷河段,黄淤 14 断面以下为淤积,黄淤 8 断面以下受 305 m 控制运用的影响淤积强度最大,但这部分淤积物一旦敞泄即可排出库外,对累计淤积影响很小。总体来看,非汛期淤积量大的河段在汛期冲刷量也大。

表 3-1 2008 年潼关以下库区各河段冲淤量　　　　　　（单位:亿 m³）

时段	大坝—黄淤 12	黄淤 12—黄淤 22	黄淤 22—黄淤 30	黄淤 30—黄淤 36	黄淤 36—黄淤 41	大坝—黄淤 41
非汛期	0.006	0.165	0.266	0.091	-0.006	0.522
汛期	0.183	-0.153	-0.193	-0.136	0.013	-0.286
全年	0.189	0.011	0.073	-0.045	0.008	0.236

全年潼关以下库区共淤积 0.236 亿 m³,其中淤积主要集中在大坝至黄淤 12 断面之间,占总淤积量的 80%。其次,黄淤 22—黄淤 30 断面淤积量也较大,占总淤积量的 31%。黄淤 14 断面以下的淤积量主要是汛期 305 m 运用造成的,黄淤 20—黄淤 30 断面的淤积显然是非汛期淤积残留。可见,在来水较枯的汛期,没有适当的敞泄运用是不能实现年内库区冲淤平衡的。2006 年以来各年均未实现冲淤平衡正说明了这一点。因此,为避免枯水条件下库区累计淤积,并溯源淤积影响到潼关高程,在目前在 1 500 m³/s 流量出现机会很少的条件下,应适当增加 1 000 ~ 1 500 m³/s 敞泄运用时机,增大排沙,实现水库冲淤平衡。

二、小北干流冲淤量及分布

根据实测断面资料,2008 年小北干流河段共冲刷泥沙 0.465 亿 m³,其中非汛期冲刷 0.303 亿 m³,汛期冲刷 0.162 亿 m³(见表 3-2)。沿程冲淤强度变化见图 3-2。从冲淤量沿程分布来看,只有个别断面淤积,大部分断面为冲刷。非汛期黄淤 41—汇淤 6 断面淤积,平均淤积强度 206 m³/m,其余河段除个别断面略有淤积外,大都为冲刷。汛期小北干流全河段仍以冲刷为主,只有个别断面发生淤积,见图 3-3。全年来看,整个河段除黄淤

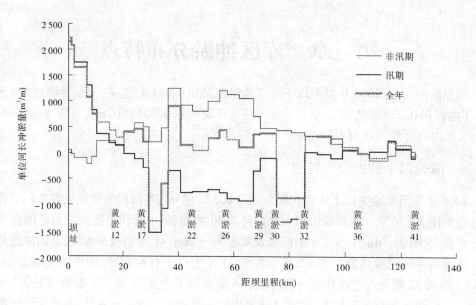

图 3-1　2008 年冲淤量沿程分布

41—黄淤 42 断面以及汇淤 6—黄淤 45 断面略有淤积外,其余均为冲刷。

表 3-2　2008 年小北干流各河段冲淤量　　　　　　　（单位:亿 m³）

河段	黄淤 41—黄淤 45	黄淤 45—黄淤 50	黄淤 50—黄淤 59	黄淤 59—黄淤 68	合计
非汛期	0.019	− 0.052	− 0.092	− 0.177	− 0.303
汛期	− 0.027	− 0.046	− 0.076	− 0.013	− 0.162
全年	− 0.008	− 0.099	− 0.168	− 0.190	− 0.465

　　小北干流冲淤的一般规律是非汛期冲刷,汛期淤积。非汛期流量小,但含沙量低,处于饱和状态,故引起河道冲刷;汛期流量大,上游来水含沙量高,但该河段河道变宽,挟沙能力不足,故引起淤积。非汛期和汛期冲淤量的对比,决定年内河道冲淤性质。2008 年全年表现为冲刷,主要原因是汛期改变了通常的淤积特性,转变为冲刷。而导致冲刷的原因显然是受汛期水沙变化的影响。从本专题表 1-1 知,2008 年汛期龙门站来水量较1987～2007 年平均值减少 17%,来沙量减少 94%,来沙量减幅远大于来水量,汛期平均含沙量则由 1987～2007 年 42.2 kg/m³ 减少为 3.14 kg/m³,这一含沙量甚至小于非汛期平均含沙量。正是这种有利的水沙变化促进了河道的冲刷。

三、桃汛期冲淤变化

　　2008 年桃汛期(3 月 17～30 日)龙门站沙量为 0.175 亿 t,潼关站沙量为 0.200 亿 t,三门峡水库排沙 0.040 亿 t,考虑渭河华县的水沙量,根据输沙量法小北干流冲刷 0.025 亿 t,三门峡库区淤积泥沙 0.160 亿 t。

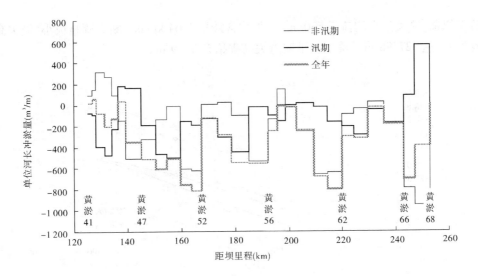

图 3-2　2008 年小北干流冲淤量沿程分布

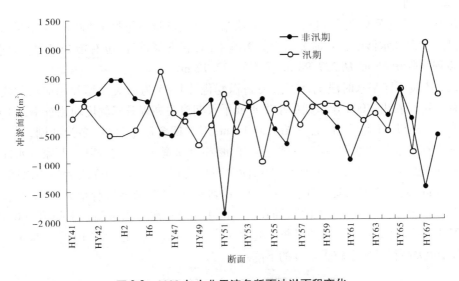

图 3-3　2008 年小北干流各断面冲淤面积变化

四、潼关高程变化

(一)非汛期

三门峡水库非汛期最高水位 318 m 控制运用,潼关河段直接受水库回水影响较小,潼关高程变化主要受来水来沙的影响。2007 年汛后潼关高程为 327.79 m,至 2008 年汛前为 327.98 m,上升 0.19 m。以桃汛洪水过程,将其变化分 3 个阶段:2007 年汛后至桃汛前为上升阶段,潼关高程抬升 0.24 m,升至 328.03 m;桃汛期潼关站洪峰流量 2 790 m³/s,最大含沙量 37.9 kg/m³,河床发生冲刷调整,潼关高程降至 327.96 m,下降 0.07 m,而位于其下游的潼关(八)断面,桃汛洪水前后流量 1 000 m³/s 水位下降 0.29 m,见图 3-4;桃汛后至汛前,潼关站平均流量590 m³/s,平均含沙量3.64 kg/m³,断面调整很小,潼关高程略有抬升,达327.98 m。整个非汛期潼关高程抬升0.19 m。

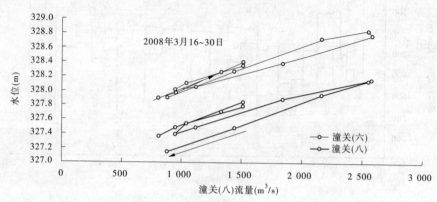

图3-4　桃汛期潼关水位流量关系

（二）汛期

2008 年汛期无大的洪水过程,只有几次最大日均流量不超过 1 400 m³/s 小洪水。不同的洪水来源和水沙组合对潼关高程的影响不同,有下降过程,也有抬升过程,汛期累计潼关高程下降0.26 m,从327.98 m下降到327.72 m。

表3-3 按不同来水时段统计了潼关高程变化,图3-5 为潼关高程和相应潼关流量变化过程。可以看出,2008 年汛期的小洪水或平水期潼关高程升降幅度均比较小,4 场小洪水中有 3 场抬升、1 场下降,合计抬升0.15 m;平水期含沙量很低,多为冲刷,累计冲刷0.41 m。在汛前的调水调沙期,小浪底、三门峡和万家寨水库联合调度,万家寨水库泄水演进到潼关最大日均流量为 1 310 m³/s,潼关高程抬升0.07 m,而在之后的小水期(平均流量 374 m³/s)潼关高程略有下降;8 月 16 日到 9 月 22 日流量过程增大,潼关高程经历了上升和下降过程,总值变化不大,而在之后的小流量情况下潼关高程下降值为0.19 m;9 月 27 日~10 月 2 日潼关站流量较大时潼关高程淤积回升,之后在 10 月份流量较小的情况下,潼关高程又发生较大幅度的下降。

表3-3　汛期平水和洪水时段潼关高程变化

日期(月-日)		最大日均流量 （m³/s）	平均流量 （m³/s）	平均含沙量 （kg/m³）	潼关高程变化值 （m）
洪水	06-24 ~ 07-02	1 310	884	4.28	0.07
平水	07-03 ~ 08-15	825	374	13.0	-0.03
洪水	08-16 ~ 08-25	1 240	970	15.8	0.08
洪水	08-26 ~ 09-22	1 390	1 063	7.11	-0.10

日期(月-日)		最大日均流量（m³/s）	平均流量（m³/s）	平均含沙量（kg/m³）	潼关高程变化值（m）
平水	09-23 ~ 09-26	791	706	4.74	-0.19
洪水	09-27 ~ 10-02	1 320	1 151	18.0	0.10
平水	10-03 ~ 10-31	994	770	4.39	-0.19

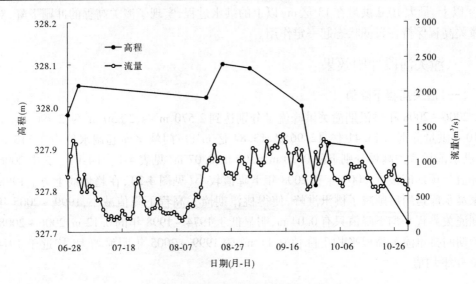

图 3-5　汛期潼关高程流量变化过程

第四章 利用并优化桃汛洪水冲刷降低潼关高程试验效果

2006 年开始,连续开展了利用并优化桃汛洪水冲刷降低潼关高程试验。在头道拐入库流量较小的情况下,通过万家寨水库调度运用,实现了出库最大流量在 2 700 ~ 3 000 m³/s、10 日洪量达 11 亿 ~ 12.5 亿 m³ 的洪水过程,传播到潼关形成了洪峰流量在 2 500 m³/s 以上、最大 10 d 洪量在 13 亿 m³ 以上的洪水过程,实现了潼关高程的冲刷下降,对汛末潼关高程保持在较低状态起一定作用。

一、潼关河段冲刷效果

(一)潼关高程下降值

2006 ~ 2008 年桃汛期潼关洪峰流量分别达到 2 570 m³/s、2 850 m³/s、2 790 m³/s,最大 10 d 洪量分别为 13.41 亿、12.96 亿、13.84 亿 m³,三门峡水库起调水位均在 313 m 以下,洪水前后潼关高程分别下降 0.20 m、0.05 m、0.07 m(见表 4-1、图 4-1)。其中 2006 年下降值与预期值接近,2007 年和 2008 年下降值较小(见图 4-2),在趋势线上方。1998 年万家寨水库运用后削减了桃汛洪峰,使得桃汛期潼关高程下降值减小,1999 ~ 2005 年桃汛期潼关高程平均下降值只有 0.04 m,明显低于 1974 ~ 1998 年的 0.12 m,2006 ~ 2008 年试验期间桃汛潼关高程平均下降值 0.11 m,较 1999 ~ 2005 年明显增大,接近于 1974 ~ 1998 年平均值。

表 4-1 2006 ~ 2008 年桃汛试验期间试验效果对比

项目	2006 年	2007 年	2008 年
潼关高程下降值(m)	0.20	0.05	0.07
328 m 高程下冲刷面积(m²)	387	553	801
主河槽平均河底高程下降值(m)	0.87	2.04	3.52
330 m 高程下冲刷面积(m²)	397	466	705
平均河底高程下降值(m)	0.53	0.65	1.00

(二)断面冲淤变化

从潼关(六)断面形态看,桃汛洪水前后发生较大变化(图 4-3 ~ 图 4-5),2006 年洪水前为两股河,洪水后右岸河槽淤积缩小、左岸主槽面积扩大,平均河底高程降低;2007 和 2008 年主槽河宽变化不大,断面形态由"V"形演变成"U"形,深泓点下降,同高程下河槽面积增大,平均河底高程显著下降,无论是 328 m 高程下的主槽还是 330 m 高程下接近全断面的面积变化值均大于 2006 年(见表 4-1)。

(三)潼关高程年内变化

一般情况下,从每年汛后到次年桃汛前潼关高程处于抬升阶段,桃汛期发生冲刷下降,桃汛后到汛前多为淤积,汛期发生冲刷下降。2006 ~ 2008 年不同时期的潼关高程及

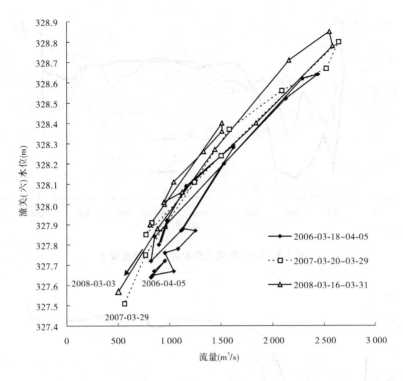

图 4-1 潼关(六)水位与流量关系

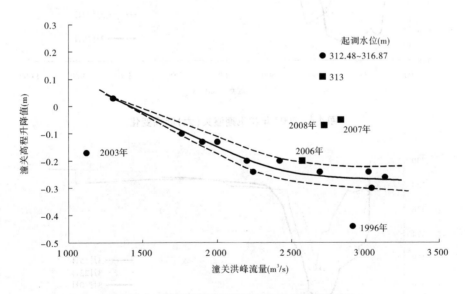

图 4-2 桃汛期潼关高程变化与洪峰流量关系

其变化见表 4-2。从 2005 年汛后到 2006 年桃汛前,潼关河床发生淤积,潼关高程抬升 0.20 m,桃汛洪水期潼关高程下降 0.20 m,但桃汛后到汛前潼关高程又抬升了 0.35 m,汛期潼关高程冲刷下降了 0.31 m,汛后潼关高程为 327.79 m,运用年内抬升 0.04 m。

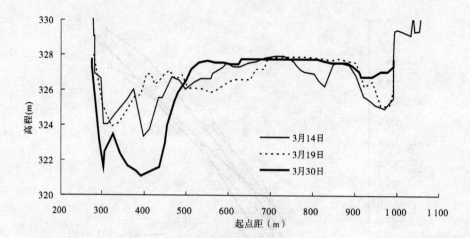

图 4-3 2006 年桃汛期潼关（六）断面变化

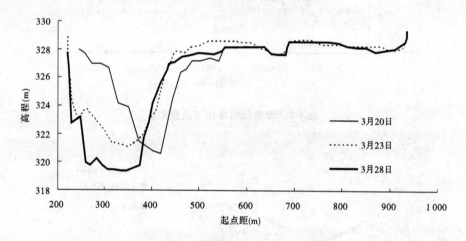

图 4-4 2007 年桃汛期潼关（六）断面变化

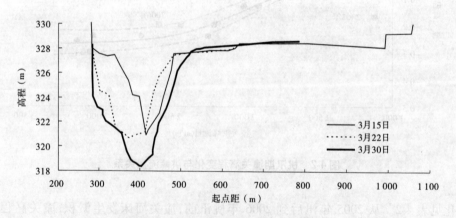

图 4-5 2008 年桃汛期潼关（六）断面变化

表 4-2 2006～2008 年潼关高程变化

项目	时期	2006 年	2007 年	2008 年
潼关高程(m)	上年汛后 1	327.75	327.79	327.79
	桃汛前 2	327.95	327.98	328.03
	桃汛后 3	327.75	327.93	327.96
	汛前 4	328.1	327.93	327.98
	汛后 5	327.79	327.79	327.72
各阶段变化值(m)	ΔH_{2-1}	0.20	0.19	0.24
	ΔH_{3-2}	-0.20	-0.05	-0.07
	ΔH_{4-3}	0.35	0	0.02
	ΔH_{4-1}	0.35	0.14	0.19
	ΔH_{5-4}	-0.31	-0.2	-0.26

从 2006 年汛后到 2007 年桃汛前,潼关高程抬升 0.19 m,桃汛洪水期潼关高程仅下降 0.05 m,但桃汛后到汛前潼关高程保持稳定,汛期潼关高程冲刷下降了 0.14 m,汛后潼关高程为 327.79 m,运用年内潼关河床冲淤平衡。

从 2007 年汛后到 2008 年桃汛前,潼关高程抬升 0.24 m,桃汛洪水期潼关高程仅下降 0.07 m,但桃汛后到汛前潼关高程基本保持稳定,汛期潼关高程冲刷下降了 0.26 m,汛后潼关高程为 327.72 m,运用年内潼关高程冲刷下降了 0.07 m。

2006 年桃汛期潼关高程下降值较大,但到汛前回淤值也大,而 2007 年和 2008 年虽然桃汛期下降值小,但到汛前基本没有回淤。

(四)汛末潼关高程变化规律

从汛末潼关高程看,不仅取决于汛期径流过程的冲刷作用还与汛初的潼关高程值直接相关。以汛初潼关高程 $H_{汛初}$ 代表边界条件,以汛期径流量 $W_{汛}$ 代表水流总能量($\gamma' W_{汛} J$ 中,γ' 和 J 变化很小),回归分析表明,汛末潼关高程 $H_{汛末}$ 与汛初潼关高程和汛期水量相关系数为 0.93,存在以下关系式:

$$H_{汛末} = 84.976 + 0.741 H_{汛初} - 0.003\,26 W_{汛} \quad (R^2 = 0.863)$$

上式说明,汛末潼关高程高低与汛初潼关高程呈正相关,与汛期径流量呈负相关,汛期径流量越大、汛初潼关高程越低,汛末潼关高程值也越低。

试验 3 年来桃汛期潼关高程平均下降值只有 0.11 m,低于期望值,但是对年内潼关高程没有累计抬升起到一定作用。如 2007 年和 2008 年虽然桃汛期潼关高程下降值较小,但是桃汛后潼关高程值维持到汛前基本没有回淤,说明桃汛期潼关高程的下降值对汛初潼关高程值的贡献。

二、潼关高程影响因素分析

影响桃汛期潼关高程变化的因素主要有:三门峡水库运用水位、来水来沙过程、河床边界条件。研究认为,在目前三门峡水库采取蓄清排浑控制运用的前提下,桃汛期水库运用水位低于 316.8 m 后,回水末端在潼关断面以下约 30 km 附近,对潼关高程变化的直接影响很小,此时洪水过程是河床冲刷的主要影响因素,而该河段前期冲淤变化是潼关断面冲刷程度的制约因素。

(一)边界条件

1974 年三门峡水库蓄清排浑控制运用以来,潼关高程变化具有汛期冲刷、非汛期淤积的特点。在 1974~1985 年期间,潼关高程经过上升和下降过程,于 1985 年汛后又回落到 1973 年汛后的高程 326.64 m。1986 年以后受黄河上游龙羊峡、刘家峡水库联合运用、天然降水量偏少、沿程用水量增加以及中游水土保持作用等因素的综合影响,潼关站洪峰流量减小,汛期水量少,潼关高程持续抬升,至 1995 年汛后累计上升 1.64 m。

1996 年潼关河段实施清淤工程以来至 2001 年,潼关高程相对稳定在 328.2 m 左右。2002 年 6 月受高含沙小洪水的影响,潼关高程曾达历史最高 329.14 m,经过 2003 年渭河秋汛洪水的连续冲刷,汛末降到 327.94 m;2004 年汛后为 327.98 m,经过 2005 年渭河洪水冲刷汛后潼关高程降到 327.75 m;2006~2008 年均进行了桃汛试验,在来水偏枯的情况下汛后潼关高程维持在 327.72~327.8 m,保持在较低的水平。历年潼关高程变化过程见图 4-6。

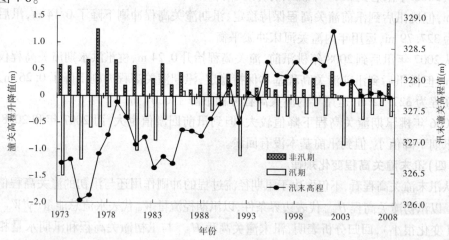

图 4-6　1973 年以来潼关高程变化过程

边界条件对桃汛期潼关高程变化的影响主要表现在以下几方面:一是三门峡水库非汛期 318 m 控制运用以来,回水影响末端在黄淤 34 断面附近,不会造成坩垆(黄淤 36 断面)以上河段的溯源淤积;二是由于非汛期水量变化不大,来沙量少(见图 4-7),非汛期黄淤 36—黄淤 41 断面 2001 年以来延续了黄淤 41—黄淤 45 断面冲刷的变化特性,2005 年以来潼关附近河段从黄淤 45—黄淤 30 断面均为冲刷,没有累计淤积(见图 4-8),同水力因子下可冲物质减少,增大了潼关河床继续冲刷的难度;三是桃汛前河床形态不同,2006年桃汛汛前为两股河,2007年和2008年均为单一河槽。

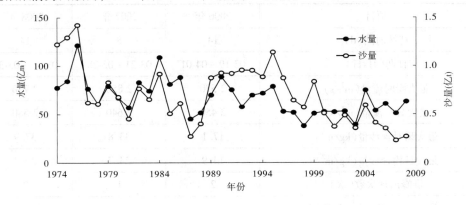

图4-7 潼关站11月至次年2月水沙量过程

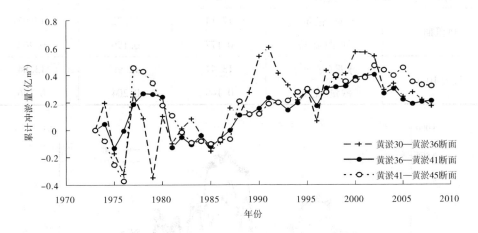

图4-8 潼关上下游河段累计淤积过程

（二）水沙过程

2006~2008年桃汛洪峰流量均达到2 500 m³/s以上,10 d洪量等于或大于多年平均值13亿m³,但潼关高程下降值差异较大,除断面形态等影响外,水沙过程的差异也是影响冲刷的重要因素。表4-3为试验以来潼关站桃汛洪水特征。

2006年潼关站桃汛洪水持续14 d、出现两个洪峰(见图4-9),洪峰流量分别为1 750 m³/s、2 570 m³/s。第一个洪峰是受天桥水库泄空排沙的影响而形成,低谷过程为万家寨水库蓄水时段,之后的万家寨水库补水运用塑造了第二个较大的洪峰过程。与洪峰对应有两个沙峰,起涨和回落时间基本上和洪峰是对应的,第一个沙峰最大含沙量11.4 kg/m³,比洪峰早12 h;第二个沙峰17.1 kg/m³,比相应洪峰早出现5 h 20 min。

潼关站桃汛洪水期间最大日均流量2 450 m³/s、最大含沙量14.9 kg/m³,3月19日~4月1日,14 d水量和沙量分别为17.14亿m³和0.177亿t;最大10 d水量13.41亿m³,

相应沙量 0.145 亿 t。

表 4-3　潼关站桃汛洪水特征

项目		2006 年	2007 年	2008 年
持续时间(d)		14	8	14
日期(月-日)		03-19～04-01	03-21～03-28	03-17～03-30
最大瞬时流量(m³/s)		2 570	2 850	2 790
最大日均流量(m³/s)		2 450	2 640	2 580
最大瞬时含沙量(kg/m³)		17.1	33.8	37.9
最大日均含沙量(kg/m³)		14.9	24.7	29.2
洪峰出现次数(次)		2	1	2
流量大于 2 000 m³/s 天数(d)		3	3	3
流量大于 1 500 m³/s 天数(d)		6	5	6
桃汛期	水量(亿 m³)	17.14	11.32	17.97
	沙量(亿 t)	0.177	0.196	0.200
最大 10 d	水量(亿 m³)	13.41	12.96	13.84
	沙量(亿 t)	0.145	0.204	0.126

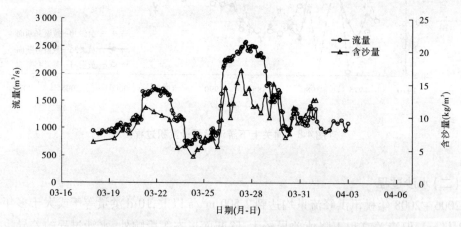

图 4-9　2006 年潼关站桃汛期流量、含沙量过程线

　　2007 年潼关站桃汛洪水为单一洪峰过程,起涨快,持续时间短,洪峰流量 2 850 m³/s,最大含沙量 33.8 kg/m³,出现在落水阶段,比最大洪峰滞后 3.25 d(见图 4-10)。桃汛洪水期间潼关站最大日均流量 2 640 m³/s、日均含沙量 24.7 kg/m³,最大 10 d 水量 12.96 亿 m³,相应沙量 0.204 亿 t。

　　2008 年桃汛期潼关站出现两个洪峰(见图 4-11),峰值分别为 1 750 m³/s、2 790 m³/s。为保证防凌安全,开河关键期万家寨水库降低水位运用(泄水),加上天桥水库排沙形成了潼关站第一个洪峰过程,之后的水库蓄水使洪水过程出现低谷,试验期间万家寨

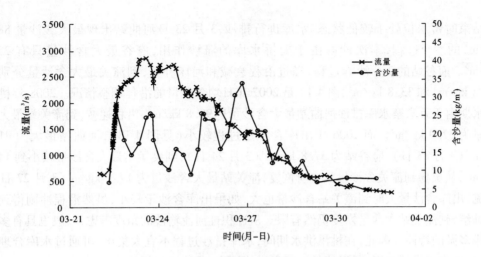

图 4-10　2007 年潼关站桃汛期流量、含沙量过程线

水库按出库控制指标最大流量 2 800 m³/s 补水运用,塑造了潼关站的较大洪峰流量过程。明显的沙峰过程是从洪水流量减小开始增加,最大达 37.9 kg/m³,较洪峰过程滞后约 34 h。桃汛期潼关站 14 d 水沙量分别为 17.97 亿 m³、0.200 亿 t;最大 10 d 水沙量分别为 13.84 亿 m³、0.126 亿 t。

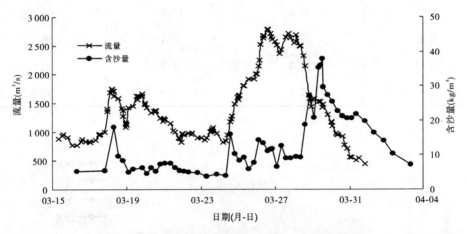

图 4-11　2008 年潼关站桃汛期流量、含沙量过程线

　　对于潼关河段,从目前认识和研究情况看,在洪峰、洪量、坝前水位等因子差异较小的情况下,潼关高程的变化与含沙量大小和过程具有对应的关系,说明潼关高程下降值对含沙量大和沙峰滞后敏感程度较高。

　　桃汛期潼关站沙量主要来自水库排沙和沿程河床的冲淤调整,水库排沙集中是造成沙峰期含沙量大的主要原因。表 4-4 是头道拐到潼关瞬时最大含沙量变化过程,2007 年 3 月 21 日头道拐瞬时最大含沙量只有 12.8 kg/m³,由于天桥水库在大流量之前泄空排沙,3 月 20 日府谷站出现最大含沙量达 62.6 kg/m³ 的沙峰过程;在试验期万家寨水库补水结束时蓄水位处于较低状态,水库进行排沙,3 月 23 日河曲站出现最大含沙量 88.2 kg/m³ 的沙峰过程,本次沙峰由于天桥水库的滞沙作用,府谷最大含沙量只有 25.3 kg/m³。府谷站的 2 个沙峰过程,经过沿程衰减和河床补给,到潼关最大含沙量分别为 26.2 kg/m³ 和 33.8 kg/m³,图 4-12 是 2007 年日均含沙量的沿程调整情况。2008 年桃汛洪水期由于万家寨水库排沙河曲站最大含沙量达 90.8 kg/m³,沿程递减,到潼关站最大含沙量为 37.9 kg/m³。而 2006 年出库含沙量过程较小(见图 4-13),河曲站最大为 41.7 kg/m³(3 月 23 日),府谷站为 37.8 kg/m³(3 月 24 日),到吴堡站最大含沙量减小到 14.3 kg/m³,从吴堡到潼关含沙量又有所恢复,潼关站最大含沙量为 17.1 kg/m³(3 月 27 日)。可见,出库含沙量大时到潼关站含沙量也大,如果出库含沙量较小,虽然沿程冲刷得到一定补给,到潼关站含沙量恢复仍然有限。从冲积性河流输沙的角度考虑,一般也具有多来多排多淤的特性。因此,在桃汛洪水期间,水库排沙过程不宜太集中,可通过水库合理控制,延长水库排沙时间,尽可能使沙峰和洪峰同步,或沙峰略超前。

表 4-4　最大瞬时含沙量沿程变化　　　　　　　　　　　　　（单位:kg/m³）

水文站	2006 年	2007 年	2008 年
头道拐	7.8	12.8	13.8
河曲	41.7	88.2	90.8
府谷	37.8	62.6	64.6
吴堡	14.3	37.1	56.3
龙门	16.2	36.7	50.5
潼关	17.1	33.8	37.9

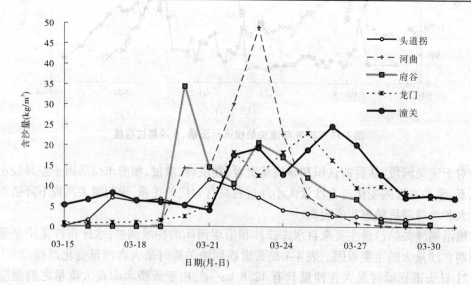

图 4-12　2007 年日均含沙量沿程变化

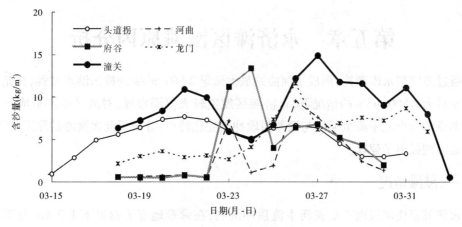

图 4-13　2006 年日均含沙量沿程变化

三、认识

(1)2006～2008 年桃汛洪峰在 2 500 m³/s 以上,最大 10 d 水量在 13 亿 m³ 以上,潼关高程产生一定冲刷下降,平均下降 0.11 m,对年内潼关高程保持在较低状态起到一定作用。

(2)从汛期最大流量来看(见图 4-14),1999～2008 年 10 年中,潼关站汛期最大日均流量有 2 年达 4 000 m³/s 以上,其余 8 年在 2 500 m³/s 以下,2008 年还不到 1 500 m³/s,在汛期洪水和大流量天数严重减少的情况下,桃汛洪水显得尤为珍贵。虽然在近几年潼关河段连续冲刷的情况下,河床粗化,阻力增大,同样的水沙条件冲刷效果减弱,但桃汛洪水毕竟是非汛期潼关高程发生冲刷的难得机会,充分利用桃汛洪水冲刷降低潼关高程,对保持年内潼关高程的相对稳定具有重要意义。

建议继续开展试验,同时通过万家寨水库泄流孔洞的合理组合,塑造协调的水沙过程,实现潼关高程较大程度的冲刷。

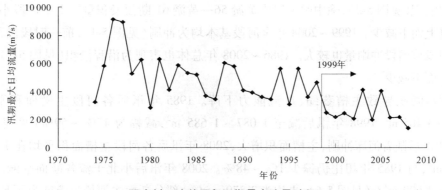

图 4-14　潼关历年汛期最大流量过程

(3)3 年试验资料表明,潼关高程下降值大小和主槽面积增大之间的不一致,需要进一步开展研究,加强潼关断面、上下游河段断面观测和水沙因子观测,为进一步研究潼关高程演变机理提供第一手资料。

第五章   永济滩区漫滩原因分析

通过万家寨水库调控,形成了河曲站最大流量 2 580 m³/s 的桃汛洪水过程,在龙门站洪峰流量为 2 800 m³/s 的情况下,永济滩区发生较大范围漫滩,对滩区生产造成一定影响。本章结合小北干流全河段与漫滩河段冲淤变化特点,分析了此次漫滩的原因,对防洪及河道治理提出了建议。

一、漫滩情况

永济韩家庄河段由于受黄河主流顶冲淘刷,在舜帝地管工程以下 1.7 km 处坐弯塌岸。3 月 11 日部分水流沿当地黄牛场围堰东侧串沟进水,随着桃汛流量的不断加大,串沟水出槽后形成漫滩水流,入滩后水流向东南行进。3 月 25 日漫滩水流漫过韩家庄路堤,最后行进至西厢村附近。淹没范围北至滩区生产 5# 路,南至永济城西工程 0# 坝上坝路堤,东至西厢村(东西长约 5 769 m,南北宽约 4 972 m),如图 5-1 所示,漫滩水深 0.4 ~ 0.5 m,部分地段水深达 1.5 m,淹没面积约 4.3 万亩,沿河两个乡镇 12 个自然村庄受到洪水威胁,经济损失较大。

二、漫滩原因分析

(一)河道淤积,过流能力下降

1985 年以后由于汛期来水来沙偏枯,小北干流河段发生累积性淤积(见图 5-2),1998 年累积性淤积量达到最大。1998 年以后,除 2001 年和 2002 年外各年均发生冲刷,河段累积性淤积呈减小趋势。1986 ~ 1998 年全河段共淤积泥沙 7.024 8 亿 m³,1999 ~ 2008 年共冲刷泥沙 1.817 3 亿 m³,1986 ~ 2008 年总淤积量为 5.207 5 亿 m³。1986 ~ 1998 年基本为沿程淤积(见图 5-3),除中间窄河段黄淤 56—黄淤 61 断面淤积量较上下河段小外,淤积量自上而下减少。1999 ~ 2008 年全河段基本均为冲刷(见图 5-4),前一时段淤积量较大的河段该河段冲刷量也较大。1986 ~ 2008 年总体也表现为沿程淤积(见图 5-5),淤积量自上而下减少。

泥沙淤积导致主槽萎缩、过流能力下降。1985 年汛后各河段主槽面积平均在 2 290 ~ 3 465 m²,1998 年汛后减至 1 087 ~ 1 685 m²,减幅为 47% ~ 59%(见表 5-1)。1998 年以后随着河床冲刷,主槽面积增大,2008 年汛后各河段主槽面积平均在 1 610 ~ 2 079 m²,与 1985 年相比仍偏少 1% ~ 48%。2008 年汛后小北干流各断面平滩流量在 2 600 ~ 4 600 m³/s(见图 5-6),平均为 3 370 m³/s。部分断面主河槽过流能力不足 3 000 m³/s,最小只有 2 600 m³/s(黄淤 48 和黄淤 60 断面)。表 5-2 为 1985 年和 2008 年汛后不同河段平滩流量平均值。1985 年汛后各河段平滩流量均值在 4 469 ~ 6 286 m³/s,2008 年汛后各河段平均平滩流量在 3 020 ~ 3 986 m³/s,减幅在 18% ~ 44%。位于漫滩河段的黄

图 5-1 永济滩区淹没范围示意图

北

漫滩范围
漫滩水流线

水边线
主流线

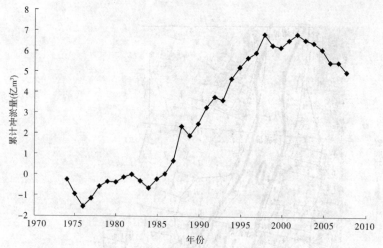

图5-2　小北干流河段累计冲淤量过程

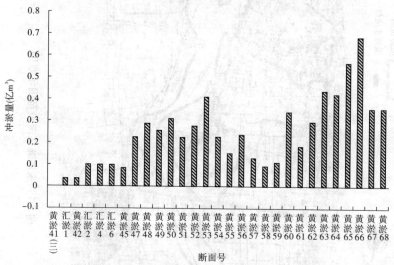

图5-3　1986～1998年小北干流河段断面间冲淤量

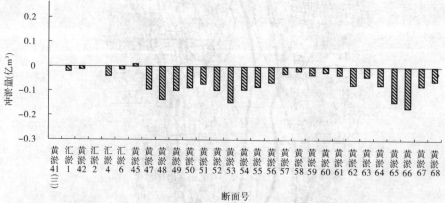

图5-4　1999～2008年小北干流河段断面间冲淤量

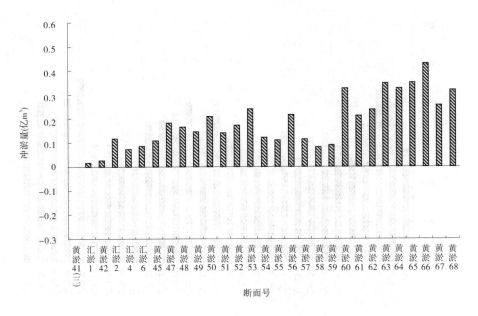

图 5-5　1986～2008 年小北干流河段断面间冲淤量

表 5-1　不同年份河槽断面面积

断面		黄淤 41—黄淤 45	黄淤 45—黄淤 50	黄淤 50—黄淤 54	黄淤 54—黄淤 59	黄淤 59—黄淤 64	黄淤 64—黄淤 68
断面面积（m²）	1985 年	2 290	3 134	2 915	2 551	3 102	3 465
	1998 年	1 087	1 280	1 221	1 341	1 548	1 685
	2008 年	1 778	1 615	1 610	2 079	1 626	2 043
	与 1985 年相比变化值 1998 年	−1 203	−1 854	−1 694	−1 210	−1 554	−1 780
	2008 年	−512	−1 519	−1 305	−472	−1 476	−1 422
与 1985 年相比变幅（%）	1998 年	−53	−59	−58	−47	−50	−51
	2008 年	−22	−48	−45	−19	−48	−41

淤 51 断面 2008 年汛后平滩流量为 3 000 m³/s,而 2009 年桃汛龙门站洪峰流量为 2 800 m³/s,非汛期河床一般为冲刷,故桃汛前黄淤 51 断面河槽过流能力不应小于 2008 年汛后,应可以满足桃汛洪峰通过。但是由于河势摆动,漫滩河段串沟出露,使得流量不足 1 000 m³/s 的情况下串沟进水,并随流量的增大形成漫滩。

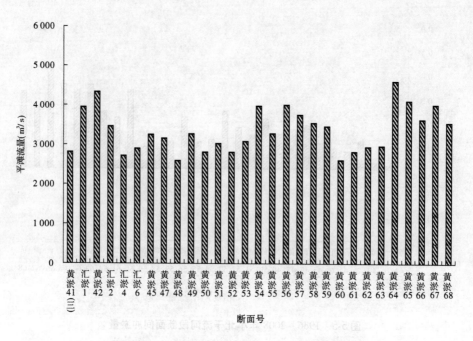

图5-6　2008年汛后小北干流河段各断面平滩流量

表5-2　不同年份各河段河槽平滩流量

断面		黄淤41—黄淤45	黄淤45—黄淤50	黄淤50—黄淤54	黄淤54—黄淤59	黄淤59—黄淤64	黄淤64—黄淤68
平滩流量（m³/s）	1985年	5 237	5 367	5 449	4 469	5 231	6 286
	2008年	3 350	3 020	3 147	3 676	3 239	3 986
	变化值	−1 887	−2 347	−2 302	−793	−1 992	−2 300
变幅（%）		−36	−44	−42	−18	−38	−37

（二）部分滩地横比降突出，临背差明显

由于近年来大流量过程减少，洪水漫滩概率减小，加之滩区生产围堤的存在一定程度上限制了滩槽水沙交换，河道淤积以主槽淤积为主。在河床淤积抬高过程中，部分河段滩地出现横比降（见表5-3、图5-7和图5-8），比降范围在3.4‰~7.5‰。漫滩河段黄淤51断面和黄淤50断面横比降分别为4.5‰和4.8‰。同时又由于小北干流河段为游荡型河道，滩面串沟较多，这些串沟在主河槽淤积抬高的过程中，逐渐与主河槽失去沟通。滩地横比降和串沟的存在使漫滩风险增大。若发生滩地坍塌，可能导致滩唇高程降低，以及串沟出露，使漫滩概率增加。一旦漫滩，横比降的存在会加速洪水在滩区的蔓延。泥沙淤积使部分工程出现临背高程差，较为明显的有汾河口、西苑、太里等河段，临背差在0.48~1.36 m（见表5-4）。

表5-3　部分断面滩地横比降

断面号	比降(‰)	断面号	比降(‰)
黄淤49(右岸)	5.2	黄淤57(左岸)	6.2
黄淤47(左岸)	6.0	黄淤57(右岸)	7.5
黄淤50(左岸)	4.8	黄淤63(左岸)	3.4
黄淤51(左岸)	4.5	黄淤64(左岸)	5.1

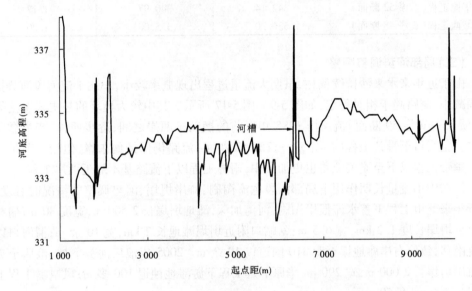

图5-7　2008年汛后黄淤47断面图

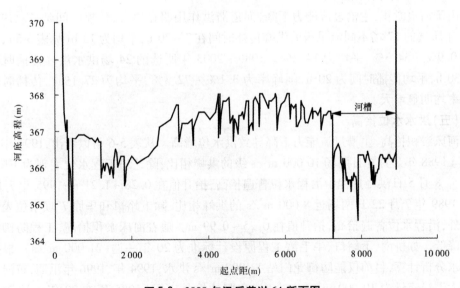

图5-8　2008年汛后黄淤64断面图

表 5-4　部分工程临背高程差统计　　　　　（单位:m）

工程名称(断面)	临河滩地高程	背河滩地高程	临背高差
汾河口工程(黄淤 66 断面)	375.97	374.61	1.36
西苑工程(黄淤 65 断面)	371.28	370.75	0.53
太里工程(黄淤 57 断面)	351.97	351.49	0.48
舜帝工程(黄淤 53 断面)	344.81	343.83	0.98
新兴工程(黄淤 53 断面)	344.22	343.15	1.07
舜帝工程(黄淤 52 断面)	342.45	341.83	0.62
华原工程(黄淤 52 断面)	342.14	340.97	1.17
城西工程(黄淤 48 断面)	336.20	335.00	1.20

(三)局部河势调整频繁

由于近年来水来沙持续偏枯,汛期大流量过程出现概率较小,小北干流河段河势摆动范围减小,流路趋于相对稳定,如图 5-9 ~ 图 5-17 所示。其中较为显著的是史代至岔峪口(黄淤 65—黄淤 59 断面)流路由 1985 年以前的摆动于两岸之间,逐步西移,变为靠西岸行进。岔峪口至舜帝工程(黄淤 59—黄淤 52 断面)流路仍保持偏东岸,但较之前更为集中。舜帝工程以下至潼关流路也更加集中,雨林工程以下流路基本靠近西岸工程。

但在中小流量长期作用下局部河段主流淘刷、滩岸坍塌、河势调整的情况时有发生,如近年来芝川工程下首水流偎岸淘刷,河湾加深,滩地坍塌长 2 500 m,宽度 80 m;榆林工程上首坍塌长度 1.2 km,宽 6.5 m;岔峪口附近坍塌滩地长 2 km,宽 10 余 m;渭河口以下主流南移,致使右岸滩地塌至距 310 国道仅 10 余 m。2005 年浪店河势下挫,浪店至夹马口滩岸坍塌长 2 000 m,宽 290 m;华原下延工程下游滩地蚀退 100 多 m;凤凰嘴工程上首塌岸长 300 m,宽 50 m。

(四)滞洪削峰作用加大

由于河道淤积,主槽过流能力下降,河道滞洪作用明显增大,传播时间延长。1974 ~ 1985 年所选的 17 场不同流量级的洪峰传播时间在 7 ~ 20 h,平均为 13 h(见表 5-5),削峰率为 0.9% ~ 34.3%,平均为 14.2%。1986 ~ 2003 年所选的 24 场洪水洪峰传播时间在 13 ~ 30 h,平均传播时间为 20 h,削峰率为 3.1% ~ 72.3%,平均为 27.1%。传播时间和削峰率均明显增大。

(五)洪水水位抬高

河床淤积抬高、主槽过流能力下降导致洪水位增高。从表 5-6 可以看出,1994 年 8 月 6 日与 1988 年 8 月 6 日两场 10 000 m³/s 级的洪峰相比,除芝川工程水位表现为下降外,1994 年 8 月 5 日洪峰过程中沿程水位普遍抬高,抬升值在 0.28 ~ 1.21 m;1995 年 7 月 30 日与 1989 年 7 月 22 日两场近 8 000 m³/s 的洪峰相比,除下峪口和华原 7# 坝水位表现为下降外,沿程水位普遍抬高,抬升值在 0.25 ~ 0.99 m。随着河床淤积抬高,工程防御标准相应降低。如桥南、下峪口、牛毛湾工程原设计标准为 20 年一遇(21 000 m³/s),根据设计洪水分析计算,目前仅能防御龙门站 11 000 m³/s 洪水;1994 年、1996 年汛期,黄河龙门站最大洪峰流量为 10 000 m³/s 左右时,合阳的榆林工程(1985 年按 20 年一遇 21 000 m³/s 标准修建)坝顶基本与洪水位齐平。

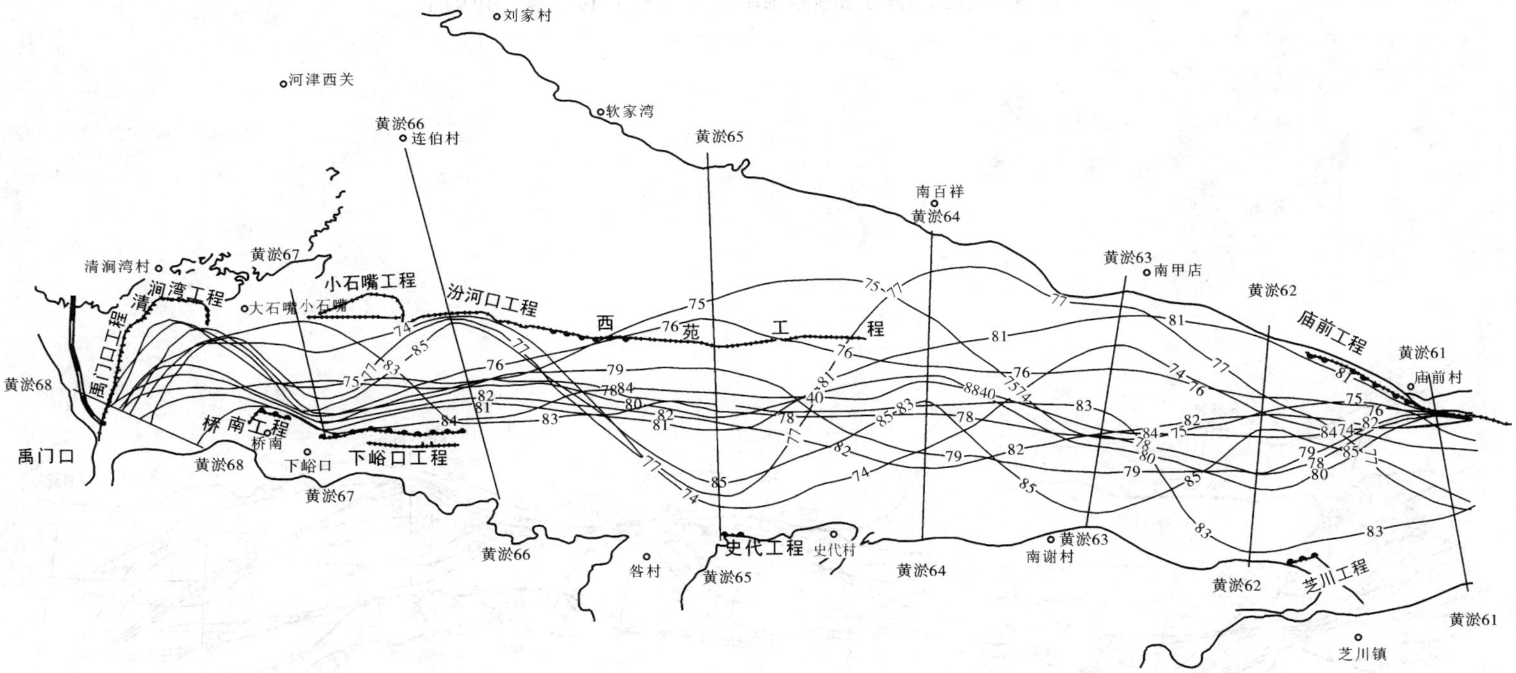

图 5-9 禹门口至黄淤 61 河段主流线套汇图 (1974～1985 年)

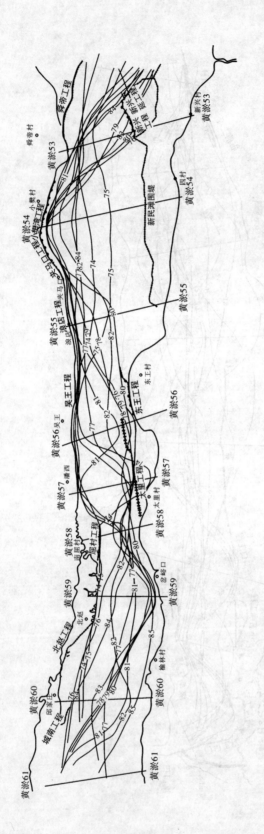

图 5-10 黄淤 61 至黄淤 53 河段主流线套汇图(1974~1985 年)

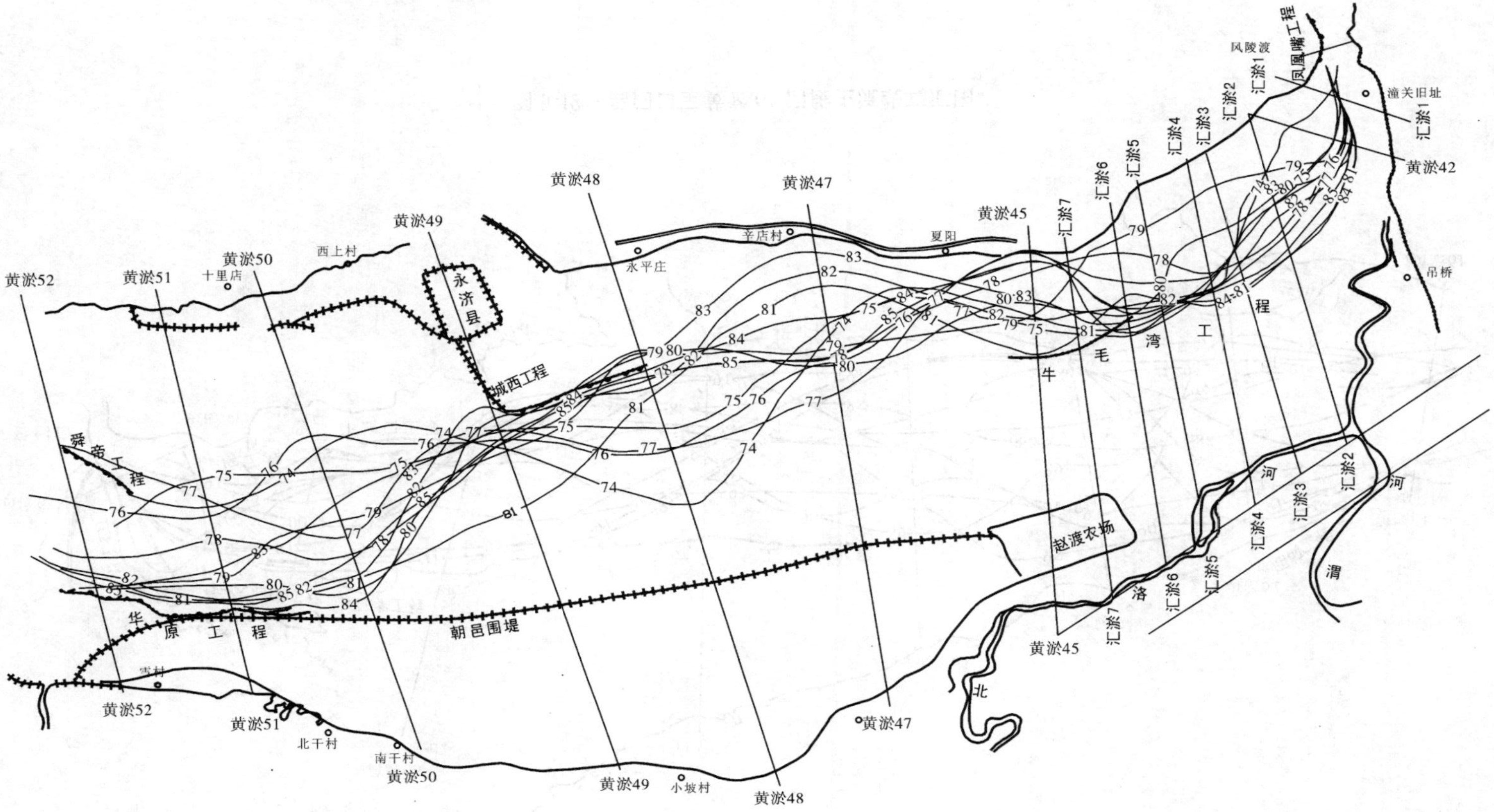

图 5-11 黄淤 53 至潼关河段主流线套汇图(1974～1985 年)

· 187 ·

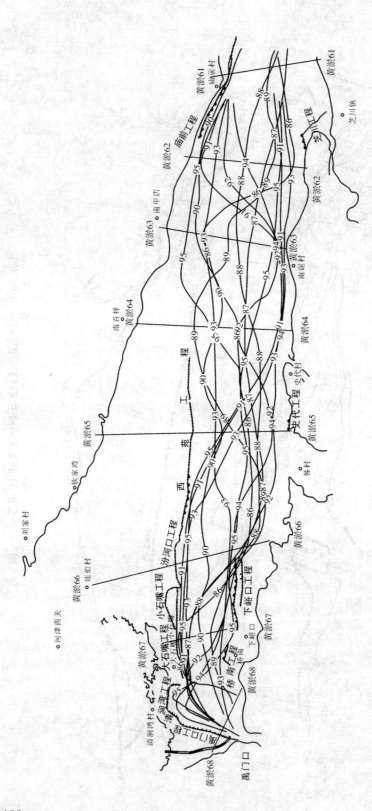

图 5-12 禹门口至黄淤 61 河段主流线套汇图

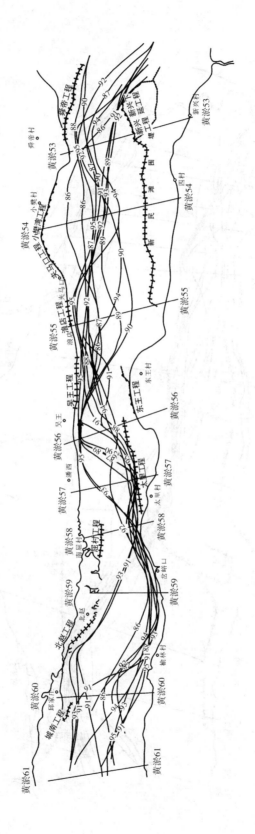

图 5-13　黄淤 61 至黄淤 53 河段主流套汇图（1986～1995 年）

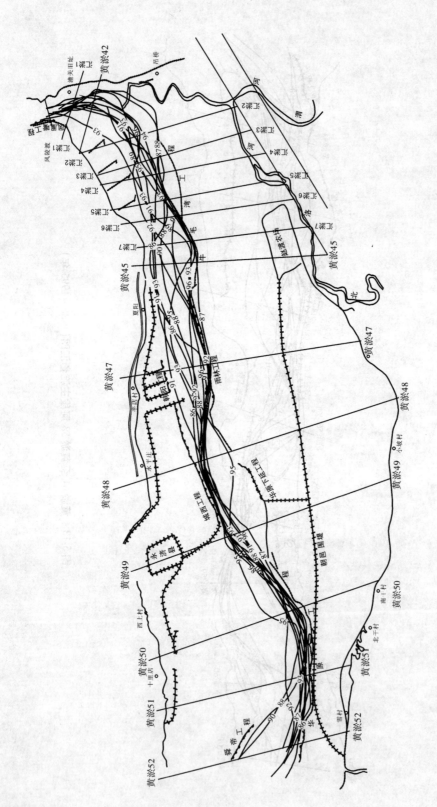

图 5-14　黄淤 53 至潼关夹河段主流线套汇图（1986～1995 年）

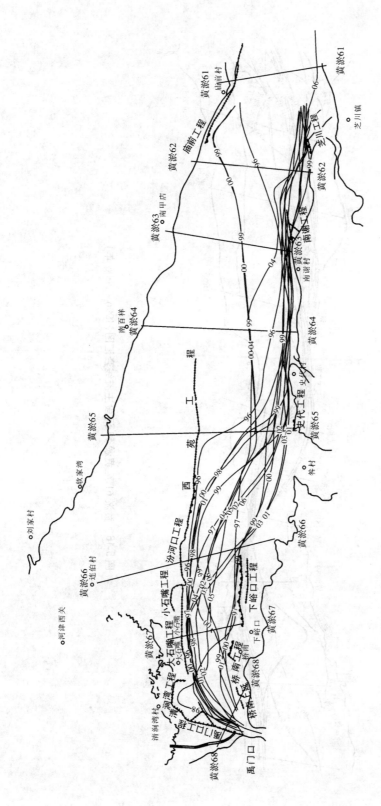

图 5-15　禹门口至黄淤 61 河段主流线套汇图（1996～2006 年）

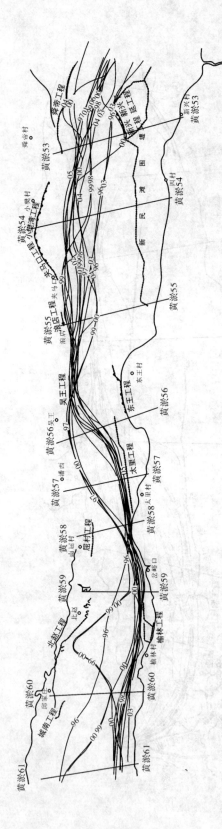

图 5-16　黄淤 61 至黄淤 53 河段主流线套汇图（1996～2006 年）

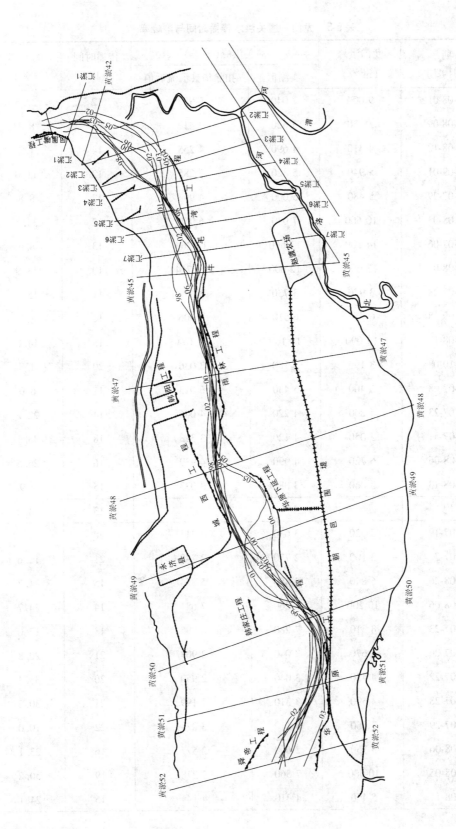

图 5-17　黄淤 53 至潼关河段主流线套汇图（1996～2006 年）

表 5-5　龙门—潼关洪水传播时间与削峰率

日期 （年-月-日）	龙门洪峰 （m³/s）	潼关洪峰（m³/s）		传播时间 （h）	削峰率 （%）
		实测值	扣除华县汇流后值		
1974-08-01	9 000	7 040	6 973	12	22.5
1974-08-09	3 720	3 620	3 412	7	8.3
1975-08-12	4 310	4 690	4 255	14	1.3
1975-09-01	5 940	5 320	5 285	12	11.0
1976-07-29	5 480	5 000	4 996	12	8.8
1976-08-03	10 600	7 030	6 959	12	34.3
1977-07-06	14 500	13 600	13 260	13	8.6
1977-08-03	13 600	12 000	11 714	10	13.9
1978-07-28	3 970	3 730	3 371	11	15.1
1978-09-18	6 470	6 510	5 906	12	8.7
1979-08-12	13 000	11 100	11 071	13	14.8
1980-10-08	3 190	3 180	3 036	20	4.8
1981-07-08	6 400	6 430	6 013	11	6.0
1981-07-23	5 200	4 220	4 046	14	22.2
1982-07-31	5 050	4 120	3 378	18	33.1
1985-08-06	6 720	4 990	4 939	16	26.5
1985-08-13	3 060	3 080	3 033	15	0.9
平均				13	14.2
1986-07-19	3 520	3 630	3 411	20	3.1
1986-07-30	3 100	2 770	2 740	21	11.6
1987-08-26	6 840	5 450	5 354	15	21.7
1988-08-06	10 200	8 260	7 681	14	24.7
1989-07-23	8 310	7 280	6 895	13	17.0
1990-07-26	3 670	3 040	2 907	21	20.8
1991-07-22	4 430	3 040	2 950	20	33.4
1991-07-28	4 590	3 310	3 199	21	30.3
1992-07-29	3 360	3 110	3 023	22	10.0
1992-08-06	3 350	2 600	2 577	16	23.1
1994-08-05	10 600	7 360	5 278	19	50.2
1994-08-11	5 460	4 310	4 144	15	24.1

日期 (年-月-日)	龙门洪峰 (m³/s)	潼关洪峰(m³/s)		传播时间 (h)	削峰率 (%)
		实测值	扣除华县汇流后值		
1994-09-01	4 020	3 700	3 641	29	9.4
1995-07-18	3 880	3 190	3 149	17	18.8
1995-07-30	7 860	4 160	4 101	18	47.8
1995-09-04	4 260	3 670	3 570	18	16.2
1996-08-10	11 100	7 400	7 158	17	35.5
1997-08-01	5 750	4 700	3 817	23	33.6
1998-07-13	7 160	6 500	5 965	19	16.7
1998-08-24	3 390	3 260	2 486	18	26.7
1999-07-21	2 690	2 990	2 524	27	6.2
2001-08-19	3 400	3 000	2 800	26	17.6
2002-07-04	4 580	2 090	1 986	18	56.6
2003-07-31	7 340	2 110	2 034	30	72.3
平均				20	27.1

表 5-6　典型年份同量级洪水水位差　　　　　　　　　　　　　　(单位:m)

地点	10 200 m³/s 水位 (1988-08-06)	10 900 m³/s 水位 (1994-08-05)	水位差	7 700 m³/s 水位 (1989-07-22)	7 850 m³/s 水位 (1995-07-30)	水位差
桥南	379.42	380.19	0.77	379.45	380.44	0.99
下峪口	377.78	378.69	1.21	378.62	378.20	−0.42
芝川	362.14	361.66	−0.48	361.53	361.99	0.46
榆林	357.05	358.12	1.07	356.88	357.44	0.66
华原 7#坝	342.01	342.44	0.43	342.61	342.27	−0.34
华原 7#坝	339.92	340.78	0.86	339.55	340.41	0.86
牛毛湾	332.24	332.83	0.59	331.95	332.57	0.62
潼关	329.32	329.60	0.28	328.89	329.14	0.25

综上所述,漫滩原因主要为:

(1)局部河势变化是引起漫滩的直接原因。近年来舜帝工程下游、黄淤 51 断面附近左岸滩地受主流淘刷不断坍塌,主槽逐渐向东摆动(见图 5-18 和图 5-19)。主槽东摆过程中,滩地蚀退,生产围堤于 2004 年和 2006 年先后两次被冲毁塌失,生产围堤后退。2008年底开始该处进一步淘刷、主槽左摆,左岸的围堤被冲出缺口。随着淘刷的继续发展,围堤东侧一条串沟与黄河河槽沟通,并在较小流量下进水。随着桃汛水量的不断增大,进入串沟流量增加,水流出串沟后形成漫滩。可见造成此次漫滩的直接原因是主流淘刷、滩地坍塌引起的局部河势变化。

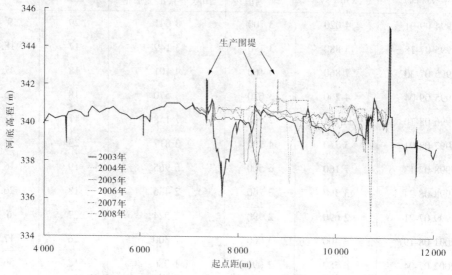

图 5-18　黄淤 51 断面河槽变化图

(2)滩地横比降的存在。漫滩处串沟的存在促进了漫滩的形成,由于横比降的存在,滩地蚀退过程中必然伴随着滩唇高程的降低,漫滩机会的增大。串沟重新与河槽沟通,使得漫滩的洪水条件大大降低。漫滩后横比降的存在,加速了漫滩水流的蔓延,同时漫滩水流难以回归大河。

(3)河槽过流能力偏低是漫滩发生的间接因素。根据 2008 年汛后断面计算漫滩河段平滩流量只有 3 000 m³/s,过流能力偏低必然导致洪水位高,漫滩概率大,漫滩后滩地分流较多。

三、认识与建议

(1)泥沙淤积使小北干流河槽萎缩,过流能力下降,工程临背差增大,滩地出现横比降,洪水位抬高。

(2)永济滩区漫滩是局部河势畸形发展、滩区存在横比降和串沟以及河槽过流能力偏低等因素综合影响的结果。

(3)目前小北干流河段控导工程建设初具规模,但工程长度不足,在近期中小流量长期作用下局部河段河势摆动频繁、河湾发育、滩地淘蚀、工程出险等问题较突出。因此,建议加强和完善该河段控导工程建设,扼制局部河势恶化势头。

(4)小北干流河段淤积萎缩导致过流能力偏低,小水漫滩概率增大,威胁滩区人民生产生活和生命财产安全。建议利用上游水库塑造洪水过程,冲刷河槽,改善河道淤积状况;建议推进古贤、碛口水库的论证与工程实施,完善黄河水沙调控体系。

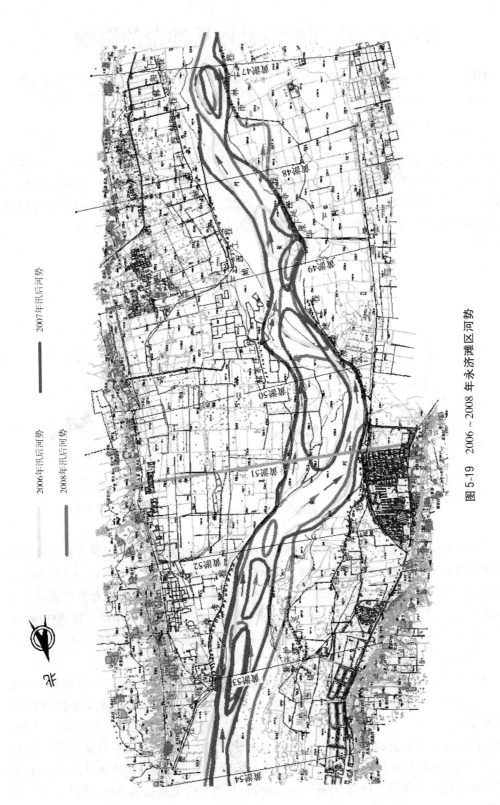

图 5-19　2006～2008 年永济滩区河势

第六章　汛期敞泄对库区冲淤的影响

本章统计分析了水库调水调沙以来三门峡水库首次敞泄时出库的水沙量关系,并分析了敞泄期库区的冲刷量与入库水量的关系。

一、调水调沙期出库水沙量分析

2004 年小浪底水库调水调沙人工塑造异重流试验以来,三门峡水库为配合小浪底水库运用在调水调沙期进行敞泄排沙,为塑造异重流提供沙源。在三门峡水库泄水过程中,初期基本没有泥沙排出,当库水位降低到一定值以下时开始排沙,短时间内出库含沙量迅速增加到 $200 \sim 300$ kg/m³,随着敞泄时间的延续,含沙量逐渐衰减(见图 6-1)。

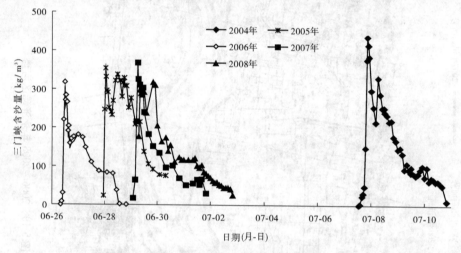

图 6-1　调水调沙期三门峡出库含沙量变化过程

图 6-2 为出库含沙量与出库流量的关系,在水库实施敞泄的过程中,泄空初期流量很大时含沙量并不大,只有当库水位降到 300 m 以下时,出库含沙量最大可达 300 kg/m³ 以上,随着敞泄的发展和后续流量的减小,出库含沙量减小。但是各年的流量含沙量过程存在一定差异,如 2005 年出库流量持续在 1 200 m³/s 左右时含沙量基本维持在 300 kg/m³ 上下,而 2008 年流量持续在 1 300 m³/s 左右时含沙量约从 300 kg/m³ 减小到约 60 kg/m³。那么,在此期间出库含沙量大小取决于什么?

敞泄期水库排泄泥沙由入库泥沙、溯源冲刷和沿程冲刷几部分组成,并受敞泄初期水库泄水过程影响。在小浪底水库调水调沙期,三门峡水库敞泄期间坝前水位变化较小,万家寨水库补水量有限,潼关站含沙量多小于 5 kg/m³,仅个别时段在 $5 \sim 10$ kg/m³。为此,根据三门峡站洪水要素和网上资料,统计分析敞泄过程中累计排沙总量与累计出库水量。

从三门峡水库显著排沙开始,计算调水调沙期累计出库沙量与相应累计出库水量,并点绘图 6-3,在 5 年资料中只有 2006 年偏离较远,其他年份关系基本一致,特别是 2007 年

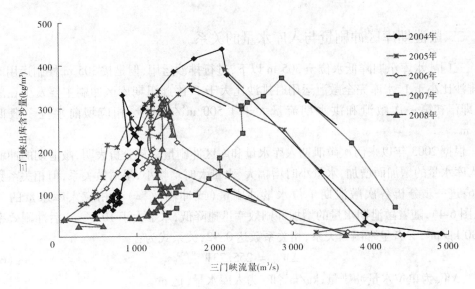

图6-2　三门峡出库含沙量与相应流量的关系

和2008年极其相近,即累计排沙量与相应水量具有比较好的关系,同时偏离的点群也说明还有其他因素(如前期淤积量等)的影响。从总趋势看大体可分三段:从显著排沙开始,累计出库水量到1亿 m³ 时,排沙量增幅较大,约0.28亿 t,出库平均含沙量可达280 kg/m³;累计出库水量从1亿 m³ 增至3亿 m³,排沙量增加0.23亿 t,出库平均含沙量约110 kg/m³;累计出库水量大于3亿 m³ 后,出库平均含沙量约60 kg/m³。

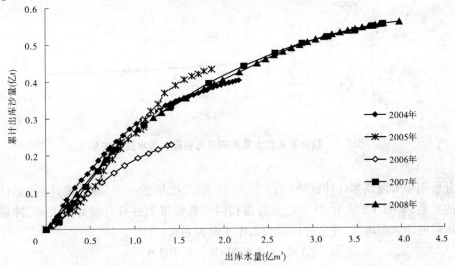

图6-3　累计出库沙量与相应出库水量的关系

因此,在调水调沙期,可以根据三门峡水库前期出库水沙总量和后期流量过程,预估后续的出库含沙量过程,为小浪底水库人工塑造异重流提供参考。

二、敞泄期库区冲刷量与入库水量的关系

三门峡水库汛期降低水位至305 m以下，进行排沙运用，但是按305 m控制运用时水库排沙比小于1，水库完全敞泄运用时排沙比大于1，因此汛期库区冲刷主要发生在敞泄期，即汛初第一次敞泄和洪水期流量大于1 500 m³/s 敞泄，相应坝前水位一般低于300 m。

根据2003年以来历次敞泄期入库水量和库区冲刷量资料分析表明，敞泄期的冲刷量随入库水量的增加而增加，水量小时增幅大、水量大时增幅小，呈对数关系，但相关系数为0.76；进一步分析各次敞泄期单位水量冲刷量（或冲刷效率）与相应入库水量的关系（见图6-4），随着敞泄期水量的增加冲刷效率迅速降低，水量大于10亿 m³ 后冲刷效率约为30 kg/m³，二者呈幂函数关系，相关系数达0.92，关系式为：

$$\Delta W_{Si} = 255.73 W_i^{-0.655} \tag{6-1}$$

式中，ΔW_{Si} 为单位水量冲刷量，kg/m³；W_i 为入库水量，亿 m³。

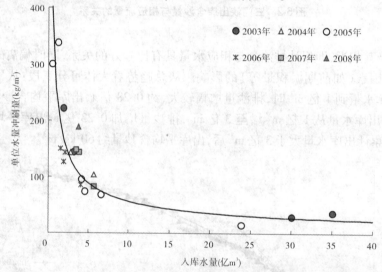

图6-4 敞泄期单位水量冲刷量与相应入库水量的关系

分析当年敞泄期累计冲刷量（第一次敞泄、第二次敞泄……，逐渐累计）和累计入库水量的关系，如图6-5所示，各年的点群落在同一趋势带上并具有较好的关系，冲刷量随入库水量的增大而增大，建立冲刷量与入库水量关系式：

$$\Delta W_S = 0.638\ln W - 0.163\ 6 \tag{6-2}$$

式中，ΔW_S 为当年敞泄期累计冲刷量，亿 t；W 为当年敞泄期累计水量，亿 m³。

式（6-2）的相关系数为0.96。对式（6-2）求导可得：

$$\frac{\mathrm{d}\Delta W_S}{\mathrm{d}W} = \frac{0.642\ 3}{W} \tag{6-3}$$

说明当年敞泄期累计冲刷量随累计水量的变化率与水量成反比，其随水量 W 的增大而减

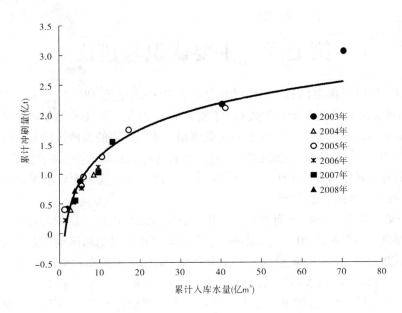

图6-5 敞泄期累计冲刷量与累计入库水量的关系

小,表明随冲刷的进行冲刷效率逐步降低。从图6-5中可以看出,一般情况下在流量大于1 500 m³/s时敞泄,当敞泄期入库水量20亿 m³ 时,库区冲刷量可达1.75亿 t;当敞泄期入库水量40亿 m³ 时,库区冲刷量可达2.2亿 t。

不管是年内敞泄时的累计冲刷量还是各次敞泄期的冲刷量,其冲刷效率都是随着入库水量的增加而减小,水库敞泄对年内的冲淤平衡具有重要作用,但在流量过程很小的情况下仅依靠敞泄增加库区的冲刷,其效果是有限的。

为了避免库区的累积性淤积,汛期的敞泄不能仅仅以入库流量是否大于1 500 m³/s为条件,应同时考虑非汛期入库沙量和汛期来沙情况,结合入库流量过程确定敞泄时间的长短。

第七章　主要认识与建议

（1）2008 年属于典型的枯水少沙年,龙门站年径流量为 184.4 亿 m³,年输沙量仅 0.611 亿 t,潼关站年径流量 215.2 亿 m³,年输沙量 1.40 亿 t,其中两站年输沙量均是有资料以来的最小值。水沙减少的原因主要是头道拐—龙门区间的多沙区没有大的暴雨洪水过程,同时万家寨水库也有一定的拦沙作用。汛期具有洪水峰值小、含沙量低的特点,潼关站最大洪峰流量仅为 1 480 m³/s。三门峡水库除配合小浪底水库调水调沙运用进行敞泄排沙外,没有其他敞泄过程。

（2）2008 年潼关以下库区为非汛期淤积、汛期冲刷,年内累计淤积泥沙 0.236 亿 m³,淤积量主要集中在坝前约 20 km 河段内。小北干流河段非汛期和汛期均表现为冲刷。潼关高程非汛期抬升、汛期下降,全年累积下降 0.07 m,汛后潼关高程为 327.72 m。

（3）在小浪底水库调水调沙期,三门峡水库敞泄时累计出库沙量和相应水量具有较好的相关关系,随累计水量的增加出库含沙量减小。根据这种对应关系可以预估三门峡水库敞泄期后续的出库含沙量过程,为小浪底水库人工塑造异重流提供参考。

敞泄期库区的冲刷量与入库水量存在较好的关系,但冲刷效率随入库水量的增加而减小。因此,增加大流量敞泄时间对保持年内冲淤平衡具有重要作用,但在流量过程很小的情况下仅依靠敞泄增加库区的冲刷,其效果是有限的。

（4）2006~2008 年桃汛期洪峰均在 2 500 m³/s 以上,最大 10 d 水量在 13 亿 m³ 以上,潼关高程产生一定冲刷下降,平均下降 0.11 m,对年内潼关高程保持在较低状态起到一定作用。在汛期洪水和大流量天数严重减少的情况下,充分利用桃汛洪水冲刷降低潼关高程,对保持年内潼关高程的相对稳定具有重要意义。应继续开展试验,同时,通过万家寨水库泄流孔洞的合理组合,塑造协调的水沙过程,实现潼关高程较大程度的冲刷。

（5）小北干流永济段发生漫滩,主要是由于小流量的长时间作用造成局部河段畸形河湾发展、滩区存在串沟和横比降大以及主槽淤积萎缩、过流能力偏低等因素综合影响的结果。因此,针对目前小北干流河段控导工程长度不足,局部河段河势摆动频繁、滩地淘蚀、工程出险等突出问题,建议加强和完善该河段控导工程建设,扼制局部河势恶化势头。

（6）目前小北干流河段淤积萎缩导致过流能力偏低,小水漫滩概率增大,威胁滩区人民生产生活和生命财产安全。建议利用上游水库塑造洪水过程,冲刷河槽,改善河道淤积状况;建议推进古贤、碛口水库的论证与上马,完善黄河水沙调控体系。

第四专题　小浪底水库运用及库区淤积形态分析

本专题主要分析了 2008 年小浪底水库入库水沙条件、出库水沙特点，介绍了 2008 年水库调度过程，分析了库区冲淤特性及库容变化，研究了影响小浪底水库库区淤积形态的主要因素，并进一步探讨了小浪底水库淤积形态对水库调度的影响。分析计算表明，自 1999 年 10 月小浪底水库运用以来，库区淤积量为 24.1 亿 m³，年均淤积 2.7 亿 m³，其中，干流淤积量为 20.0 亿 m³，支流淤积量为 4.1 亿 m³，分别占总淤积量的 83.0% 和 17.0%；泥沙主要淤积在汛期水位 225 m 高程以下，达到 22.4 亿 m³，占总淤积量的 93.0%；按三角洲顶坡（HH37—HH15 断面）平衡纵比降 2.5‰推移到坝前，还有约 9 亿 m³ 的拦沙库容，按近年来平均来沙情况估算，在未来 2～3 年内异重流排沙仍然是小浪底水库的主要排沙方式；在相同淤积量与相同蓄水量条件下，异重流排沙效果优于壅水明流排沙。因此，应尽可能延长库区由三角洲淤积转化为锥体淤积的时间，以便更有利于减少水库淤积；需进一步深入研究不同组成淤积物的沉积历时及沉积环境与其固结度的关系、不同固结度淤积物对不同量级水流与水库控制水位的响应、不同量级高含沙水流在黄河下游河道的输沙规律和水库低水位冲刷时机及其综合影响等。

第一章　库区水沙条件

一、入库水沙条件

2008 年(水库运用年,上年 11 月至翌年 10 月,下同)皋落(亳清河)、桥头(西阳河)、石寺(畛水河)等站观测到的入汇水沙量较少,相对干流而言,可忽略不计,仅以干流三门峡站水沙量代表小浪底水库入库值。2008 年入库水沙量分别为 218.12 亿 m³、1.34 亿 t,见表 1-1。从三门峡站 1987~2008 年枯水少沙系列实测的水沙量来看,2008 年入库水沙量分别是该系列多年平均水量(228.80 亿 m³)的 95.33%、沙量(6.11 亿 t)的 21.88%。

表 1-1　三门峡站近年水沙量统计结果

年份	水量(亿 m³)			沙量(亿 t)		
	汛期	非汛期	全年	汛期	非汛期	全年
1987	80.81	124.55	205.36	2.71	0.17	2.88
1988	187.67	129.45	317.12	15.45	0.08	15.53
1989	201.55	173.85	375.40	7.62	0.50	8.12
1990	135.75	211.53	347.28	6.76	0.57	7.33
1991	58.08	184.77	242.85	2.49	2.41	4.90
1992	127.81	116.82	244.63	10.59	0.47	11.06
1993	137.66	157.17	294.83	5.63	0.45	6.08
1994	131.60	145.44	277.04	12.13	0.16	12.29
1995	113.15	134.21	247.36	8.22	0.00	8.22
1996	116.86	120.67	237.53	11.01	0.14	11.15
1997	50.54	95.54	146.08	4.25	0.03	4.28
1998	79.57	94.47	174.04	5.46	0.26	5.72
1999	87.27	104.58	191.85	4.91	0.07	4.98
2000	67.23	99.37	166.60	3.34	0.23	3.57
2001	53.82	81.14	134.96	2.83	0.00	2.83
2002	50.87	108.39	159.26	3.40	0.97	4.37
2003	146.91	70.70	217.61	7.55	0.01	7.56
2004	65.89	112.50	178.39	2.64	0.00	2.64
2005	104.73	103.80	208.53	3.62	0.46	4.08

年份	水量(亿 m³)			沙量(亿 t)		
	汛期	非汛期	全年	汛期	非汛期	全年
2006	87.51	133.49	221.00	2.07	0.25	2.32
2007	105.71	122.06	227.77	2.51	0.61	3.12
2008	80.02	138.10	218.12	0.75	0.59	1.34
平均	103.23	125.57	228.80	5.73	0.38	6.11

2008 年小浪底水库共有 3 场洪水入库,其中包括桃汛洪水和汛前调水调沙形成的洪水,三门峡站洪水期水沙特征值见表 1-2。2008 年小浪底入库最大洪峰流量为 6 080 m³/s (6 月 29 日 0 时 12 分),入库最大含沙量为 355 kg/m³(6 月 29 日 16 时 36 分)。最大入库日均流量 2 820 m³/s(3 月 27 日),最大日均含沙量为 168.92 kg/m³(6 月 30 日)。日平均流量大于 2 000 m³/s 流量级出现天数为 4 d,日均入库流量大于 1 000 m³/s 流量级出现天数为 80 d。图 1-1 为日均入库流量及含沙量过程。入库日平均各级流量及含沙量持续时间及出现天数见表 1-3 及表 1-4。

表 1-2　2008 年三门峡站洪水期水沙特征值统计

日期 (月-日)	水量 (亿 m³)	沙量 (亿 t)	流量(m³/s)			含沙量(kg/m³)		
			洪峰	最大日均	时段平均	沙峰	最大日均	时段平均
03-18 ~ 04-02	19.09	0.058 8	3 330	2 820	1 381	34.3	27.83	6.05
06-27 ~ 07-03	8.01	0.741 2	6 080	2 470	1 324	355	168.92	71.17
09-18 ~ 10-01	26.43	0.156 7	2 290	1 730	1 275	16.8	15.99	5.64

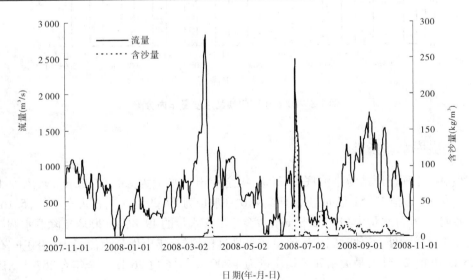

图 1-1　三门峡站日均流量、含沙量过程

表 1-3　2008 年三门峡站各级流量持续情况及出现天数

流量级 （m³/s）	>2 000		2 000~1 000		1 000~800		800~500		<500	
	持续	出现	持续	出现	持续	出现	持续	出现	持续	出现
天数(d)	3	4	24	76	5	45	12	105	25	136

注:表中持续天数为全年该级流量连续出现最长时间。

表 1-4　2008 年三门峡站各级含沙量持续情况及出现天数

含沙量级 （kg/m³）	>100		100~50		50~0		0	
	持续	出现	持续	出现	持续	出现	持续	出现
天数(d)	3	3	1	1	70	107	145	255

注:表中持续天数为全年该级含沙量连续出现最长时间。

从年内分配看,汛期 7~10 月入库水量为 80.02 亿 m³,占全年入库水量的 36.7%,非汛期入库水量为 138.10 亿 m³,占全年入库水量的 68.3%;全年入库沙量为 1.34 亿 t,绝大部分来自 6~10 月,其中调水调沙期间(6 月 29 日至 7 月 3 日)三门峡水库下泄沙量为 0.74 亿 t,占全年入库沙量的 55.6%(见图 1-2)。

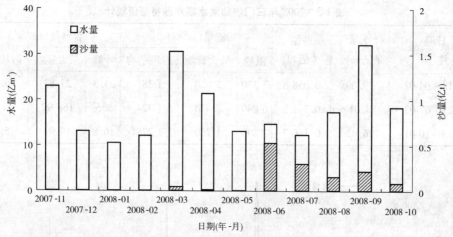

图 1-2　2008 年三门峡站水沙量年内分配

二、出库水沙条件

小浪底水库出库站为小浪底站,2008 年全年出库水量为 235.63 亿 m³,较入库水量 218.12 亿 m³ 多泄 17.51 亿 m³。汛期 7~10 月水量为 59.29 亿 m³,仅占全年的 25.16%,而春灌期 3~6 月水量为 117.35 亿 m³,占全年出库水量的 49.8%。2008 年除调水调沙期间出库流量较大外,其他时间出库流量较小且过程均匀,年出库最大流量为 4 380 m³/s(6 月 25 日 16 时 24 分),最大出库日均流量为 4 200 m³/s(6 月 26 日),全年有 267 d 出库流量小于 800 m³/s。

全年出库沙量为 0.462 亿 t,仅有 9 d 排沙出库,较入库沙量 1.337 亿 t 少排 0.875 亿

t。2008年出库沙量全部集中在调水调沙期间,其中6月19~22日闸门刚开启的4 d时间内水库排沙0.004亿 t,调水调沙异重流排沙0.458亿 t(6月29日至7月3日期间),异重流排沙比为61.8%。最大出库日均含沙量发生在6月30日,为70.55 kg/m³;最大瞬时含沙量为148 kg/m³,发生在6月30日12时。

出库水沙量年内分配及水沙过程分别见表1-5、图1-3及图1-4。出库日平均各级流量及含沙量持续时间及出现天数见表1-6及表1-7。各时段排沙量见表1-8。

表1-5 小浪底水库出库水沙量年内分配

日期		水量(亿 m³)	沙量(亿 t)
2007 年	11 月	17.56	0.000
	12 月	14.41	0.000
2008 年	1 月	12.33	0.000
	2 月	14.70	0.000
	3 月	25.86	0.000
	4 月	23.78	0.000
	5 月	21.18	0.000
	6 月	46.52	0.210
	7 月	16.29	0.252
	8 月	10.17	0.000
	9 月	18.41	0.000
	10 月	14.41	0.000
汛期		59.29	0.252
非汛期		176.34	0.210
全年		235.63	0.462

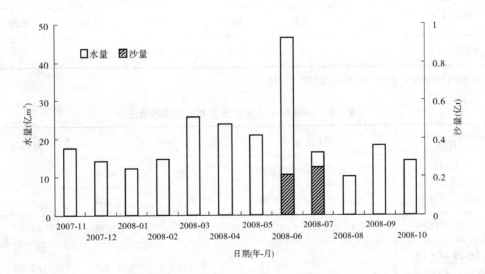

图1-3 2008年小浪底出库水沙量年内分配

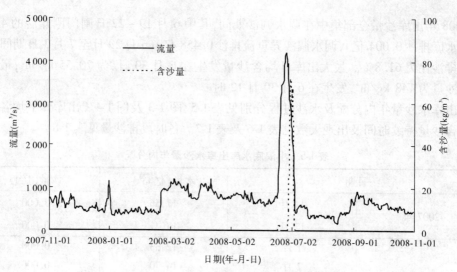

图1-4 小浪底站日均流量、含沙量过程

表1-6 2008年小浪底站各级流量持续情况及出现天数

流量级 （m³/s）	>4 000		4 000~3 000		3 000~2 000		2 000~1 000		1 000~800		800~500		<500	
	持续	出现	持续	出现	持续	出现	持续	出现	持续	出现	持续	出现	持续	出现
天数（d）	2	2	5	8	3	3	12	28	12	58	30	151	43	116

注:表中持续天数为全年该级流量连续最长时间。

表1-7 2008年小浪底站各级含沙量持续情况及出现天数

含沙量级 （kg/m³）	>50		50~0		0	
	持续	出现	持续	出现	持续	出现
天数（d）	3	3	4	6	231	357

注:表中持续天数为全年该级含沙量连续最长时间。

表1-8 2008年小浪底水库主要时段排沙情况

日期 （月-日）	水量（亿m³）		沙量（亿t）		排沙比 （%）
	三门峡	小浪底	三门峡	小浪底	
06-19~06-22	2.99	10.08	0	0.004	—
06-29~07-03	5.87	10.86	0.741	0.458	61.81
06-19~07-03 （整个调水调沙期）	13.51	41.13	0.741	0.462	62.35

第二章 水库调度过程

2008年小浪底水库按照满足黄河下游防洪、减淤、防凌、防断流以及供水等为主要目标,进行了防洪和春灌蓄水、调水调沙及供水等一系列调度。2008年水库日均最高水位达到252.9 m(12月20日),相应蓄水量为54.35亿 m³,库水位及蓄水量变化过程见图2-1。

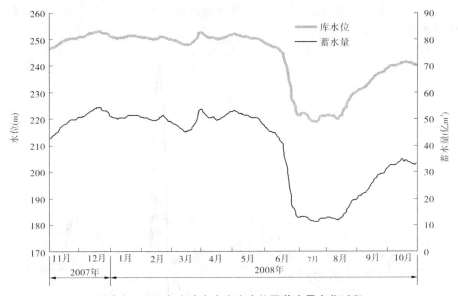

图2-1 2008年小浪底水库库水位及蓄水量变化过程

2008年水库运用可划分为三个时段:

第一阶段2007年11月1日至2008年6月19日。此期间库水位变化不大,一直保持250 m左右,蓄水量维持42亿 m³以上。2007年11月1日到2007年12月20日库水位逐步抬高,到12月20日达到全年度水库最高水位252.90 m,相应蓄水量由42.94亿 m³上升到54.35亿 m³。2008年5月28日到6月19日开始维持近1个月的补水期,6月19日库水位下降至244.90 m,向下游补水8.56亿 m³,相应蓄水量减至40.60亿 m³,保证下游用水及河道不断流。

第二阶段6月19日至7月3日为汛前调水调沙生产运行期。根据2008年汛前小浪底水库蓄水情况和下游河道现状,分为两个阶段:第一阶段从6月19日至6月28日为调水期,起始调控流量2 600 m³/s,最大调控流量4 280 m³/s。利用小浪底水库下泄一定流量的清水,冲刷下游河槽。同时,本着尽快扩大主槽行洪输沙能力的要求,逐步加大小浪底水库的泄流量,以此逐步检验调水调沙期间下游河道水流是否出槽,以确保调水调沙生产运行的安全。第二阶段从6月28日至7月3日为水库排沙期,6月28日小浪底水库水位降至227.3 m时,通过万家寨、三门峡、小浪底三水库联合调度,在小浪底水库塑造有利于形成异重流排沙的水沙过程。6月29日18时,小浪底水库人工塑造异重流排沙出库,6月30日12时,高含沙异重流出库,小浪底水库排沙洞出库含沙量达350 m³/s,排沙一直持续到 7 月 3 日 8 时,共排沙 0.462 亿 t,排沙比 61.86%。7 月 3 日调水调沙试验结束,库水位下降至 222.30 m,相应水库蓄水量减至 13.40 亿 m³。

第三阶段为 7 月 3 日至 10 月 31 日。8 月 20 日之前,库水位一直维持在汛限水位 225 m 以下。8 月 20 日之后,水库以蓄水运用为主,库水位持续抬升,最高库水位一度上升至 241.60 m(10 月 20 日),相应水库蓄水量为 34.33 亿 m³。至 10 月 31 日,库水位为 240.90 m,相应水库蓄水量为 33.24 亿 m³。

经过小浪底水库调节,进出库流量及含沙量过程发生了较大的改变。图 2-2、图 2-3 分别为进出库流量、含沙量过程。

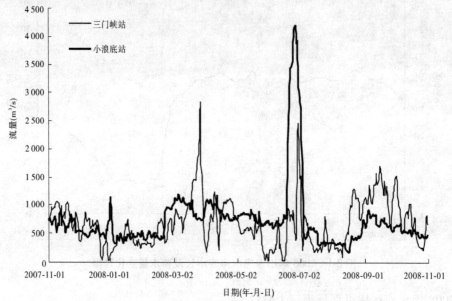

图 2-2　小浪底水库进出库日均流量过程对比

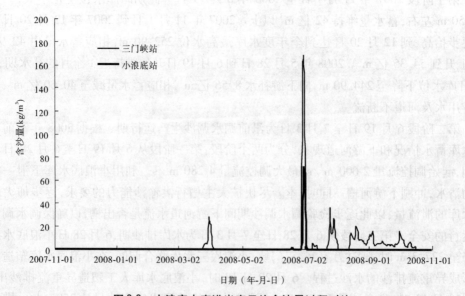

图 2-3　小浪底水库进出库日均含沙量过程对比

第三章　库区冲淤特性及库容变化

一、库区冲淤特性

根据库区断面测验资料统计,2008 年小浪底全库区淤积量为 0.241 亿 m³,利用沙量平衡法计算库区淤积量为 0.87 亿 t。根据断面法计算泥沙的淤积分布有以下特点:

根据断面法计算泥沙的淤积分布有以下特点:

(1)全库区泥沙淤积量为 0.241 亿 m³,其中干流淤积量为 0.256 亿 m³,支流冲刷量为 0.015 亿 m³(见表 3-1)。

表 3-1　2008 年各时段库区淤积量

时段		2007 年 10 月~2008 年 4 月	2008 年 4~10 月	2007 年 10 月~2008 年 10 月
淤积量（亿 m³）	干流	-0.304	0.560	0.256
	支流	-0.415	0.400	-0.015
	合计	-0.719	0.960	0.241

(2)库区年内淤积全部集中于 4~10 月,淤积量为 0.960 亿 m³,其中干流淤积量 0.560 亿 m³,占汛期库区淤积总量的 58.32%,汛期干、支流淤积分布见图 3-1。支流淤积主要分布在畛水河、石井河、沇西河、西阳河、大峪河等较大的支流,其他支流的淤积量均较小。

(3)淤积主要在 195~235 m 高程,淤积量为 0.827 亿 m³;冲刷则主要发生在 240~275 m 高程,冲刷量为 0.378 亿 m³。不同高程的冲淤量分布见图 3-2。

二、库区淤积形态

(一)干流淤积形态

2007 年 10 月至 2008 年 4 月下旬,大部分时段三门峡水库下泄清水,小浪底水库进库沙量为 0.062 亿 t,出库沙量为零;库水位基本上经历了先升后降的过程,库水位在 246.59~252.90 m 变化,均高于水库淤积三角洲面高程,因此干流纵向淤积形态几乎变化不大。

2008 年 10 月库区淤积形态仍为三角洲淤积,由图 3-3 可以看出,HH37—HH49 断面发生冲刷,最大深泓点冲深达 10.35 m(HH45 断面),HH8—HH19 断面表现为淤积,最大淤积抬升为 10.14 m(HH15 断面),其他断面均表现为淤积抬升。

三角洲顶点由距坝 27.19 km 左右下移至距坝 24.43 km(HH15 断面)处,顶点高程为 220.25 m。距坝 20.39 km 以下库段为三角洲坝前淤积段,是异重流挟带的细颗粒泥沙淤积沉降所致,但 2008 年表现为前期库区淤积物逐渐密实,与 2007 年比较略有压缩沉降;距坝 20.39~24.43 km 库段(HH13—HH15 断面)为三角洲前坡段,也是本年度淤积最多

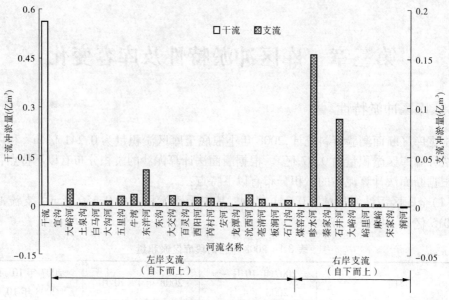

图 3-1　小浪底库区 2008 年汛期干、支流淤积量分布图

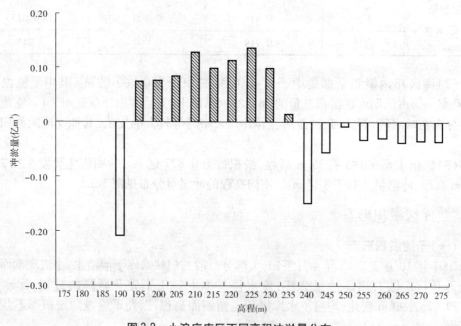

图 3-2　小浪底库区不同高程冲淤量分布

的库段,比降为 45.69‰;三角洲顶坡段位于距坝 24.43 ~ 93.96 km(HH15—HH49 断面),比降为 2.5‰,其中距坝 24.43 ~ 62.49 km 库段(HH15—HH37 断面),比降与 2007 年洲面段比降一致,为 3‰,距坝 62.49 ~ 93.96 km(HH37—HH49 断面)库段,比降为 0.9‰;距坝 93.96 km 以上库段为尾部段,比降为 12.1‰。

　　图 3-4 为 2007 年 10 月至 2008 年 10 月期间三次库区横断面套绘图,不同的库段冲淤形态及过程有较大的差异。

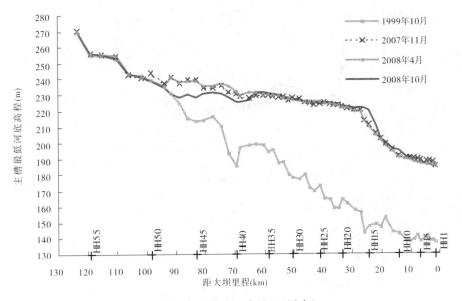

图 3-3　干流纵剖面套绘（深泓点）

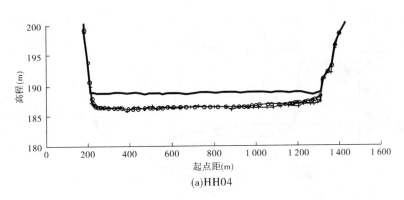

(a)HH04

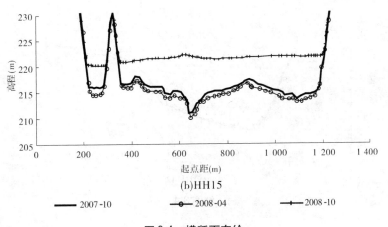

(b)HH15

图 3-4　横断面套绘

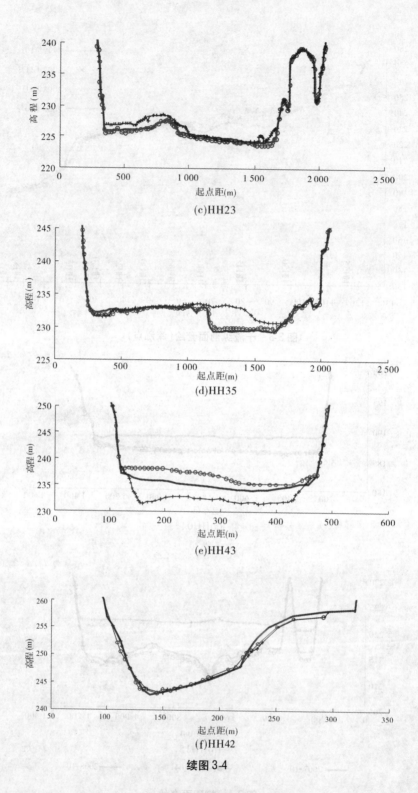

(c)HH23

(d)HH35

(e)HH43

(f)HH42

续图3-4

HH1—HH7 断面位于坝前段,表现为前期库区淤积物逐渐密实,与 2007 年汛后地形比较略有压缩沉降,如距坝 4.55 km 处的 HH4 断面;HH8—HH18 断面表现为非汛期冲刷,汛期全断面淤积抬高,为淤积量最大的库段,其中 HH8—HH15 断面位于三角洲前坡段,非汛期发生淤积物密实,汛期则表现为全断面水平淤积抬高,三角洲顶点所在的 HH15 断面抬升幅度最大,约为 15 m,而 HH16—HH18 断面为三角洲洲面向下延长河段,由于坡降减缓,引起的洲面段再淤积;HH19—HH28 断面库段弯道控制较多,汛期部分断面表现为淤滩为主,如 HH23 断面;HH33—HH37 断面位于三角洲淤积形态的洲面段,挟沙水流在此段进入回水区,主槽含沙量大,级配粗,水流挟沙能力过饱和,河槽淤积,如 HH35 断面;HH37—HH48 断面为三角洲顶坡段的后段,在非汛期蓄水位较高的情况下,该库段处于回水末端,入库泥沙在该库段产生淤积,而汛期随着库水位降低,发生全断面冲刷,例如 HH43 断面;HH51—HH56 断面处于三角洲尾部段,河道形态窄深,坡度陡,断面形态变化不大,例如 HH52 断面。

(二)支流淤积形态

从汛期干、支流淤积量分布(见图 3-1)看,汛期大峪河、东洋河、西阳河、大交沟、沇西河、大峪沟、畛水河、石井河等支流淤积量较大,而非汛期部分支流产生不同程度的冲刷,特别是沇西河。表 3-2 为典型支流冲淤量表。

表 3-2　典型支流冲淤量　(单位:亿 m³)

支流	2007 年 10 月~2008 年 4 月	2008 年 4~10 月	全年
沇西河	−0.164	0.011	−0.153
除沇西河外支流	−0.251	0.389	0.138
全部支流	−0.415	0.400	−0.015

2008 年支流冲刷量为 0.015 亿 m³。除沇西河外,小浪底库区大部分支流表现为淤积,淤积量为 0.138 亿 m³。全年观测到的支流入汇沙量仅为 2 830 m³,可略而不计,所以支流的淤积主要是干流来沙倒灌所致。发生异重流期间,水库运用水位较高,库区较大的支流多位于干流异重流潜入点下游,由于异重流清浑水交界面高程超出支流沟口高程,干流异重流沿河底向支流倒灌,并沿程落淤,表现出支流沟口淤积较厚,沟口以上淤积厚度沿程减少。随干流淤积面的抬高,支流沟口淤积面同步上升,支流淤积形态取决于沟口处干流的淤积面高程,见典型支流纵剖面图 3-5。

2008 年汛期,小浪底水库三角洲洲面及其以下库段床面进一步发生冲淤调整,在小浪底库区回水末端以下形成异重流。HH16—HH28 断面的干流库段位于三角洲洲面段,支流沟口淤积面随着干流淤积面的调整而产生较大的变化,支流内部的调整幅度小于沟口处,而在调水调沙期间,干流发生冲槽淤滩的情况,导致支流沟口淤积面高于干流,其间的支流如东洋河、西阳河等;HH1—HH15 断面主要是异重流及浑水水库淤积,异重流倒灌亦产生大量淤积,沟内河底高程同沟口干流河底高程基本持平,如畛水河、石井河等;而位于坝前段的大峪河,由于淤积物长期密实固结,干支流淤积面均表现为压缩。

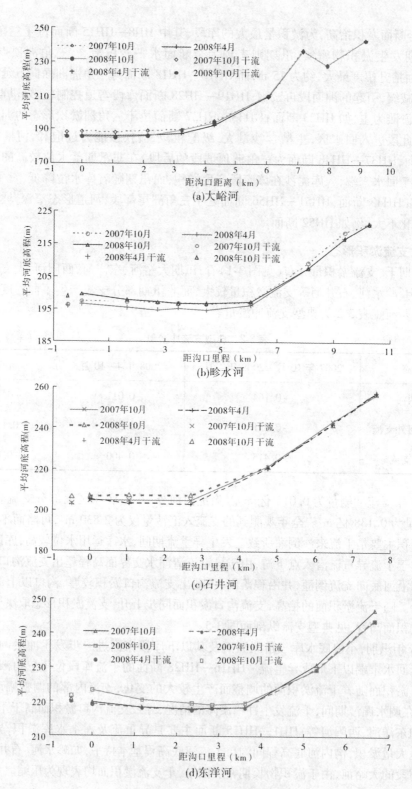

图 3-5 典型支流纵剖面

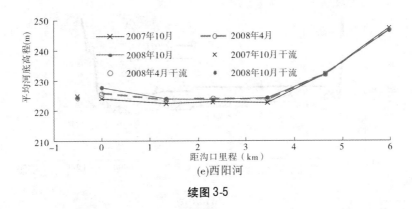

(e)西阳河

续图 3-5

　　需要说明的是,位于 HH32—HH33 断面之间的沈西河,全年度均表现为冲刷,尤以汛期冲刷量较大。HH32—HH33 干流断面位于三角洲淤积形态的洲面段,主槽含沙量大,级配粗,水流挟沙能力过饱和,出现淤槽,沈西河由干流倒灌产生的淤积很少,而沈西河等较宽断面又会发生一定程度的密实固结,导致整条支流表现为冲刷。见图 3-6、图 3-7。

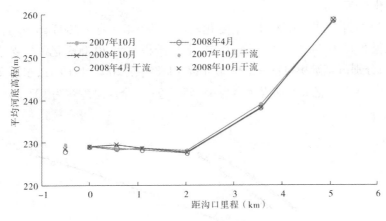

图 3-6　沈西河纵剖面图

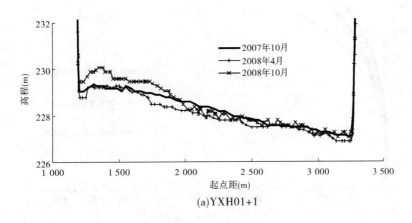

(a)YXH01+1

图 3-7　沈西河横断面图

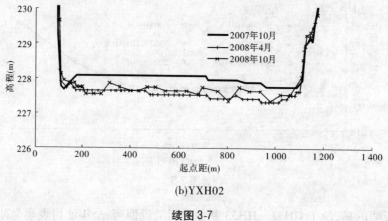

(b)YXH02

续图 3-7

三、库容变化

库容变化见图 3-8。

从图 3-8 中可以看出,库区的冲淤变化较小,1999 年 9 月 ~ 2008 年 10 月,小浪底全库区断面法淤积量为 24. 110 亿 m³。其中,干流淤积量为 20. 009 亿 m³,支流淤积量为 4. 100 亿 m³,分别占总淤积量的 82. 99% 和 17. 01%。至 2008 年 10 月,水库 275 m 高程下干流库容为 54. 771 亿 m³,支流库容为 48. 580 亿 m³,全库总库容为 103. 351 亿 m³。

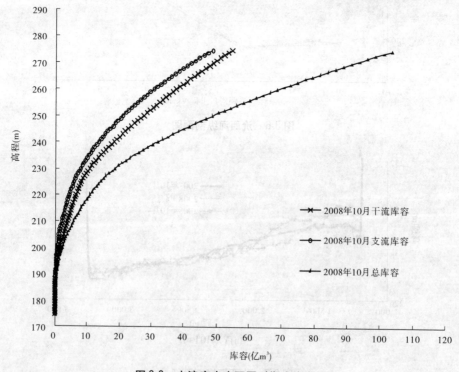

图 3-8　小浪底水库不同时期库容曲线

第四章 小浪底水库运用以来库区淤积
形态变化及影响因素分析

一、库区淤积形态及冲淤特性

小浪底水库从 1999 年 9 月开始蓄水运用至 2008 年 10 月的 9 年时间内,小浪底全库区断面法淤积量为 24.109 亿 m³,年均淤积 2.679 亿 m³,其中,干流淤积量为 20.009 亿 m³,支流淤积量为 4.100 亿 m³,分别占总淤积量的 82.99% 和 17.01%。其中,支流淤积量占支流原始库容 52.68 亿 m³ 的 7.78%,不同时期库区淤积量见表 4-1,随着淤积三角洲顶点向前推移,位于坝前段较大支流的淤积量从 2005 年开始有明显增大的趋势。

表 4-1 小浪底水库历年干、支流冲淤量统计

日期 (年-月)	干流冲淤量 (亿 m³)	支流冲淤量 (亿 m³)	总冲淤量 (亿 m³)
1999-09 ~ 2000-11	3.842	0.241	4.083
2000-11 ~ 2001-12	2.549	0.422	2.971
2001-12 ~ 2002-10	1.938	0.170	2.108
2002-10 ~ 2003-10	4.623	0.262	4.885
2003-10 ~ 2004-10	0.297	0.877	1.174
2004-10 ~ 2005-11	2.603	0.308	2.911
2005-11 ~ 2006-10	2.463	0.987	3.450
2006-10 ~ 2007-10	1.439	0.848	2.287
2007-10 ~ 2008-10	0.256	-0.015	0.241
1999-09 ~ 2008-10	20.009	4.100	24.109

水库自 1999 年 9 月至 2000 年 11 月,干流淤积呈三角洲形态,三角洲顶点距坝 70 km 左右,此后,三角洲形态及顶点位置随着库水位的运用状况而变化及移动,总的趋势是逐步向下游推进。历次干流淤积形态见图 4-1,历次干流淤积形态特征值见表 4-2。

淤积形态变化较大的时段为调水调沙期间及汛期洪水。由图 4-1、表 4-2 可见,距坝 60 km 以下回水区河床持续淤积抬高;距坝 60 ~ 110 km 的回水变动区冲淤变化与库水位的升降关系密切。例如,2003 年 5 ~ 10 月,库水位上升 35.06 m,入库沙量 7.56 亿 t,三角洲洲面发生大幅度淤积抬高,10 月与 5 月中旬相比,原三角洲洲面 HH41 处淤积抬高幅度最大,深泓点抬高 41.51 m,河底平均高程抬高 17.7 m,三角洲顶点高程升高 36.64 m,顶点位置上移至距坝 25.8 km 处。然而,随着 2004 年的调水调沙试验及"04·8"洪水期间运用水位降低,距坝 90 ~ 110 km 库段发生强烈冲刷,距坝约 88.5 km 以上库段的河底高程基本恢复到了 1999 年水平;2005 年汛期距坝 50 km 以上库段进一步淤积抬高,淤积

面高程界于 2004 年汛前和汛后之间;经过 2006 年调水调沙及之后的小洪水排沙,三角洲尾部段发生冲刷,至 2006 年 10 月,距坝 94 km 以上的库段仍保持 1999 年的水平,三角洲顶点向前推移至距坝 34.80 km 处,顶点高程为 223.19 m;2007 年除 HH25—HH30 断面略有冲刷外,其他断面均表现为淤积抬升,这主要是水库运用水位较高所致,同 2006 年汛后相比,三角洲顶点由距坝 34.80 km 左右下移至距坝 27.19 km 处,顶点高程也由 223.19 m 降至 220.07 m;2008 年汛期,HH37 断面以上三角洲州面发生沿程及溯源冲刷,HH47 断面以上恢复到 1999 年的水平,三角洲顶点由距坝 27.19 km 左右下移 2.76 km 至距坝 24.43 km 处,顶点高程由 219.00 m 升至 220.25 m。

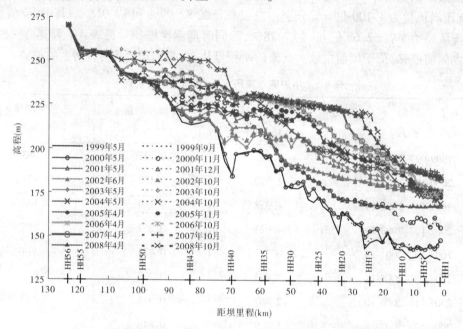

图 4-1　历次干流纵剖面套绘(深泓点)

表 4-2　历次干流纵剖面特征值

日期 (年-月)	库水位 (m)	三角洲顶点		三角洲前坡段		三角洲顶坡段	
		距坝里程 (km)	高程 (m)	距坝里程 (km)	比降 (‰)	距坝里程 (km)	比降 (‰)
2000-11	234.35	69.39	225.22	50.19~69.39	18.41	69.39~88.54	2.55
2001-05	218.80	60.13	217.91	50.19~60.13	28.48	60.13~88.54	1.83
2001-09	216.44	58.51	205.05	50.19~58.51	20.16	58.51~69.39	−8.14
2001-12	235.33	74.38	221.53	50.19~74.38	12.83	74.38~82.95	−5.88
2002-06	233.48	74.38	221.53	50.19~74.38	12.83	74.38~82.95	−5.88
2002-07	223.85	67.99	221.58	55.02~67.99	17.09	67.99~85.76	3.28

日期 （年-月）	库水位 （m）	三角洲顶点		三角洲前坡段		三角洲顶坡段	
		距坝里程 （km）	高程 （m）	距坝里程 （km）	比降 （‰）	距坝里程 （km）	比降 （‰）
2002-10	210.98	48.00	207.68	39.49～48.00	16.42	48.00～74.38	1.12
2003-05	228.07	48.00	207.68	29.35～48.00	10.82	48.00～74.38	1.46
2003-10	262.07	72.06	244.86	55.02～72.06	17.11	72.06～110.27	2.62
2004-05	256.52	72.06	244.86	42.96～72.06	15.31	72.06～110.27	2.33
2004-07	227.98	48.00	221.17	27.19～48.00	13.45	48.00～93.96	3.17
2004-10	240.59	44.53	217.39	39.49～44.53	25.29	44.53～88.54	1.07
2005-04	258.27	44.53	217.39	39.49～44.53	25.49	44.53～88.54	1.25
2005-11	255.86	48.00	223.56	16.39～48.00	11.36	48.00～105.85	3.38
2006-04	261.86	48.00	224.68	16.39～48.00	11.38	48.00～105.85	3.26
2006-10	244.63	33.48	221.87	13.99～33.48	16.24	33.48～96.93	2.05
2007-04	253.76	33.48	221.94	13.99～33.48	16.48	33.48～98.43	2.63
2007-10	248.01	27.19	220.07	13.99～27.19	21.45	27.19～101.61	2.77
2008-04	250.20	27.19	219.00	13.99～27.19	21.51	27.19～91.51	3.46
2008-10	241.30	24.43	220.25	20.39～24.43	45.69	24.43～93.96	2.50

从淤积部位来看,泥沙主要淤积在汛限水位 225 m 高程以下,225 m 高程以下的淤积量达到了 22.44 亿 m^3,占总量的 93.07%,不同高程下的累计淤积量见图 4-2 和表 4-3。支流淤积较少,仅占总淤积的 17.01%,随干流淤积面的抬高,沟口淤积面同步抬升,可以看出支流沟口淤积面与干流同步发展,支流淤积形态取决于沟口处干流的淤积面高程;支流泥沙主要淤积在沟口附近;随着淤积的发展,支流的纵剖面形态不断发生变化,总的趋势是由正坡至水平而后出现倒坡,目前部分支流河口与支流最低断面的高差已达 3～4 m（如东洋河、西阳河）。

通过对历年库区冲淤特性分析,泥沙的淤积时空分布有以下特点:①泥沙主要淤积在干流,占总淤积量的 82.99%;②支流淤积主要为干流异重流倒灌所致,随干流淤积面的抬高,支流沟口淤积面同步发展,支流淤积形态取决于沟口处干流的淤积面高程;③支流泥沙主要淤积在沟口附近,随着淤积的发展,支流的纵剖面形态变化的趋势将由正坡至水平而后可能会出现倒坡。

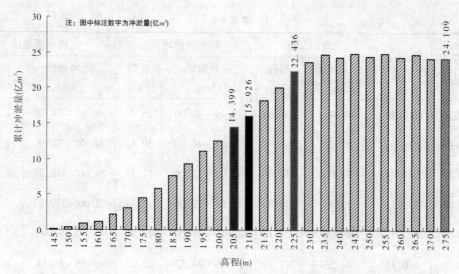

图4-2　1999年9月至2008年10月小浪底库区不同高程下的累计冲淤量分布

表4-3　1999年9月至2008年10月小浪底库区不同高程干支流淤积量

高程 (m)	淤积量(亿 m³)			高程 (m)	淤积量(亿 m³)		
	干流	支流	干支流		干流	支流	干支流
145	0.125	0.000	0.125	215	14.961	3.187	18.147
150	0.346	0.000	0.346	220	16.560	3.469	20.029
155	0.774	0.012	0.786	225	18.377	4.059	22.437
160	1.203	0.023	1.226	230	19.487	4.197	23.684
165	2.026	0.101	2.127	235	20.093	4.496	24.590
170	2.849	0.178	3.027	240	20.000	4.310	24.310
175	4.013	0.387	4.400	245	20.132	4.591	24.723
180	5.176	0.595	5.771	250	20.014	4.332	24.347
185	6.671	0.996	7.667	255	20.167	4.522	24.689
190	7.923	1.315	9.237	260	20.034	4.271	24.305
195	9.280	1.820	11.100	265	20.167	4.463	24.630
200	10.377	2.117	12.493	270	20.017	4.149	24.166
205	11.876	2.522	14.398	275	20.009	4.100	24.110
210	13.195	2.731	15.926				

二、淤积形态影响因素分析

(一)水库淤积的影响因素分析

从历年干流纵剖面变化图(见图4-1)可以看出,非汛期变化不大,淤积三角洲形态的变化主要表现在汛期,在水库蓄水前3年(2000~2002年)主要表现为淤积,三角洲淤积形态初步形成,2003~2008年库区淤积形态发生不同程度的调整;2003年、2005年、2007年出现全库段淤积抬高,主要淤积部位靠上游;2004年、2006年和2008年均发生三角洲洲面冲刷的现象,尤其2004年三角洲冲刷量高达2.428亿m³。

1. 水库运用水位对淤积形态的影响

小浪底水库自1999年蓄水以来,水位变化见图4-3,历年蓄水见表4-4,可以看出,非汛期运用水位最高为2004年的264.3 m,最低为2000年的180.34 m;汛期运用水位(每年7~10月坝前水位)变化复杂,2003年、2005年主汛期平均水位高达233.86 m,2000~2002年主汛期(7月11日至9月30日)平均水位在207.14~214.25 m变化,2003~2008年在225.98~233.86 m变化,其中2003年、2005年主汛期平均水位最高分别达233.86 m、230.17 m。主汛期高水位运用是引起库区大量淤积的主要原因之一,且淤积部位靠上游。

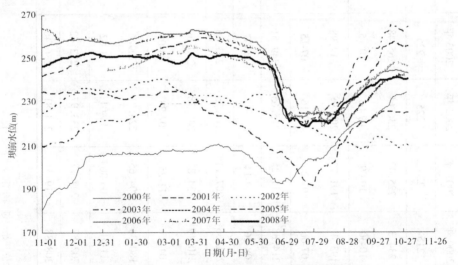

图4-3　2000~2008年小浪底水库水位变化

2. 入库水沙对水库淤积形态的影响

水库非汛期蓄水拦沙、汛期调水调沙,在多年调沙的周期内保持库区冲淤平衡,库区冲淤形态取决于汛期水沙条件。水库运用调节了水量在年内的分配。由2000~2008年进出库水量变化可以看出(见表4-5),9年汛期入库的水量占年水量的44.15%,经过水库调节后,汛期出库水量占年水量的比例减小到34.11%,除2002年汛期出库水量占年水量百分比均较入库水量的百分比大12.48%外,其余年份小10%~18%。图4-4、图4-5分别为2003~2008年入库流量、入库含沙量套汇图。

表4-4　2000~2008年小浪底水库蓄水运用情况

项目		2000年	2001年	2002年	2003年	2004年	2005年	2006年	2007年	2008年
汛限水位(m)		215	220	225	225	225	225	225	225	225
汛期	最高水位(m)	234.3	225.42	236.61	265.48	242.26	257.47	244.75	248.01	241.60
	日期(月-日)	10-30	10-09	07-03	10-15	10-24	10-17	10-19	10-19	10-19
	最低水位(m)	193.42	191.72	207.98	217.98	218.63	219.78	221.09	218.83	218.80
	日期(月-日)	07-06	07-28	09-16	07-15	08-30	07-22	08-11	08-07	07-22
	平均水位(m)	214.88	211.25	215.65	249.51	228.93	233.84	231.57	232.80	230.00
汛期开始蓄水日期(月-日)		08-26	09-14	—	08-07	09-07	08-21	08-27	08-22	08-21
主汛期平均水位(m)		211.66	207.14	214.25	233.86	225.98	230.17	227.94	228.83	227.05
非汛期	最高水位(m)	210.49	234.81	240.78	230.69	264.3	259.61	263.3	256.15	252.90
	日期(月-日)	04-25	11-25	02-28	04-08	11-01	04-10	03-11	03-27	12-20
	最低水位(m)	180.34	204.65	224.81	209.6	235.65	226.17	223.61	226.79	225.10
	日期(月-日)	11-01	06-30	11-01	11-02	06-30	06-30	06-30	06-30	06-30
	平均水位(m)	202.87	227.77	233.97	223.42	258.44	250.58	257.79	248.85	249.49
年平均运用水位(m)		208.88	219.51	224.81	236.46	243.68	242.21	248.95	242.35	242.99

注:1. 主汛期为7月11日至9月30日。
2. 汛期开始蓄水的日期是指汛期库水位开始超过当年汛限水位之日。
3. 2006年采用陈家岭水位资料。

表4-5　历年实测进出库水量变化

年份	年水量(亿 m³)		汛期水量(亿 m³)		汛期占全年(%)	
	入库	出库	入库	出库	入库	出库
2000	166.60	141.15	67.23	39.05	40.35	27.67
2001	134.96	164.92	53.82	41.58	39.88	25.21
2002	159.26	194.27	50.87	86.29	31.94	44.42
2003	217.61	160.70	146.91	88.01	67.51	54.77
2004	178.39	251.59	65.89	69.19	36.94	27.50
2005	208.53	206.25	104.73	67.05	50.22	32.51
2006	221.00	265.28	87.51	71.55	40.22	26.98
2007	227.77	235.55	122.06	100.77	53.59	42.78
2008	218.12	235.63	80.02	59.29	36.69	25.16
平均	192.47	206.15	86.56	69.20	44.15	34.11

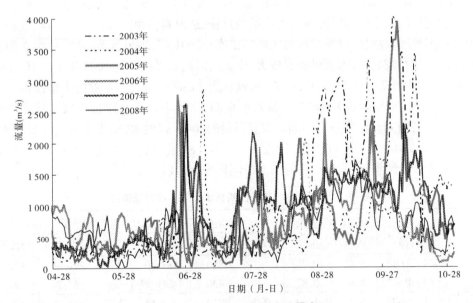

图4-4　2003～2008年入库流量套汇

　　水库运用调节了洪水过程。2000～2008年入库日均最大流量大于1 500 m³/s的洪水共29场,利用汛前或汛初的洪水进行了调水调沙,在2004年8月和2006年的洪水期进行了相机排沙。2007年进行了汛期调水调沙。此外,为满足下游春灌要求,2001年4月和2002年3月,分别向下游河道泄放了日均最大流量1 500 m³/s左右的洪水过程;2006年3月及2007年3月黄委组织实施的利用并优化桃汛洪水过程冲刷降低潼关高程试验中,小浪底水库非汛期入库流量在2006年3月超过1 500 m³/s并持续4 d,2007年3月超过2 000 m³/s并持续3 d。

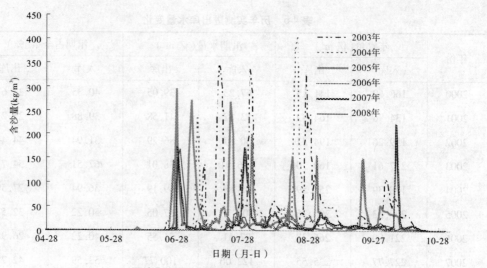

图 4-5　2003~2008 年入库含沙量套汇

由图 4-4、图 4-5 及表 4-6 可以看出,2003~2008 年库区淤积形态调整与入库水沙相关。2003~2008 年进行了汛前调水调沙和 2007 年汛期调水调沙,在调水调沙塑造人工异重流期间三门峡水库均出现下泄大流量的过程,适时对三角洲洲面进行冲刷,使得洲面段细颗粒泥沙得以输移,以异重流形式排沙出库。2004 年、2006 年和 2008 年洪水期各时段入库沙量相对较低、入库流量相对较大,出现瞬时高量洪峰。如 2008 年 9 月 18 日到 10 月 1 日,入库沙量仅为 0.16 亿 t,而入库水量达到 26.43 亿 m³,有足够的水量冲刷三角洲洲面段前期产生的淤积;2004 年 7 月洪水期期间,出现小浪底水库运用以来最大洪峰值 5 130 m³/s,适时对洲面段进行冲刷。需要说明的"04·8"洪水,从洪水期统计数据来看,水量高达 10.27 亿 m³,沙量仅为 1.71 亿 t,但"04·8"洪水后期出现历时长的矮胖洪水,从而产生大量后续水量,使得三角洲洲面段同样发生冲刷。

表 4-6　2000~2008 年三门峡站洪水期水沙特征值统计

年份	日期 （月-日）	水量 （亿 m³）	沙量 （亿 t）	流量（m³/s）			含沙量（kg/m³）		
				洪峰	最大日均	时段平均	沙峰	最大日均	时段平均
2000	07-09~07-13	3.82	0.71	—	1 850	883.40	—	291.35	132.28
	10-10~10-17	8.86	0.87	—	2 430	1 281.25	—	157.20	68.33
2001	08-18~08-25	6.15	1.90	2 900	2 210	890.13	542	463.08	199.89
2002	06-23~06-27	5.35	0.79	4 390	2 670	1 237.6	468	359	144.68
	07-04~07-09	7.20	1.74	3 750	2 320	1 388.33	507	419	181.37
2003	08-01~08-09	7.22	0.82	2 280	1 960	931	916	338.2	113.6
	08-25~09-16	43.08	3.03	3 830	3 050	2 254	474	334	70.3
	09-17~09-29	23.79	0.41	3 860	3 320	2 118	36.6	33.4	17.2
	09-30~10-09	25.89	1.63	4 500	4 020	2 996	180	109	63
	10-10~10-16	13.46	0.39	3 500	3 420	2 224	37	35.1	29

年份	日期 （月-日）	水量 （亿 m³）	沙量 （亿 t）	流量（m³/s）			含沙量（kg/m³）		
				洪峰	最大日均	时段平均	沙峰	最大日均	时段平均
2004	07-05 ~ 07-09	3.39	0.36	5 130	2 860	1 479	368	233.47	55.95
	08-21 ~ 08-31	10.27	1.71	2 960	2 060	1 188	542	406.31	166.63
2005	06-26 ~ 06-30	3.90	0.45	4 430	2 490	902.98	352	296	110.36
	07-03 ~ 07-07	4.32	0.80	2 970	1 790	999.6	301	271	144.16
	08-14 ~ 08-22	10.23	0.65	3 470	2 060	1 316.33	319	155	49.92
	09-17 ~ 09-25	11.34	0.62	4 000	2 420	1 458.89	319	147	38.32
	09-26 ~ 10-09	29.26	0.96	4 420	3 930	2 418.57	111	53.7	27.91
2006	03-16 ~ 04-02	18.74	0.02	2 960	2 490	1 205.17	10	14.5	1.25
	06-20 ~ 06-29	7.99	0.23	2 760	2 760	924.46	144	144	29.404
	07-21 ~ 08-04	14.20	0.53	1 920	1 920	1 095.6	198	198	29.78
	08-29 ~ 09-12	17.21	0.64	2 360	2 360	1 327.67	156	156	28.53
	09-13 ~ 09-24	14.84	0.53	2 210	2 210	1 483	148	148	28.9
2007	03-20 ~ 03-26	10.41	0.05	3 390	2 610	1 721.43	—	9.53	4.01
	06-27 ~ 07-05	12.94	0.64	2 620	2 620	1 664.44	173	173	40.9
	07-29 ~ 08-12	18.38	0.97	2 020	2 150	1 417.87	171	171	42.77
	10-08 ~ 10-19	17.25	0.70	2 290	2 290	1 663.33	221	221	32.12
2008	03-18 ~ 04-02	19.09	0.06	3 330	2 820	1 381	34.3	27.83	6.05
	06-27 ~ 07-03	8.01	0.74	6 080	2 470	1 324	355	168.92	71.17
	09-18 ~ 10-01	26.43	0.16	2 290	1 730	1 275	16.8	15.99	5.64

2003 年、2005 年洪水期各时段入库沙量相对较大。2003 年入库总水量 113.44 亿 m³，入库总沙量为 6.28 亿 t，特别是 2003 年 8 月 25 日到 9 月 16 日，出现大流量高含沙量的水沙过程，其间入库沙量 3.03 亿 t，水量为 43.08 亿 m³，水库运用水位较高，泥沙不同程度地形成沿程落淤；2005 年洪水期入库总水量高达 59.05 亿 m³，入库总沙量为 3.48 亿 t，出现的是高含沙量小流量的水沙过程，没有足够能量发生冲刷，致使泥沙淤积在水库后半部，且三角洲顶点随着淤积向后缩退抬高。2007 年入库水沙呈现大流量低含沙量的情况，但是由于在 10 月洪水期间，水库已经蓄水运用，水位较高，则出现洲面尾部段略有抬高，但三角洲顶点向坝前推移的现象。

综上所述，水库对洪水的调节作用，决定了水库的淤积，水库淤积量的大小决定于入库水沙的多少，水库在高含沙量的情况下容易出现不同程度淤积的情况，改变水库淤积形态（如 2003 年、2005 年）；小浪底水库在低含沙量大流量的情况下，容易发生三角洲洲面段的沿程冲刷，将三角洲顶点向坝前推进（2004 年、2006 年、2008 年）。入库含沙量的高低对水库冲淤有决定性的作用,而入库流量则提供水库冲淤的动力。

3. 异重流排沙对水库淤积形态的影响

在小浪底水库拦沙初期,异重流排沙是小浪底水库主要的排沙方式,水库淤积量的大小关键在于异重流排出泥沙的多少,异重流排沙的多少除受入库水沙、水库运用方式的影响外,还与潜入点以上细颗粒泥沙含量、异重流运行距离、水库边界条件等因素有关。表4-7列出了调水调沙期间异重流特征值。

从现有的资料看,2004年潜入点以上淤积物细颗粒泥沙含量介于0.3%~70.1%,而2006年潜入点以上的细颗粒泥沙含量为10.4%~81.4%。2006年、2008年潜入点以上的资料有待于进一步收集补充。

由表4-7可以看出,随着淤积形态的调整,三角洲洲面段的比降发生变化,影响调水调沙期间的输沙,反作用于洲面段的冲淤变化。2004年、2006年、2007年、2008年三角洲洲面段比降均保持在3‰左右,而2005年洲面段比降仅为1.25‰;同时,2004年潜入点HH35断面以下河底比降为9.62‰;2005年潜入点以下9 km左右坡度较缓,HH32断面至HH27断面之间河底比降1.84‰;2006年潜入点HH27断面以下较陡,比降约10.63‰;2007年潜入点至HH15断面之间河底比降23.4‰、HH15以下6.78‰。另外,2006年、2007年潜入点距坝近,与2004~2005年相比,避免了沇西河、亳清河等支流倒灌所产生的异重流能量损失。

（二）水库淤积形态调整原因分析

水库的淤积形态取决于水库来沙条件与水库运用方式。水库淤积形态发生较大幅度的调整主要发生在调水调沙期及洪水期,分析水库淤积形态调整机制,对于实现水库开发目标、协调其相互间关系、延长水库使用寿命具有重大的意义。

表4-8列出了水库进出库水沙及蓄水情况。可以看出,淤积严重的年份2003年入库沙量7.56亿t,出库沙量1.18亿t,排沙比仅为15.61%,主汛期运用水位达233.86 m;2005年入库沙量4.08亿t,出库沙量0.45亿t,排沙比为11.03%,主汛期运用水位230.17 m。

图4-6绘出了库区主汛期平均水位与库区淤积比关系,可以看出,主汛期平均水位越高,库区淤积量越大,当主汛期平均水位在227 m左右时,库区淤积比相对较小,小于70%;当主汛期平均水位大于228 m时,库区淤积比大,大于70%。2006年主汛期运用水位为227.94 m,淤积比达到82.76%,与上面的结论有出入,这与2006年度观测资料有关,2006年度输沙率法计算入库沙量2.32亿t,出库沙量0.37亿t,而断面法库区淤积量竟达3.45亿m³。

结合表4-9给出的历年三角洲主要区间冲淤变化,2004年主汛期平均水位225.98 m,三角洲顶坡段冲刷量达2.428亿m³;2008年主汛期平均水位227.05 m,三角洲顶坡段冲刷量0.413亿m³。分析认为,当主汛期平均水位低于227 m时,水库淤积比小的原因为:①三角洲顶坡段会发生冲刷,形成的水沙在其下游部位潜入,形成异重流排沙出库,增大了水库异重流排沙比;②主汛期平均水位低,在异重流形成的过程中,库水位相对也低,形成的异重流运行距离短,也增大了异重流排沙比。

表 4-7　调水调沙小浪底水库异重流特征值

年份	日期(月-日)	历时(d)	入库平均流量(m³/s)	入库平均含沙量(kg/m³)	沙量(亿t)三门峡	沙量(亿t)小浪底	排沙比(%)	三门峡站 d_{50}(mm)	异重流运行距离(m)	潜入点以下河底比降(‰)	冲刷三角洲	潜入点以下主要支流	三角洲面细泥沙所占比例(%)
2004	07-07~07-14	8	689.68	80.71	0.385	0.053	14.23	0.003 7~0.040 2	58.51/HH35	9.62	√	沁西河、亳清河、东洋河、西阳河、大交河、石井河、畛水河、大峪河等	0.3~70.1
2005	06-27~07-02	6	776.92	112.20	0.450	0.020	4.44	0.021 7~0.046 8	53.44/HH32	1.84		东洋河、西阳河、大交河、石井河、畛水河、大峪河等	
2006	06-25~06-29	5	1 254.52	42.38	0.230	0.071	30.87	0.014 4~0.041 3	44.13/HH27 下游200 m	10.63	√	西阳河、东洋河、大交河、石井河、畛水河、大峪河等	10.4~81.4
2007	06-26~07-02	7	1 568.71	64.58	0.613	0.234	38.14	0.005 9~0.036 3	30.65/HH19 下游1 200 m	23.40	√	东洋河、大交河、石井河、大峪河等	
2007	07-29~08-12	15	1 417.87	52.85	0.971	0.426	43.84	0.006 0~0.036 9			√		
2008	06-27~07-03	6	1 324	71.17	0.741	0.458	62.35	0.025 0~0.037 4	HH15	45.69	√	石井、畛水、大峪河等	

表 4-8　2000～2008 年小浪底水库进出库水沙及蓄水运用情况

年份	水量（亿 m³）		沙量（亿 t）		水位（m）							汛期开始蓄水日期（月-日）	主汛期平均水位（m）
	入库	出库	入库	出库	汛期			非汛期				
					最高值	最低值	平均值	最高值	最低值	平均值			
2000	166.60	141.33	3.57	0.04	234.3	193.42	214.88	210.49	180.34	202.87	08-26	211.66
2001	134.96	164.92	2.83	0.22	225.42	191.72	211.25	234.81	204.65	227.77	09-14	207.14
2002	159.26	94.27	4.37	0.70	236.61	207.98	215.65	240.78	224.81	233.97	—	214.25
2003	217.61	160.66	7.56	1.18	265.48	217.98	249.51	230.69	209.60	223.42	08-07	233.86
2004	178.39	251.59	2.64	1.49	242.26	218.63	228.93	264.30	235.65	258.44	09-07	225.98
2005	208.53	206.25	4.08	0.45	257.47	219.78	233.84	259.61	226.17	250.58	08-21	230.17
2006	221.00	265.28	2.32	0.37	244.75	221.09	231.57	263.30	223.61	257.79	08-27	227.94
2007	227.77	235.55	3.12	0.70	248.01	218.83	232.80	256.15	226.79	248.85	08-22	228.83
2008	218.12	235.64	1.33	0.46	241.60	218.80	230.00	252.90	225.10	249.49	08-21	227.05

注：1. 主汛期为 7 月 11 日至 9 月 30 日。
　　2. 2006 年采用陈家岭水位资料。

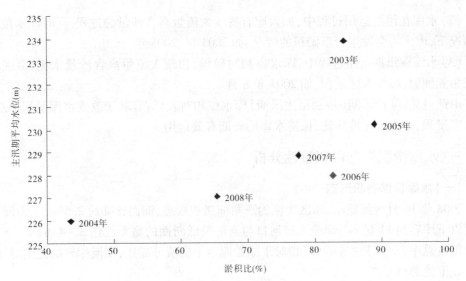

图 4-6 主汛期平均水位与库区淤积比关系

表 4-9 历年三角洲主要区间冲淤变化

日期（年-月）	冲刷区间		淤积区间	
	距坝里程（km）	冲刷量（亿 m³）	距坝里程（km）	淤积量（亿 m³）
2001-05 ~ 2001-09	53.44 ~ 88.54	0.644	坝前 ~ 48	2.090
2001-09 ~ 2001-12	—	—	坝前 ~ 85.76	0.705
2002-06 ~ 2002-07	—	—	坝前 ~ 88.54	1.322
2002-07 ~ 2002-10	60.13 ~ 88.54	0.463	24.43 ~ 60.13	0.949
2003-05 ~ 2003-10	—	—	13.99 ~ 110.27	4.824
2004-05 ~ 2004-07	69.39 ~ 110.27	1.376	坝前 ~ 67.99	2.058
			110.27 ~ 123.41	0.069
2004-07 ~ 2004-10	48 ~ 123.41	1.052	13.99 ~ 48	0.625
2005-04 ~ 2005-11	—	—	坝前 ~ 105.85	2.804
2006-04 ~ 2006-10	67.99 ~ 105.85	0.537	坝前 ~ 58.51	3.043
2007-04 ~ 2007-10	—	—	坝前 ~ 33.48	1.162
			72.06 ~ 101.61	0.208
2008-04 ~ 2008-10	62.49 ~ 93.96	0.413	11.42 ~ 31.85	0.665

分析认为,库区泥沙的冲淤不但同来水来沙有很大关系,而且同水库的运用方式及异重流排沙量密切相关:

(1)在调水调沙期间随着高含沙水流的入库,水位迅速的降低,引起三角洲洲面段的冲刷,如历年调水调沙小浪底水库异重流排沙。

（2）水库在汛期运用过程中，如入库有持续大流量高含沙量的过程，同时库水位较高的情况下，库区将会发生严重淤积的情况，如 2003 年、2005 年。

（3）水库在汛期运用过程中，库水位相对较低，出现大流量高含沙量水流，会强烈冲刷三角洲洲面，减少库区淤积，如 2004 年 8 月。

由此可见，维持汛期（特别是主汛期）库水位相对较低，有利于改变水库淤积形态、减少水库淤积、增大水库排沙比，保持水库的长期有效运用。

三、水库淤积形态可调整性分析

（一）水库目前淤积形态

2008 年 10 月观测显示，库区干流为三角洲淤积形态，洲面比降约 2.5‰，三角洲顶点高程以下库容约 11 亿 m^3；部分支流河口与支流最低断面的高差已达 3 ~ 4 m；干、支流库容分别占总库容的 53% 与 47%，相对于原始库容干支流分配比，支流库容的比例增加。

1. 干流淤积形态

2008 年 10 月库区干流淤积纵坡面仍为三角洲。三角洲顶点距坝 24.43 km，高程为 220.25 m，坝前淤积面为 185 m 左右（见图 4-7）。若按目前三角洲洲面的纵比降约 2.5‰（HH37—HH15 断面）往下延伸至坝前，坝前 HH1 断面为 214 m 左右，其间还有约 9 亿 m^3 的库容。205 m 高程以下仍有库容 3.84 亿 m^3，其中干流 2.58 亿 m^3，支流 1.26 亿 m^3；220 m 高程以下库容 10.95 亿 m^3，干、支流分别为 6.59 亿 m^3 及 4.36 亿 m^3。

从淤积量上分析，水库应该进入拦沙后期，但从淤积形态上看，与设计阶段的研究相比，坝前淤积面没有达到 205 m，三角洲顶点还没有推移至坝前。总体来看，淤积部位偏上，205 m 高程以下淤积量偏小。淤积部位偏上主要是因为近年入库水沙量持续偏枯。为了保证黄河下游水资源的安全、不断流和减少下游滩区的淹没损失，水库汛期运用水位偏高且提前蓄水运用所致。

2. 支流淤积形态

典型支流历年观测资料可以看出，支流沟口淤积面与干流同步发展，支流淤积形态取决于沟口处干流的淤积面高程；支流泥沙主要淤积在沟口附近。随着淤积的发展，支流的纵剖面形态变化总趋势是由正坡至水平而后出现倒坡，目前部分支流河口与支流内部最低断面的高差已达 3 ~ 4 m，见图 4-8。

3. 库容变化

1999 年 9 月至 2008 年 10 月，小浪底全库区断面法淤积量为 24.11 亿 m^3。其中，干流淤积量为 20.01 亿 m^3，支流淤积量为 4.10 亿 m^3。2008 年 10 月 275 m 高程下干流库容为 54.771 亿 m^3，支流库容为 48.580 亿 m^3，分别占总库容（103.351 亿 m^3）的 53% 与 47%，与原始库容干支流分配比（58.67% 及 41.33%）相比，干流库容的比例减少，而支流库容的比例增加。图 4-9 为 2008 年汛后小浪底水库库容曲线。

（二）淤积形态的可调整性

小浪底库区内黄河干流上窄下宽，自坝址至水库中部的板涧河河口长 61.59 km，除八里胡同河段外，河谷底宽一般在 500 ~ 1 000 m；坝址以上 26 ~ 30 km 为峡谷宽 200 ~ 300 m 的八里胡同库段，该段山势陡峻，河槽窄深，是全库区最狭窄河段。板涧河口至三门峡

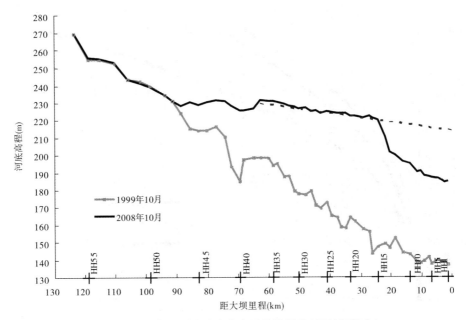

图4-7　2008年汛后小浪底水库干流淤积纵剖面(深泓点)

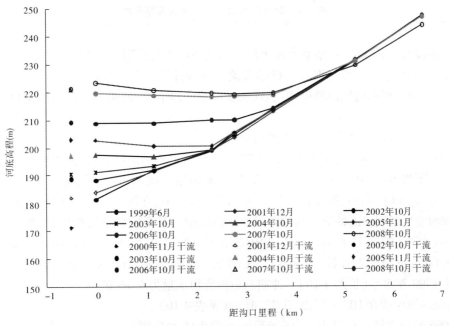

图4-8　支流东洋河纵剖面

站河道长度62 km,河谷底宽200~300 m,亦属窄深河段。从2008年汛后的淤积纵剖面看,HH47断面以上已经恢复到1999年的初始状态,同坝前淤积面205 m的斜体淤积21亿~22亿 m³部位相比,淤积部位靠后主要集中在HH47—HH15断面,这种库区平面形态有利调整库区淤积形态,使其更接近于初步设计阶段提出的拦沙初期结束时的淤积形态。

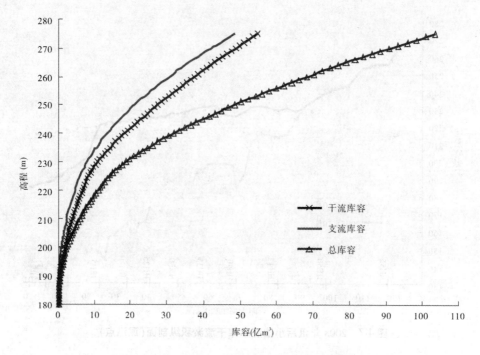

图 4-9 2008 年汛后小浪底水库库容曲线

图例：干流库容、支流库容、总库容

运用以来实践表明,小浪底水库上段三角洲洲面的淤积物遇有利的水流条件,相机降低库水位,利用三门峡水库泄放的持续大流量过程冲刷三角洲洲面,可产生大幅度的调整,使三角洲淤积体向坝前推进,可实现恢复小浪底调节库容,调整库区泥沙淤积分布的目标。

1. 汛前调水调沙对库区形态调整的作用

2003 年小浪底水库蓄水位较高,受 2003 年秋汛洪水的影响,上游洪水挟带的大量泥沙淤积在距坝 50~110 km 的库段内。2004 年黄河第三次调水调沙试验(6 月 19 日 9 时至 7 月 13 日 8 时)期间,库水位从 249.06 m 降至 225 m,在距坝 70~110 km 的库段内三角洲洲面发生了明显的冲刷。同调水调沙试验以前 5 月淤积纵剖面相比,三角洲的顶点从 HH41 断面(距坝 72.6 km)下移到 HH29 断面(距坝 48 km),下移距离 24.6 km,高程从 244.86 m 下降至 221.17 m,下降了 23.69 m。在距坝 94~110 km 的河段内,河底高程降到了 1999 年水平(见图 4-10)。冲刷三角洲所用水量为 6.76 亿 m³,冲刷量为 1.376 亿 m³,最大冲刷深度在 HH48 断面,达 18.41 m(见表 4-10)。

2006 年调水调沙至汛末,库区淤积形态发生较大幅度的调整,距坝约 67.99 km 的 HH39 至距坝约 105.85 km 的 HH52 断面之间三角洲发生大幅度冲刷,冲起的泥沙与期间入库泥沙主要堆积在距坝 57~31.85 km 的 HH34—HH19 断面。三角洲顶点由距坝 48 km 左右下移 14.52 km 至距坝 33.48 km 处,顶点高程也由 224.68 m 降至 221.87 m;冲刷量为 0.53 亿 m³,最大冲深在 HH44 断面,达 9.99 m(见图 4-11)。

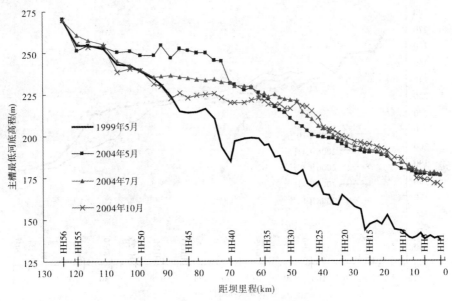

图 4-10　2004 年小浪底水库淤积纵剖面

表 4-10　2004 年小浪底水库三角洲冲刷时期特征值

日期 （月-日）	入库水量 （亿 m³）	入库沙量 （亿 t）	最大 洪峰流量 （m³/s）	三角洲顶点		冲刷量 （亿 m³）	最大 冲刷深度 （m）
				推进距离 （km）	下降高度 （m）		
07-05～07-10	6.76	0.382	5 130	24.6	23.69	1.376	18.41
08-22～08-31	10.27	1.711	2 920	3.47	3.78	1.046	14.20

2008 年汛期没有大的洪水,淤积三角洲调整主要是汛前调水调沙造成的。期间库水位由 244.90 逐步下降至 222.30 m,库区淤积形态发生较大幅度的调整,距坝约 62.49 km 的 HH37 断面至距坝约 93.96 km 的 HH49 断面之间三角洲发生大幅度冲刷,冲起的泥沙大部分堆积在相邻库段 HH20 断面至距坝约 20.39 km 的 HH13 断面之间。三角洲顶点由距坝 27.19 km 左右下移 2.76 km 至距坝 24.43 km 处,顶点高程也由 219.00 m 升至 220.25 m,三角洲洲面冲刷量为 0.413 亿 m³,最大冲深在 HH45 断面,达 10.35 m(见图 4-11)。

2. 洪水期的调整作用

2004 年 8 月,受"04·8"洪水(8 月 22～31 日)的影响,三门峡水库敞泄运用,小浪底水库水位从 224.16 m 降至 219.61 m,期间所用水量 5.339 亿 m³。小浪底水库三角洲顶坡段继调水调沙之后再次发生冲刷,三角洲顶点从 HH29 断面(距坝 48 km)下移到 HH27 断面附近(距坝 44.53 km),顶点高程从 221.17 m 下降至 217.39 m,下降 3.78 m。冲刷量为 1.046 亿 m³,最大冲深在 HH47 断面,达 14.2 m。在距坝 88.54(HH47 断面)～110 km 的库段内,河底高程略低于 1999 年河底高程,10 月三角洲顶坡段(HH27—HH47 断面)平缓,比降约为 1.4‰(见图 4-10、表 4-10)。

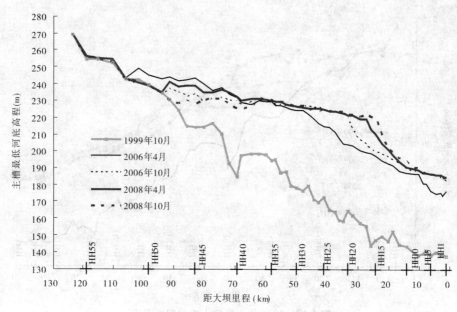

图 4-11 2008 年小浪底水库淤积纵剖面

综上所述,小浪底库区上段,纵比降大,遇较大流量过程,淤积形态可迅速发生较大幅度的调整。

第五章 小浪底水库淤积形态对水库调度的影响

一、水库淤积形态与水库调度

为研究水库淤积形态对水库调度的影响,按目前库区淤积量 24.11 亿 m³ 考虑,计算了淤积形态为锥体时库容分布特征值,并与目前三角洲淤积形态相应值进行对比,见表 5-1。可以看出,三角洲淤积形态与锥体淤积形态相比,若水库蓄水量相近,前者蓄水位较低;若蓄水位相同,前者回水距离较短。通过实测资料分析、实体模型试验等对水库输沙规律的研究认为,在同淤积量与同蓄水量条件下,近坝段保持较大库容的三角洲淤积形态,在发挥水库拦粗排细减淤效果及优化出库水沙过程等方面,更优于锥体淤积形态。

表 5-1 库区不同淤积形态库容分布特征值

高程(m)	库容(亿 m³)		回水长度(km)	
	三角洲	锥体	三角洲	锥体
210	5.845	2.618	19	19
215	8.228	5.142	23	34
220	10.95	8.497	24	51
225	14.224	13.024	40	68

(一)有利于优化出库的水沙过程

按照《小浪底水利枢纽拦沙初期运用调度规程》,水库运用方式将由拦沙初期的"蓄水拦沙调水调沙"转为"多年调节泥沙,相机降水冲刷",即一般水沙条件调水调沙与较大洪水相机降水冲刷相结合的运用方式。在一般水沙条件下水库调水调沙过程中,库区总是处于蓄水状态,蓄水量在 2 亿 m³ 至调控库容之间变化。显然,目前的三角洲淤积形态回水末端距坝更近,有利于形成异重流排沙且排沙效果更好。

(1)同淤积量与同蓄水量条件下,异重流排沙效果优于壅水明流。

水库蓄水状态下,在回水区有明流和异重流两种输沙流态,其中壅水明流排沙计算关系式为:

$$\eta = a \lg Z + b \qquad (5\text{-}1)$$

式中,η 为排沙比;$Z = \left(\dfrac{V}{Q_{出}} \cdot \dfrac{Q_入}{Q_{出}}\right)$ 为壅水指标,V 为计算时段中蓄水容积,$Q_入$、$Q_{出}$ 分别为入、出库流量;a、b 为系数、常数。

选用在水库三角洲顶坡段未发生壅水明流输沙的 2006 ~ 2008 年调水调沙期间的入库水沙过程与蓄水条件,假定排沙方式为壅水明流排沙,利用式(5-1)计算水库明流排沙量,并与水库实际的异重流排沙结果进行对比,见表 5-2。可明显看出异重流排沙效果优于壅水明流。

表 5-2　壅水排沙计算同实测异重流排沙对比

年份	日期 （月-日）	异重流运行距离 （km）	入库沙量 （亿 t）	出库沙量（亿 t）	
				计算值 （明流排沙）	实测值 （异重流排沙）
2006	06-25～06-28	44.13/HH27 下游 200 m	0.230	0.052	0.071
2007	06-26～07-02	30.65/HH19 下游 1 200 m	0.613	0.161	0.234
	07-29～08-08		0.834	0.153	0.426
2008	06-28～07-03	24.43/HH15	0.741	0.157	0.458

（2）三角洲淤积形态更有利于异重流潜入。

大量研究表明,小浪底水库异重流潜入点水深亦可用式(5-2)式计算:

$$h_0 = \left(\frac{1}{0.6\eta_g g} \frac{Q^2}{B^2} \right)^{1/3} \tag{5-2}$$

韩其为认为,异重流潜入后,经过一定距离后成为均匀流,其水深:

$$h'_n = \frac{Q}{V'B} = \left(\frac{\lambda'}{8\eta_g g} \frac{Q^2}{J_0 B^2} \right)^{1/3} \tag{5-3}$$

式中,η_g 为重力修正系数;$\eta_g g$ 为有效重力加速度;Q 为流量;B 为平均宽度;J_0 为水库底坡;λ' 为异重流的阻力系数,取 0.025。

若异重流均匀流水深 $h'_n < h_0$,则潜入成功;否则,异重流水深将超过表层清水水面,则异重流上浮而消失。

当 $\dfrac{h'_n}{h_0} = 1$ 时,相应临界底坡 $J_{0,c} = J_0 = 0.001\,875$。即一般来讲,异重流除满足潜入条件式(5-2)外,还应满足水库底坡 $J_0 > J_{0,c}$。因此,小浪底库区形成锥体淤积形态后,往往难以形成异重流输沙流态。

（二）有利于多拦较粗颗粒泥沙

三角洲的前坡段纵比降约为锥体淤积形态的 10 余倍。在三角洲顶点高程以下,若坝前水位抬升值相同,两者回水长度的增加值可相差数倍。库区若为锥体淤积形态,除较粗泥沙在回水末端淤积外,大量较细颗粒泥沙也会沿程分选淤积。相对而言,异重流潜入后运行距离近,细沙排沙比较大。

（三）有利于支流库容的利用

支流在干流淤积三角洲以下,支流淤积为异重流倒灌,支流沟口难以形成拦门沙坎,支流库容可参与水库调水调沙运用。若形成锥体淤积,遇较长的枯水系列,在部分支流河口,往往形成拦门沙坎。图 5-1 为近期开展的小浪底水库拦沙后期 20 年枯水系列年试验,支流西阳河纵剖面变化过程。支流河口高程明显高于支流内部,支流河床与干流呈同步抬升趋势。拦门沙坎高程以下的库容在某些时段,不能得到有效的利用。目前,库区最大的支流畛水河,也是最不利于倒灌淤积的一条支流,仍在三角洲顶点以下,此外还有石井河、大峪河等较大支流。尽可能保持三角洲淤积形态有利于发挥库区下段几条较大支流库容的作用。

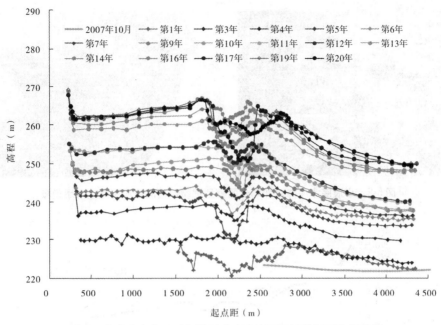

图 5-1　小浪底水库系列年模型试验支流西阳河纵剖面变化过程

（四）有利于优化出库水沙组合

异重流运行至坝前后，水流悬浮的泥沙颗粒细且浓度高，形成的浑水水库沉降缓慢。利用这一特点，可根据来水来沙条件与黄河下游的输沙规律，通过开启不同高程的泄水孔洞，达到优化出库水沙组合的目的。

（五）有利于汛前调水调沙塑造异重流

在汛前进行调水调沙过程中，三角洲淤积形态更有利于利用洲面的泥沙塑造异重流，增大水库排沙比。

二、保持库区三角洲淤积形态的水库调度方式初步探讨

挟沙水流在淤积三角洲顶点附近，较粗颗粒泥沙分选淤积，水流挟带较细颗粒泥沙形成异重流向坝前输移，在近坝段河床质大多为细颗粒泥沙，这种黏性淤积体在尚未固结情况下可看做宾汉体，可用流变方程为 $\tau = \tau_b + \eta \dfrac{\mathrm{d}u}{\mathrm{d}y}$ 描述。当淤积物沿某一滑动面的剪应力超过了其极限剪切力 τ_b，则产生滑塌，有利于库容恢复。图 5-2 为小浪底水库专题试验过程中，河槽溯源冲刷下切的同时水位下降，两岸尚未固结且处于饱和状态的淤积物失去稳定，在重力及渗透水压力的共同作用下向主槽内滑塌的现象。

在水库运用过程中，遇适当的洪水过程，通过控制运用水位，在坝前段及三角洲洲面形成溯源冲刷。通过坝前异重流淤积段的冲刷与三角洲的蚀退，恢复三角洲顶点以下库容。同时淤积三角洲冲刷的泥沙在向坝前的输移过程中，进行二次分选，使较细颗粒泥沙排出水库。在水库拦沙后期的运用过程中，尽可能保持三角洲淤积形态同步抬升，如图 5-3（a）所示，而不是锥体淤积形态逐步抬升，如图 5-3（b）所示。

图 5-2　小浪底水库降水冲刷专题模型试验河槽溯源冲刷滩地滑塌现象

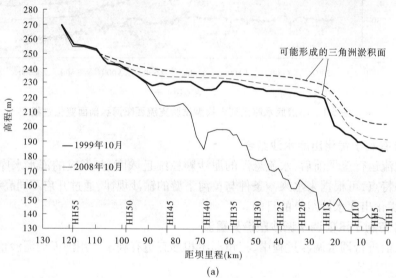

(a)

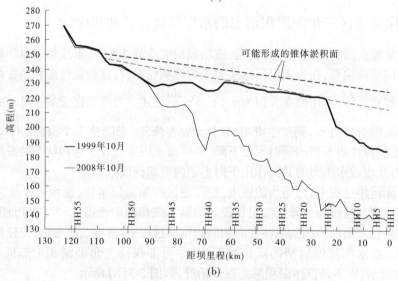

(b)

图 5-3　小浪底水库淤积面逐步抬升示意图

需要进一步深入研究的是,不同量级流量与水库控制水位对坝前淤积物的冲刷效果及其出库水沙组合,不同量级高含沙水流在黄河下游河道的输沙规律;水库低水位冲刷时机及其综合影响研究等。

综上所述,当前小浪底水库的调度,应考虑适时进行排沙运用,尽可能延长库区由三角洲淤积转化为锥体淤积的时间。以便更有利于减少水库淤积,调整床沙组成,优化出库水沙过程,同时可增强小浪底水库运用的灵活性和调控水沙的能力。

第六章　主要认识与建议

一、主要结论

（1）从 1999 年 10 月至 2008 年 10 月，小浪底全库区断面法淤积量为 24.109 亿 m^3，年均淤积 2.679 亿 m^3，其中，干流淤积量为 20.009 亿 m^3，支流淤积量为 4.100 亿 m^3，分别占总淤积量的 82.99% 和 17.01%。

（2）截至 2008 年 10 月，水库 275 m 高程下干流尚有库容 54.771 亿 m^3，支流库容为 48.580 亿 m^3，全库总库容为 103.351 亿 m^3。

（3）从淤积部位来看，泥沙主要淤积在汛限水位 225 m 高程以下，225 m 高程以下的淤积量达到了 22.436 亿 m^3，占总量的 93.07%，随干流淤积面的抬高，支流淤积总的趋势是由正坡至水平而后出现倒坡，目前部分支流河口与支流内部最低断面的高差已达 3 ～ 4 m（如东洋河、西阳河）。

（4）若按三角洲顶坡（HH37—HH15 断面）平衡纵比降 2.5‰ 推移到坝前，还有约 9 亿 m^3 的拦沙库容，按近年平均来沙情况估算，2 ～ 3 年内，三角洲淤积、异重流排沙仍然是小浪底水库的主要排沙方式。

二、初步建议

（1）通过对比计算分析认为，相同淤积量与相同蓄水量条件下，三角洲淤积形态比锥体淤积形态的回水长度明显缩短，异重流排沙效果优于壅水明流排沙。当前水库调度应考虑适时进行排沙运用，尽可能延长库区由三角洲淤积转化为锥体淤积的时间，以便更有利于减少水库淤积，调整床沙组成，优化出库水沙过程，同时可增强小浪底水库运用的灵活性和调控水沙的能力。

（2）依靠自然的力量较长时期保持库区三角洲淤积形态，面临着水库实时调度及其对下游河床演变、沿黄用水等方面的技术问题，需进一步深入研究不同组成的淤积物沉积历时及沉积环境与其固结度的关系；不同固结度淤积物对不同量级水流与水库控制水位的响应；不同量级高含沙水流在黄河下游河道的输沙规律；水库低水位冲刷时机及其综合影响研究等。

第五专题　黄河下游"驼峰"河段及其下游分组泥沙冲淤特性分析

　　本专题重点分析了黄河下游高村—利津河段分组泥沙的冲淤规律、小浪底水库拦沙期洪水输沙能力、"驼峰"河段冲淤特点,并论证了利用扰沙措施治理"驼峰"河段的可行性。研究表明,在小浪底水库拦沙期和低含沙洪水期,高村—艾山河段全沙及各粒径组泥沙均发生冲刷。高村—艾山河段冲淤量与来沙系数关系最为密切;艾山—利津河段的冲淤量与艾山站平均流量关系较为密切,随着艾山站平均流量增加,冲淤效率和淤积比均减小;与三门峡水库拦沙期比较,同流量条件下小浪底水库拦沙期艾山—利津河段全沙冲刷强度较大。从分组泥沙的冲淤表现来看,这主要是由于中沙冲刷强度增大引起的,特别是 2002~2008 年同流量条件下特粗泥沙的冲淤效率高于三门峡水库拦沙期的;从长时期来看,黄河下游各河段的比降和糙率变化不大,影响河段挟沙能力的因子主要为反映河道边界条件的河宽和反映来沙条件的泥沙粒径。利用挖泥船扰沙增加含沙量相对洪水自身的冲刷能力很小,同时扰沙破坏了水流结构,有可能对水流输沙和冲刷产生不利影响。

第一章　高村—艾山河段分组泥沙冲淤演变

一、来沙量及冲淤量统计

统计三门峡水库拦沙期、1981～1985 年丰水少沙期、小浪底水库拦沙运用三个时期高村—艾山河段水沙量和冲淤量见表 1-1。三个时期内洪水期该河段均发生冲刷，冲刷量分别为 2.495 亿 t、3.776 亿 t、2.197 亿 t。河段冲刷量以 1981～1985 年时期最大，三门峡水库拦沙期和小浪底水库拦沙期两个时期内洪水期的冲刷量基本相当。小浪底水库运用以来，洪水期进入该河段的水量、沙量均远小于其他两个时期，水量分别为前两个时期的 34% 和 29%，沙量分别为前两个时期的 25% 和 17%。三个时期洪水平均流量和平均含沙量相对接近，小浪底水库拦沙期略小一些。从洪水期单位水量冲淤量来看，小浪底水库拦沙期冲刷效率 4.6 kg/m³，明显大于其他两个时期的 1.8 kg/m³ 和 2.3 kg/m³。

表 1-1　河段水沙量和冲淤量统计

时段	高村				艾山				高村—艾山		
	水量 （亿 m³）	沙量 （亿 t）	平均 流量 （m³/s）	平均 含沙量 （kg/m³）	水量 （亿 m³）	沙量 （亿 t）	平均 流量 （m³/s）	平均 含沙量 （kg/m³）	冲淤量 （亿 t）	单位水量 冲淤量 （kg/m³）	淤积比 （%）
1961～1964	1 416.42	27.45	3 082	19.4	1 505.43	29.63	3 275	19.7	-2.495	-1.8	-9.1
1981～1985	1 661.07	40.59	2 944	24.4	1 649.45	43.50	2 924	26.4	-3.776	-2.3	-9.3
2002～2008	482.41	6.76	2 417	14.0	487.18	8.83	2 441	18.1	-2.197	-4.6	-32.5
合计	3 559.90	74.79	2 910	21.0	3 642.06	81.96	2 977	22.5	-8.468	-2.4	-11.3

从来沙组成来看，小浪底拦沙期细颗粒泥沙（$d<0.025$ mm）和特粗颗粒泥沙（$d>0.1$ mm）含量均高于其他两个时期，中颗粒泥沙（0.025～0.05 mm）和粗颗粒泥沙（0.05～0.1 mm）含量低于其他两个时期。该河段出口站艾山的泥沙组成与高村站相比，三门峡水库拦沙期有所细化，细泥沙比例从进口站的 63% 到出口站增加到 69%，粗颗粒比例明显减小，由 14% 减少为 10%，中颗粒泥沙、特粗颗粒泥沙比例无明显变化。小浪底拦沙期该河段出口站与进口站泥沙比例的变化与三门峡水库拦沙期恰好相反，细泥沙含沙量明显减小，由 67% 减小为 53%，中、粗、特粗颗粒泥沙的含量均有所提高，尤其特粗颗粒泥沙的比例占到 6%，明显高于其他两个时期的 1%，洪水期该河段来沙量及冲淤量详见表 1-2。

从进出口分组泥沙含量来看，小浪底拦沙期进入高村—艾山河段洪水期的中、粗泥沙的含量均比三门峡水库拦沙期的低，而细泥沙和特粗泥沙的含量高于三门峡水库拦沙期。小浪底水库拦沙期艾山站的分组泥沙含沙量，除细泥沙含量低于三门峡水库拦沙期、中颗粒泥沙含量略有增加外，粗泥沙和特粗泥沙的含沙量显著高于三门峡拦沙期。

另外，三个时期分组泥沙的冲淤表现不同，三门峡水库拦沙期细、中颗粒泥沙发生冲刷，粗泥沙和特粗泥沙发生淤积，1981～1985 年和小浪底水库拦沙期，各粒径组泥沙均发生冲刷。虽然三个时期全沙均发生冲刷，但发生冲刷的泥沙粒径范围不同，三门峡拦沙期以细泥沙为主，1981～1985 年以细、中泥沙为主，小浪底拦沙期则以中、粗、特粗泥沙为主。

表 1-2　河段进出口站来沙量及河段冲淤量统计

时段	<0.025 mm	0.025～0.05 mm	0.05～0.1 mm	>0.1 mm	全沙
	高村站来沙量(亿 t)				
1961～1964	17.314	5.823	3.934	0.375	27.445
1981～1985	22.148	11.397	6.713	0.331	40.588
2002～2008	4.501	1.269	0.797	0.188	6.755
合计	43.963	18.489	11.443	0.894	74.789
	高村站分组泥沙含量(%)				
1961～1964	63	21	14	1	100
1981～1985	55	28	17	1	100
2002～2008	67	19	12	3	100
合计	59	25	15	1	100
	艾山站来沙量(亿 t)				
1961～1964	20.443	5.956	2.929	0.301	29.628
1981～1985	22.958	12.943	7.153	0.443	43.498
2002～2008	4.656	2.076	1.594	0.506	8.832
合计	48.057	20.974	11.677	1.250	81.958
	艾山站分组泥沙含量(%)				
1961～1964	69	20	10	1	100
1981～1985	53	30	16	1	100
2002～2008	53	24	18	6	100
合计	59	26	14	2	100
	高村—艾山冲淤量(亿 t)				
1961～1964	-3.340	-0.201	0.974	0.073	-2.495
1981～1985	-1.319	-1.778	-0.559	-0.120	-3.776
2002～2008	-0.220	-0.834	-0.817	-0.325	-2.197
合计	-4.880	-2.813	-0.403	-0.372	-8.468
	淤积比(%)				
1961～1964	-19.3	-3.5	24.7	19.4	-9.1
1981～1985	-6.0	-15.6	-8.3	-36.2	-9.3
2002～2008	-4.9	-65.8	-102.6	-173.0	-32.5
合计	-11.1	-15.2	-3.5	-41.6	-11.3

从该河段单位水量冲淤量来看,小浪底拦沙期除细泥沙恢复较小外,中、粗、特粗泥沙的单位水量冲淤量均大于三门峡水库拦沙期的。说明小浪底拦沙期该河段的中、粗、特粗泥沙的冲刷和输沙能力有所提高。初步分析认为,主要有两个方面的原因:一是细泥沙在河床中存在很少,不到10%,细泥沙的补给主要来自塌滩,由于河道整治工程的逐步完善,小浪底水库拦沙期高村以上河道塌滩明显减少,细泥沙的补给减少,使得小浪底拦沙期进入高村的平均含沙量低于三门峡水库拦沙期;二是小浪底运用以来该河段河道河宽明显小于三门峡水库拦沙期,河道输沙能力有所提高。

二、全沙冲淤特点分析

高村—艾山河段在水库拦沙期和低含沙洪水期河道以冲刷为主,单位水量冲淤量集中在 0~5 kg/m³,如图 1-1 所示。洪水期该河段单位水量冲淤量随着流量的增加变化并不明显。1960~1964 年有一场流量 1 100 m³/s 的洪水淤积较多,主要是由于该场水流量较小,而含沙量达到 19 kg/m³。小浪底水库拦沙期该河段的冲刷效率基本相当,略有偏大。

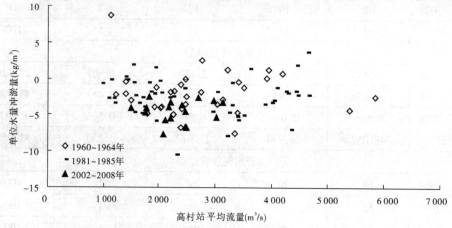

图 1-1　高村—艾山河段单位水量冲淤量与高村站平均流量关系

根据淤积比与平均流量关系来看(见图 1-2),各个时期淤积比随流量的增加变化均不大。同流量条件下,小浪底拦沙期的冲刷比例比另外两个时期的相对大些。1960~1964 年和 1981~1985 年的冲刷比例主要在 0~30%,2002~2008 年的冲刷比例主要在 20%~60%。

该河段单位水量冲淤量与来沙系数(高村站平均含沙量与平均流量比值)趋势不明显(见图 1-3),大部分洪水的来沙系数在 0.01 kg·s/m⁶ 以下,河段以冲刷为主,1960~1964 年和 1981~1985 年有小部分洪水的来沙系数大于 0.01 kg·s/m⁶,该河段仍以冲刷为主。2002~2008 年有两场洪水的来沙系数较高,分别为"03·9"和"04·8"洪水,平均含沙量分别为 36 kg/m³ 和 85 kg/m³,由于来沙以异重流形式排出,泥沙组成较细,河段的冲刷效率并没有降低。

河段淤积比与来沙系数之间有一定的趋势性关系(见图 1-4),随着来沙系数增加,冲刷比例减小,当来沙系数由 0.005 kg·s/m⁶ 增加到 0.01 kg·s/m⁶ 时,冲刷比例从 60% 减

为 10% 左右。当来沙系数大于 0.01 kg · s/m⁶ 后,该河段以微冲为主,冲刷比例在 0 ~
20%。

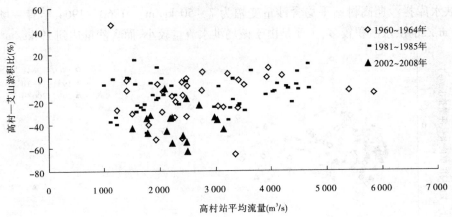

图 1-2   高村—艾山河段淤积比与高村站平均流量关系

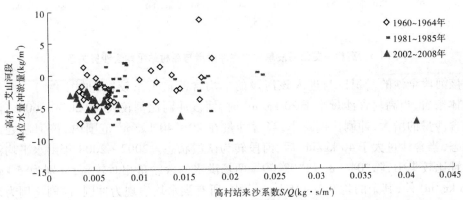

图 1-3   高村—艾山河段单位水量冲淤量与高村站来沙系数关系

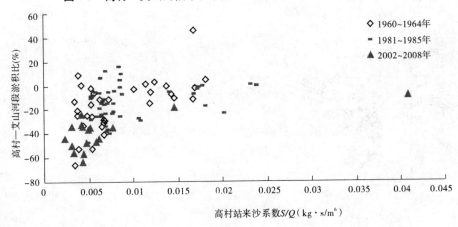

图 1-4   高村—艾山河段淤积比与高村站来沙系数关系

从图1-5可以看出,小浪底水库拦沙运用以来的洪水进入高村—艾山河段的平均含沙量非常集中,除两场异重流高含沙洪水外,其他洪水的平均含沙量均在7～15 kg/m³,而三门峡水库拦沙期高村站平均含沙量变幅为7～50 kg/m³。1960～1964年有一场流量1 100 m³/s的洪水淤积较多,主要是由于该场洪水流量较小,而含沙量达到19 kg/m³。

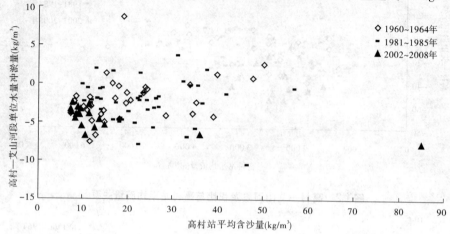

图1-5　高村—艾山河段单位水量冲淤量与高村站平均含沙量关系

该河段全沙的淤积比与进入该河段的平均含沙量关系较好(见图1-6)。三个时期整体来看,当高村含沙量小于20 kg/m³时,河段冲刷比例较大,为20%～60%,随着平均含沙量的增大,冲刷比例减小,当含沙量在20～40 kg/m³范围内,该河段处于微冲状态,当含沙量大于40 kg/m³后,河段转为微淤状态。2002～2008年洪水平均流量较小且比较集中,除"04·8"和"03·9"两场洪水的含沙量相对较高,分别为85 kg/m³和36 kg/m³外,其余的均在7～15 kg/m³内,所有洪水均表现为冲刷,冲刷比例为来沙量的20%～60%。

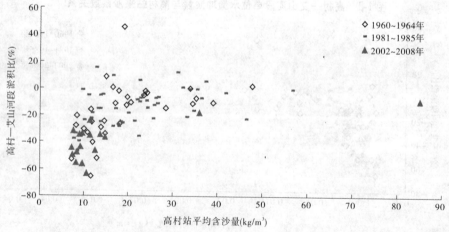

图1-6　高村—艾山河段淤积比与高村站平均含沙量关系

三、分组泥沙单位水量冲淤量与流量关系

1960～1964年和1981～1985年两个时段,当高村站流量在4 000 m³/s以下时,高村—艾山该河段细颗粒泥沙有冲有淤,以冲刷为主,且冲刷幅度较大,最大可达8 kg/m³,其冲淤状态取决于来沙含沙量。2002～2008年,除"04·8"一场洪水外,其他洪水均发生微冲,冲淤变幅较小(见图1-7)。

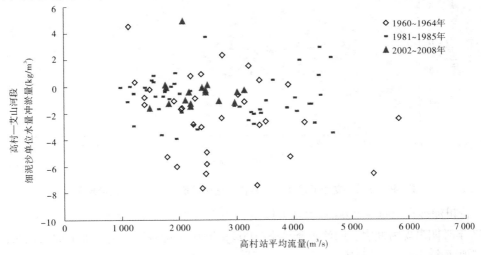

图1-7　高村—艾山河段细泥沙单位水量冲淤量与高村站平均流量关系

1960～1964年,中泥沙表现有冲有淤,冲淤场次基本相当。2002～2008年中泥沙的冲淤表现与1981～1985年表现接近,冲淤变幅小,1981～1985年以冲刷为主,单位水量冲淤量集中在0～2 kg/m³,2002～2008年均发生冲刷,单位水量冲淤量也集中在0～2 kg/m³(见图1-8)。

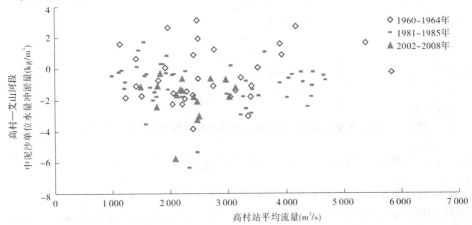

图1-8　高村—艾山河段中泥沙单位水量冲淤量与高村站平均流量关系

1960～1964年粗泥沙以淤积为主,部分发生微淤。1981～1985年以冲刷为主,单位

水量冲淤量集中在 0 ~ 2 kg/m³,少部分发生淤积,单位水量冲淤量也集中在 0 ~ 2 kg/m³。2002 ~ 2008 年粗颗粒泥沙均发生冲刷,单位水量冲淤量也集中在 0 ~ 2 kg/m³。总体来看,2002 ~ 2008 年粗泥沙单位水量冲淤量比另外两个时期略大(见图 1-9)。

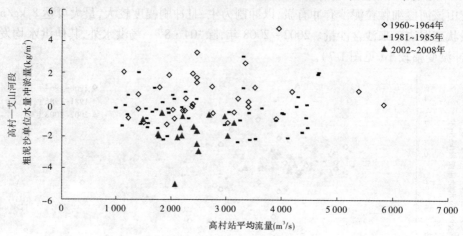

图 1-9　高村—艾山河段粗泥沙单位水量冲淤量与高村站平均流量关系

特粗泥沙在 1960 ~ 1964 年表现为以淤积为主,1981 ~ 1985 年冲淤基本平衡,2002 ~ 2008 年时期表现为冲刷。同流量条件下,2002 ~ 2008 年特粗泥沙单位水量冲刷量明显高于其他两个时期(见图 1-10)。

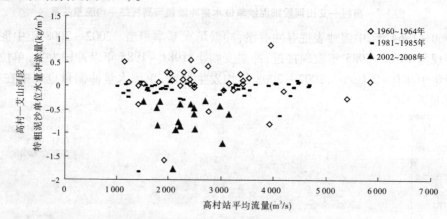

图 1-10　高村—艾山河段特粗泥沙单位水量冲淤量与高村站平均流量关系

四、分组泥沙单位水量冲淤量与含沙量关系

细泥沙随着细泥沙来沙含沙量的增加,冲淤变化趋势不明显(见图 1-11)。

1960 ~ 1964 年中泥沙随着其来沙含沙量的增加,单位水量的淤积量增加,1981 ~ 1985 年变化不明显,以微冲为主(见图 1-12)。2002 ~ 2008 年来沙含沙量较低,除一场洪水达到 10 kg/m³ 外,其他都在 4 kg/m³ 以下,单位水量冲淤量与其他两个时期基本接近。

粗泥沙各时期冲淤表现与中泥沙基本一致(见图 1-13)。其单位水量淤积量在 1960 ~

1964 年随着中泥沙含沙量的增加而增加，1981～1985 年略有增加，但不明显，2002～2008 年来沙含沙量较小，以冲刷为主。

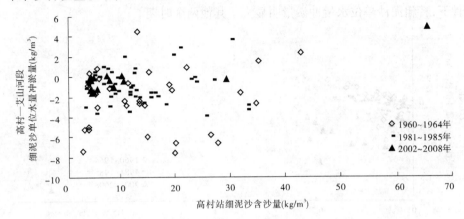

图 1-11　高村—艾山河段细泥沙单位水量冲淤量与高村站细泥沙含沙量关系

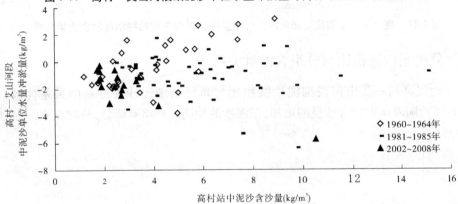

图 1-12　高村—艾山河段中泥沙单位水量冲淤量与高村站中泥沙含沙量关系

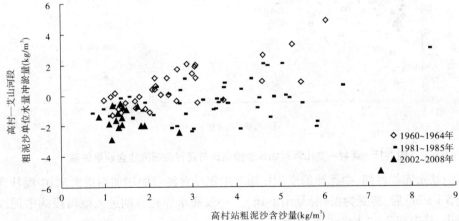

图 1-13　高村—艾山河段粗泥沙单位水量冲淤量与高村站粗泥沙含沙量关系

2002～2008 年特粗泥沙来沙含沙量与其他两个时期比较接近，但冲淤表现不一致

（见图1-14）。1960～1964年和1981～1985年单位水量冲淤量随着特粗泥沙含沙量增加而增大,1960～1964年更为明显。2002～2008年特粗泥沙均发生冲刷,在来沙含沙量相同条件下,特粗泥沙单位水量冲淤量明显大于其他两个时期。

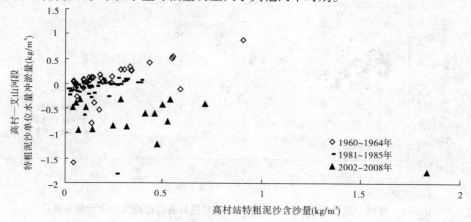

图1-14　高村—艾山河段特粗泥沙单位水量冲淤量与高村站特粗泥沙含沙量关系

五、分组泥沙淤积比与分组含沙量关系

三个时段高村—艾山河段细泥沙淤积比与高村站细泥沙含沙量的关系比较一致(见图1-15),随着细泥沙含沙量的增加,细泥沙的冲刷比例略有降低,从冲刷40%逐步减小为微淤。

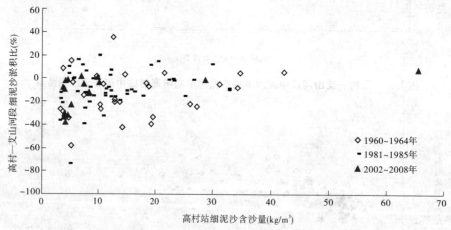

图1-15　高村—艾山河段细泥沙淤积比与高村站细泥沙含沙量关系

三门峡水库拦沙期,中泥沙的淤积比随着中泥沙含沙量的增加而增大,当中泥沙含沙量达到5 kg/m³后,转变为淤积(见图1-16)。小浪底水库拦沙期进入该河段的中泥沙含沙量较小,集中在2～4 kg/m³范围内。

小浪底水库拦沙期进入该河段的粗泥沙含沙量也明显低于三门峡水库拦沙期,前者除两场外,其他洪水粗泥沙含沙量变幅在1～2 kg/m³,而后者变幅在1～6 kg/m³。相同粗泥沙含沙量条件下,2002～2008年粗泥沙的淤积比较其他两个时期明显偏小

（见图1-17）。

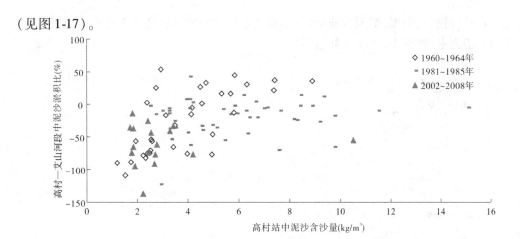

图1-16　高村—艾山河段中泥沙淤积比与高村站中泥沙含沙量关系

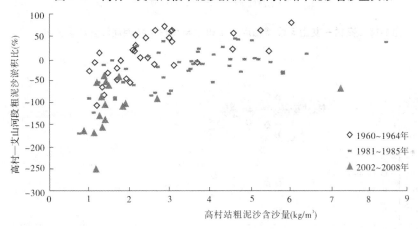

图1-17　高村—艾山河段粗泥沙淤积比与高村站粗泥沙含沙量关系

　　三个时期进入该河段的特粗泥沙含沙量变幅基本相当,均在 0～0.5 kg/m³ 范围内变化,但淤积比表现不同。相同平均含沙量条件下,2002～2008 年粗泥沙淤积比最小,1960～1964 年最大,当特粗泥沙含沙量达到 0.3 kg/m³ 时,小浪底水库拦沙期洪水特粗泥沙仍发生冲刷,而三门峡水库拦沙期的淤积比达到 90% 以上。可见,小浪底水库拦沙期洪水的特粗泥沙输沙能力明显增大(见图1-18)。

六、分组泥沙日冲淤强度与平均流量关系

　　从洪水期高村—艾山分组泥沙日平均冲淤面积(用洪水期的冲淤量与河段长度的比值作为洪水期平均冲淤面积,再除以场次洪水的天数即为日冲淤面积)与高村站平均流量关系(见图1-19～图1-22),可以看出,1960～1964 年洪水的日冲淤面积变幅大,1981～1985 年和 2002～2008 年两个时期的变幅小。

　　细泥沙在洪水期以冲刷为主,在 1960～1964 年洪水期日冲刷面积较大,最大为12 m²/d,2002～2008 年除"04·8"洪水期发生淤积,其他场次洪水细泥沙均发生冲刷,冲刷较小,日冲刷面积为 0～1 m²/d。这主要是由于三门峡水库拦沙期下游整治工程不完

善,洪水期河道展宽坍塌,细泥沙补给多;小浪底水库拦沙期河道整治工程较为完善,河道以冲刷下切为主,展宽少,细泥沙补给不足。

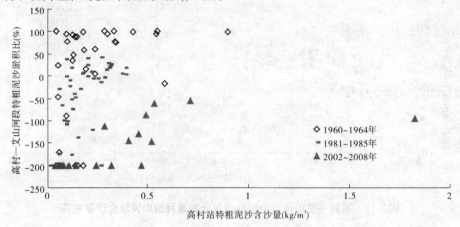

图1-18 高村—艾山河段特粗泥沙淤积比与高村站特粗泥沙含沙量关系

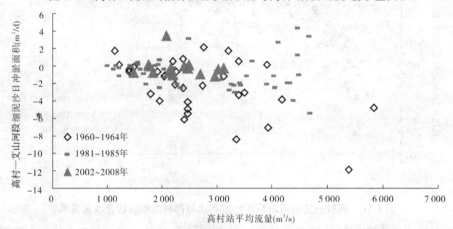

图1-19 高村—艾山河段洪水期细泥沙日冲淤面积与高村站平均流量关系

对于中泥沙,由于三门峡水库拦沙期中泥沙含沙量相当高,中泥沙有冲有淤,小浪底水库拦沙期洪水期泥沙均发生冲刷,日冲刷面积与三门峡拦沙期的接近,主要在$0 \sim 2$ m^2/d范围内。

在相同流量条件下,小浪底水库拦沙期的粗泥沙日冲刷面积明显高于三门峡水库拦沙期。三门峡水库拦沙期的粗泥沙日冲淤面积有正有负,即有冲有淤,小浪底水库拦沙期的粗泥沙日冲淤面积均为负,即均发生冲刷,且日冲刷面积比同流量条件下三门峡拦沙期发生冲刷的洪水的日冲刷面积大。这说明,同流量条件下小浪底水库拦沙期高村—艾山粗泥沙冲刷提高。

特粗泥沙的日冲刷面积在三个时期的表现各不相同。1960~1964年洪水期特粗泥沙日冲淤面积绝大多数为正值,即以淤积为主,1981~1985年特粗泥沙日冲淤面积在0附近,即以微冲微淤为主,2002~2008年特粗泥沙均发生冲刷,且随着平均流量的增大,日冲刷面积增大。可见,小浪底水库拦沙期特粗泥沙的冲刷强度显著高于其他两个时期。

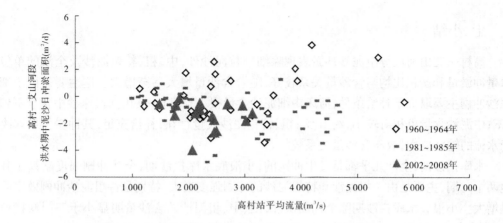

图1-20　高村—艾山河段洪水期中泥沙日冲淤面积与高村站平均流量关系

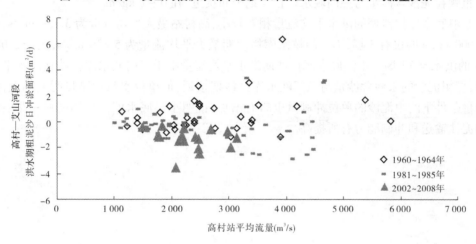

图1-21　高村—艾山河段洪水期粗泥沙日冲淤面积与高村站平均流量关系

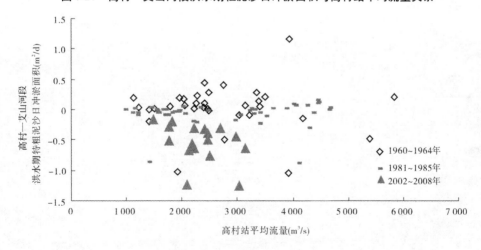

图1-22　高村—艾山河段洪水期特粗泥沙日冲淤面积与高村站平均流量关系

七、小结

高村—艾山河段分组泥沙冲淤表现除细颗粒泥沙外,中、粗、特粗泥沙及全沙的单位水量冲淤量和淤积比均与含沙量关系较好,随着含沙量增大逐渐增大。这主要是由于细泥沙冲刷主要取决于补给条件,河床中细泥沙含量很小,高村—艾山河段床沙中含量不到5%;中泥沙含量也相对较小,约10%;粗、特粗泥沙大量存在,补给充足,其冲淤主要取决于水流的输沙能力,故与含沙量关系较好。

水库拦沙期,全沙几乎都是发生冲刷的,小浪底水库拦沙期,全沙冲刷强度略高于其他两个时期,主要是由于粗泥沙和特粗泥沙的冲刷强度增大,特别是特粗泥沙冲刷效率明显增大。小浪底水库拦沙期除个别场次外,细、中、粗泥沙的含沙量明显小于三门峡拦沙期,集中在 $7 \sim 15$ kg/m³,三门峡水库拦沙期含沙量变幅明显大些。但是,小浪底水库拦沙期特粗颗粒泥沙含沙量与三门峡水库拦沙期分布接近,在 $0 \sim 1$ kg/m³。

小浪底水库拦沙期的洪水平均流量相对较小,高村站最大平均流量为 3 139 m³/s,大于 3 000 m³/s 的仅有 3 场,而三门峡水库拦沙期最大平均流量为 5 828 m³/s,大于 3 000 m³/s 的洪水有 12 场。小浪底水库拦沙期洪水平均流量小于三门峡水库拦沙期洪水平均流量,特粗泥沙的来沙含沙量与三门峡水库拦沙期接近,但单位水量冲刷量明显偏大,同含沙量条件下的中泥沙的单位冲刷量也略有增加,说明小浪底水库拦沙期高村—艾山河段的泥沙输送和冲刷能力有所提高。

第二章 艾山—利津河段分组泥沙冲淤演变

一、来沙量及冲淤量

进入该河段的水沙特点与上一河段比较接近,小浪底水库拦沙期水、沙量均远小于另外两个时期,平均流量以三门峡水库拦沙期为最大,平均含沙量和来沙系数都以 1981~1985 年为最大。艾山—利津河段在三个时段洪水期均发生了冲刷,冲刷量分别为 3.534 亿 t、3.519 亿 t、0.851 亿 t,冲刷比例分别为 11.9%、8.1%、9.6%。冲刷效率以三门峡水库拦沙期最大,小浪底水库拦沙期最小,主要是由于这两个时期洪水平均含沙量比较接近,而前者的平均流量大于后者,见表 2-1。

表 2-1 河段水沙量和冲淤量统计

时段	艾山				利津				艾山—利津		
	水量 (亿 m³)	沙量 (亿 t)	平均 流量 (m³/s)	平均 含沙量 (kg/m³)	水量 (亿 m³)	沙量 (亿 t)	平均 流量 (m³/s)	平均 含沙量 (kg/m³)	冲淤量 (亿 t)	单位水量 冲淤量 (kg/m³)	淤积比 (%)
1961~1964	1 505.43	29.63	3 275	19.7	1 507.9	32.8	3 281	21.7	−3.534	−2.3	−11.9
1981~1985	1 649.45	43.50	2 924	26.4	1 545.3	44.8	2 739	29.0	−3.519	−2.1	−8.1
2002~2008	487.18	8.83	2 441	18.1	462.4	9.3	2 317	20.1	−0.851	−1.7	−9.6
合计	3 642.06	81.96	2 977	22.5	3 515.6	86.9	2 874	24.7	−7.903	−2.2	−9.6

从分组泥沙来沙比例来看,较三门峡水库拦沙期而言,小浪底水库拦沙期艾山站来沙明显变粗,细泥沙含量为 53%,比三门峡水库拦沙期的少 16%,而中、粗、特粗颗粒泥沙含量均较前者大,特别是特粗泥沙的含量达到 6%,比三门峡拦沙期高了 5%,三门峡拦沙期艾山站全沙沙量 29.628 亿 t,特粗泥沙只有 0.301 亿 t,而小浪底拦沙期全沙沙量为 8.832 亿 t,特粗泥沙沙量为 0.506 亿 t。从分组泥沙冲淤量来看,该河段在三门峡拦沙期的洪水期各粒径组泥沙均发生了冲刷,而在小浪底水库拦沙期只有细泥沙和中泥沙发生冲刷,冲刷量分别为 0.567 亿 t、0.484 亿 t,粗泥沙和特粗泥沙发生了淤积,淤积量分别为 0.072 亿 t、0.128 亿 t(见表 2-2)。

将洪水期全沙冲刷量大于 0.01 亿 t 的划为冲刷洪水,淤积量大于 0.01 亿 t 的划为淤积洪水,介于两者之间的划为冲淤平衡洪水,其统计值见表 2-3。

可以看出,河段发生冲刷、冲淤相对平衡和淤积的三类洪水的平均含沙量相差较小,分别为 22.9 kg/m³、18.7 kg/m³ 和 22.6 kg/m³,平均流量差别比较大,发生冲刷的洪水的平均流量为 3 442 m³/s,发生淤积的洪水平均流量仅有 1 710 m³/s,冲淤平衡的洪水平均流量为 2 210 m³/s。从来沙组成来看,发生冲刷和发生淤积的两类洪水的分组泥沙组成比较接近。可见,当洪水平均含沙量中等(20 kg/m³ 左右)时,平均流量的大小是导致洪水发生冲刷还是淤积的主要因素。

表 2-2　河段进出口站分组沙量及河段分组沙冲淤量统计

时段	<0.025 mm	0.025~0.05 mm	0.05~0.1 mm	>0.1 mm	全沙
	艾山站沙量(亿t)				
1961~1964	20.443	5.956	2.929	0.301	29.628
1981~1985	22.958	12.943	7.153	0.443	43.498
2002~2008	4.656	2.076	1.594	0.506	8.832
合计	48.057	20.974	11.677	1.250	81.958
	艾山站分组泥沙比例(%)				
1961~1964	69	20	10	1	100
1981~1985	53	30	16	1	100
2002~2008	53	24	18	5	100
合计	59	26	14	2	100
	利津站沙量(亿t)				
1961~1964	22.168	6.419	3.755	0.440	32.783
1981~1985	22.210	13.014	9.420	0.196	44.841
2002~2008	5.014	2.454	1.452	0.361	9.281
合计	49.393	21.887	14.627	0.997	86.904
	利津站分组泥沙比例(%)				
1961~1964	68	20	11	1	100
1981~1985	50	29	21	0	100
2002~2008	54	26	16	4	100
合计	57	25	17	1	100
	艾山—利津冲淤量(亿t)				
1961~1964	-1.995	-0.542	-0.855	-0.142	-3.534
1981~1985	-0.363	-0.721	-2.666	0.232	-3.519
2002~2008	-0.567	-0.484	0.072	0.128	-0.851
合计	-2.926	-1.747	-3.449	0.218	-7.903
	淤积比(%)				
1961~1964	-9.8	-9.1	-29.2	-47.3	-11.9
1981~1985	-1.6	-5.6	-37.3	52.3	-8.1
2002~2008	-12.2	-23.3	4.5	25.3	-9.6
合计	-6.1	-8.3	-29.5	17.4	-9.6

表 2-3　艾山—利津河段来沙及冲淤统计

	项目	$W($ 亿 $m^3)$	$W_S($ 亿 t$)$	$Q($ $m^3/s)$	$S($ $kg/m^3)$	S/Q $($ $kg \cdot s/m^6)$
	冲刷	2 955.93	67.55	3 442	22.9	0.007
	平衡	276.87	5.165	2 210	18.7	0.008
	淤积	409.26	9.238	1 710	22.6	0.013
艾山站			来沙量(亿 t)			
	粒径	<0.025 mm	0.025~0.05 mm	0.05~0.1 mm	>0.1 mm	全沙
	冲刷	39.905 1	17.249 9	9.430 1	0.969 9	67.554 9
	平衡	2.732 8	1.423 2	0.951 2	0.057 5	5.164 7
	淤积	5.419 0	2.301 3	1.295 4	0.222 5	9.238 3
			分组泥沙含量(%)			
	冲刷	59.1	25.5	14.0	1.4	100
	平衡	52.9	27.6	18.4	1.1	100
	淤积	58.7	24.9	14.0	2.4	100
	项目	$W($ 亿 $m^3)$	$W_S($ 亿 t$)$	$Q($ $m^3/s)$	$S($ $kg/m^3)$	S/Q $($ $kg \cdot s/m^6)$
	冲刷	2 879	74.25	3 352	25.8	0.008
	平衡	260.12	4.927	2 076	18.9	0.009
	淤积	376.34	7.729	1 572	20.5	0.013
利津站			来沙量(亿 t)			
	粒径	<0.025 mm	0.025~0.05 mm	0.05~0.1 mm	>0.1 mm	全沙
	冲刷	41.595 4	19.026 9	12.730 5	0.895 7	74.248 6
	平衡	2.756 6	1.295 9	0.843 8	0.030 4	4.926 8
	淤积	5.041	1.564	1.053	0.071	7.729
			分组泥沙含量(%)			
	冲刷	56.0	25.6	17.1	1.2	100
	平衡	56.0	26.3	17.1	0.6	100
	淤积	65.2	20.2	13.6	0.9	100
	粒径	<0.025 mm	0.025~0.05 mm	0.05~0.1 mm	>0.1 mm	全沙
	冲刷	-2.840	-2.423	-3.681	0.048	-8.895
	平衡	-0.140	0.061	0.063	0.025	0.008
冲淤情况	淤积	0.054	0.615	0.170	0.145	0.984
			淤积比(%)			
	冲刷	-7.1	-14.0	-39.0	5.0	-13.2
	平衡	-5.1	4.3	6.6	43.2	0.2
	淤积	1.0	26.7	13.1	65.0	10.6

二、全沙冲淤特点

随着艾山站洪水平均流量的增大,艾山—利津河段泥沙的单位水量冲淤量和淤积比均减小(见图2-1和图2-2),即随着流量增加,泥沙在该河段的冲淤表现由淤积转为冲刷。从图中可以看出,当艾山站平均流量小于2 000 m³/s时,该河段以淤积为主;当平均流量在2 000~3 000 m³/s时,该河段有冲有淤,以冲刷为主;当平均流量大于3 000 m³/s时,洪水期该河段除个别场次外均发生冲刷。

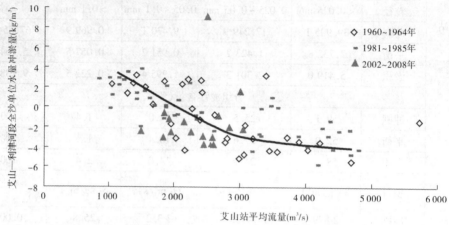

图2-1　艾山—利津河段全沙单位水量冲淤量与艾山站平均流量关系

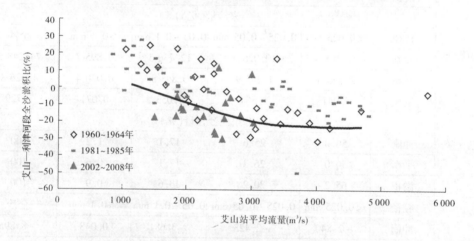

图2-2　艾山—利津河段全沙淤积比与艾山站平均流量关系

小浪底水库运用以来,除"04·8"和"07·8"两场洪水外,艾山—利津河段相同平均流量条件下的冲刷效率明显高于其他两个时期。

由图2-3~图2-6可以看出,艾山—利津河段低含沙洪水期,冲刷效率与艾山站来沙系数相关关系不明显,与含沙量的关系也不明显,说明在低含沙洪水期该河段的冲淤表现受平均含沙量和水沙搭配系数影响不大。

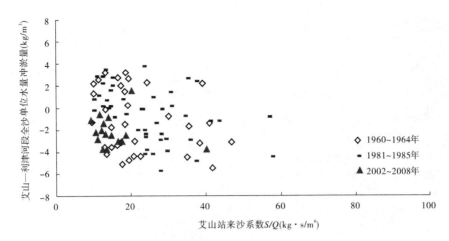

图2-3　艾山—利津河段全沙单位水流冲淤量与艾山站来沙系数关系

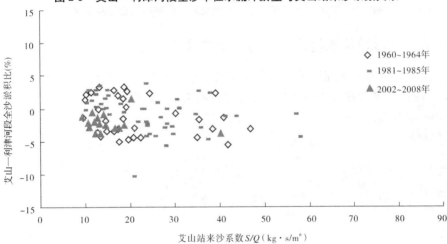

图2-4　艾山—利津河段全沙淤积比与艾山站来沙系数关系

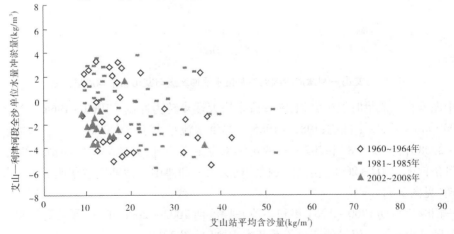

图2-5　艾山—利津河段全沙单位水量冲淤量与艾山站平均含沙量关系

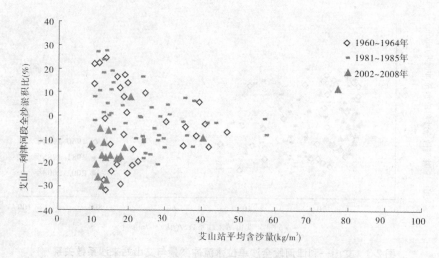

图2-6　艾山—利津河段全沙淤积比与艾山站平均含沙量关系

三、分组泥沙单位水量冲淤量与流量关系

细泥沙单位水量冲淤量随着艾山站平均流量增加没有明显趋势性变化,在水库拦沙期1960~1964年和2002~2008年,细泥沙以冲刷为主(见图2-7)。

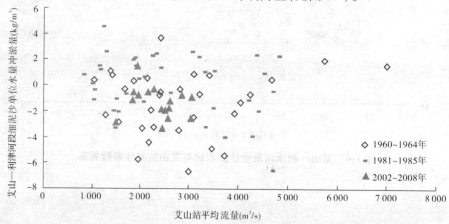

图2-7　艾山—利津河段细泥沙单位水量冲淤量与艾山站平均流量关系

中泥沙在小流量时发生淤积,随着流量增大逐步转为冲刷。1960~1964年当流量大于3 000 m³/s后,发生冲刷;1981~1985年当洪水流量大于2 000 m³/s后,以冲刷为主;2002~2008年除"04·8"和"07·8"两场洪水发生淤积外,其他均发生冲刷。可见,在相同流量条件下,2002~2008年小浪底拦沙期艾山—利津中泥沙冲刷效率明显大于其他两个时期(见图2-8)。

三门峡拦沙期1960~1964年和小浪底拦沙期2002~2008年,粗颗粒泥沙单位水量冲淤量随艾山站平均流量的变化关系基本一致(见图2-9)。

在相同的平均流量条件下,小浪底拦沙期2002~2008年内,洪水期特粗泥沙的单位水量冲淤量明显大于其他两个时期。1960~1964年特粗泥沙可以发生一定的冲刷,1981~

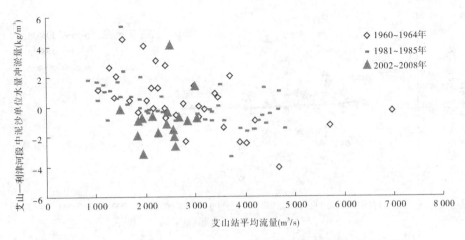

图2-8　艾山—利津河段中泥沙单位水量冲淤量与艾山站平均流量关系

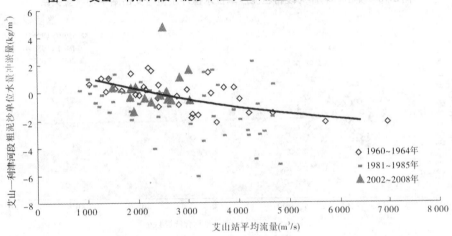

图2-9　艾山—利津河段粗泥沙单位水量冲淤量与艾山站平均流量关系

1985年特粗泥沙处于微淤状态下的冲淤量平衡,2002~2008年除个别场次外,特粗泥沙发生明显淤积(见图2-10)。

四、分组泥沙单位水量冲淤量与含沙量关系

艾山—利津河段细泥沙冲淤与艾山站细颗粒平均含沙量之间没有明显的变化趋势(见图2-11)。

对于中泥沙,在1961~1964年随着中泥沙含沙量的增加而增大,1981~1985年随着含沙量增加冲淤变化不大,以微冲微淤为主。2002~2008年除"04·8"洪水期发生明显淤积和"07·8"洪水期微淤外,其他洪水均发生冲刷,且单位水量冲淤量随着来沙含沙量的增加无明显减弱(见图2-12)。

粗泥沙在该河段的冲淤在三个时期内表现基本一致,以微冲微淤为主(见图2-13)。

特粗泥沙在该河段以淤积为主,且随着粗泥沙含沙量的增加淤积加重。从该图可以看出,2002~2008年这个时期洪水期进入艾山—利津河段特粗泥沙含沙量均在0.5 kg/m³

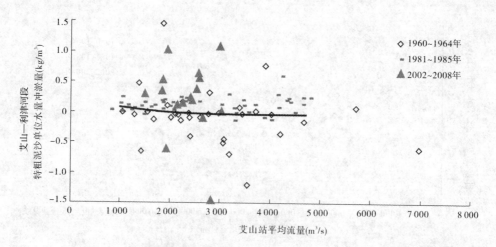

图 2-10　艾山—利津河段特粗泥沙单位水量冲淤量与艾山站平均流量关系

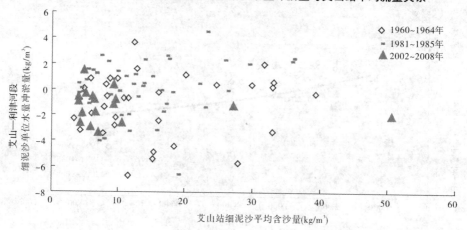

图 2-11　艾山—利津河段细泥沙单位水量冲淤量与艾山站细泥沙平均含沙量关系

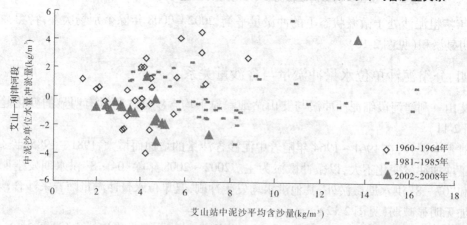

图 2-12　艾山—利津河段中泥沙单位水量冲淤量与艾山站中泥沙平均含沙量关系

以上,高于其他两个时期(见图 2-14)。

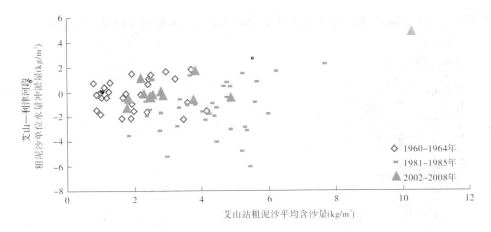

图 2-13　艾山—利津河段粗泥沙单位水量冲淤量与艾山站粗泥沙平均含沙量关系

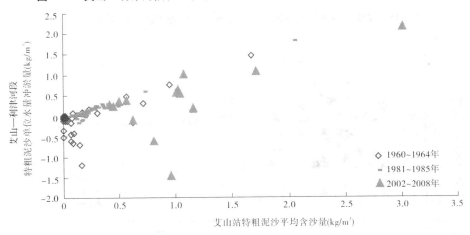

图 2-14　艾山—利津河段特粗泥沙单位水量冲淤量与艾山站特粗泥沙平均含沙量关系

三门峡拦沙期洪水共 32 场,艾山—利津河段的特粗泥沙的淤积比大于 50% 的仅有 6 场,小浪底水库拦沙期洪水共 17 场,特粗泥沙淤积比大于 50% 的有 12 场。由于近期下游河道河宽明显缩窄,高村—艾山河段的输沙能力明显增加,小浪底水库拦沙期进入艾山—利津河段的特粗泥沙含沙量明显大于三门峡水库拦沙期,特粗泥沙在艾山—利津河段的淤积比明显偏大。同时,小浪底水库拦沙期的洪水平均流量均小于 3 500 m³/s,特粗泥沙的输沙能力较弱。小浪底水库拦沙期特粗泥沙发生明显冲刷的只有两场,这两场主要是因为进入该河段的特粗泥沙较小,在 1.0 kg/m³ 以下,同时细颗粒泥沙含量在 50% 以上。

五、分组泥沙淤积比与分组含沙量关系

细颗粒泥沙的淤积比随着细泥沙含沙量的增加,冲淤变幅减小,逐渐趋近于 0,为什么在相对小含沙量条件下,细泥沙冲淤变幅较大呢? 初步分析认为,主要是进入艾山—利津河段的较低含沙量洪水流量级差异较大,平均流量较小时,河段发生淤积,平均流量较大时,河段冲刷增大(见图 2-15)。

三门峡水库拦沙期,中颗粒泥沙发生淤积和冲刷的场次基本相当。小浪底水库拦沙

期,中颗粒泥沙在相同中泥沙含沙量条件下冲刷明显大于其他两个时期(图2-16)。

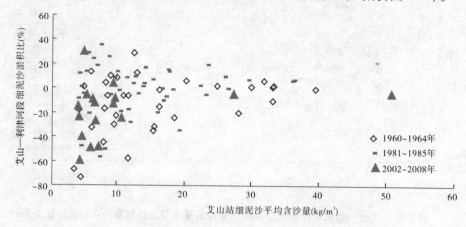

图2-15　艾山—利津河段细泥沙淤积比与艾山站细泥沙平均含沙量关系

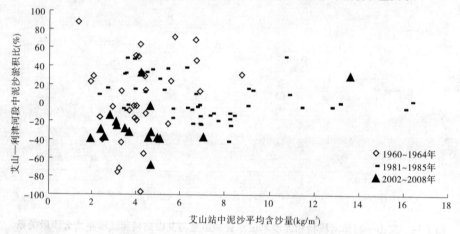

图2-16　艾山—利津河段中泥沙淤积比与艾山站中泥沙平均含沙量关系

　　粗泥沙随着中泥沙含沙量增加无明显变化趋势,且三个时期冲淤表现基本一致,小浪底水库运用以来的冲淤变幅更小(见图2-17)。

　　当特粗泥沙的含沙量从0增加到0.2 kg/m³,特粗泥沙的淤积比迅速增加到70%以上,说明特粗颗粒泥沙在该河段很难被输送。同时可以看出,小浪底水库拦沙期的洪水的特粗泥沙含沙量明显高于其他两个时期,也就是说该时期进入艾山—利津河段的特粗泥沙含沙量有所增加(见图2-18)。

六、小结

　　在三门峡水库拦沙期、1981～1985年和小浪底水库拦沙期,艾山—利津河段全沙冲淤量均与艾山站平均流量关系最为密切,随着艾山站平均流量增加,单位水量冲淤量和淤积比均减小。当平均流量小于2 000 m³/s时,该河段以淤积为主;当平均流量在2 000～3 000 m³/s时,该河段有冲有淤,以冲刷为主;当平均流量大于3 000 m³/s,洪水期该河段均发生冲刷。对于分组泥沙,细泥沙和特粗泥沙随着流量增加,变化趋势不明显,中、粗泥

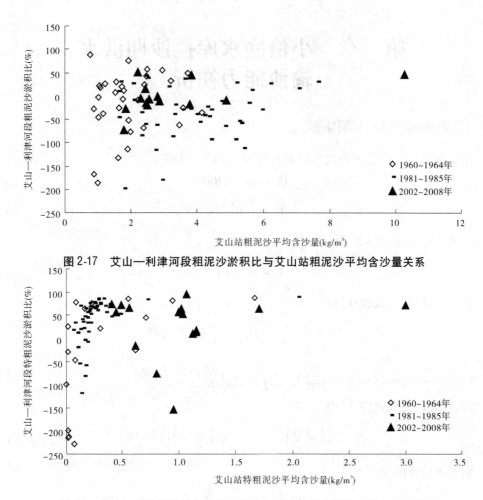

图 2-17　艾山—利津河段粗泥沙淤积比与艾山站粗泥沙平均含沙量关系

图 2-18　艾山—利津河段特粗泥沙淤积比与艾山站特粗泥沙平均含沙量关系

沙随着流量增加,由淤积转为冲刷。

　　细、中泥沙均发生冲刷;小浪底水库拦沙期同流量条件下中颗粒泥沙的冲刷效率明显大于其他两个时期;粗泥沙冲淤变幅很小,即进入该河段的粗泥沙基本可以输送出去。特粗泥沙的冲淤表现在三个时期内表现不同,三门峡水库拦沙期,总量表现为微冲;1981～1985 年,特粗泥沙发生淤积,淤积量占来沙量的 52%;小浪底水库拦沙期,特粗泥沙发生淤积,且同流量条件下单位水量冲淤量大于其他两个时期,主要由于近期小于河道河宽明显缩窄,高村—艾山河段的床沙能力明显增加,小浪底水库拦沙期进入艾山—利津河段的特粗泥沙含沙量明显大于三门峡水库拦沙期。

　　低含沙洪水期艾山—利津河段的冲淤主要取决于艾山站平均流量大小。细泥沙和特粗泥沙受水流强度影响相对小,水库拦沙期细泥沙以冲刷为主,但受河床补给的影响,冲刷效率随着流量增大没有明显增加。特粗泥沙很难被水流冲刷,其单位水量冲淤量随流量变化较其他粒径组泥沙小,基本处于微冲微淤状态。小浪底投入运用以来,下游河宽缩窄。中颗粒泥沙和粗颗粒泥沙,由于水流具有一定的挟沙能力,其受水流条件的影响明显,在小流量时中、粗颗粒泥沙发生淤积,随着洪水平均流量的增大,这两组泥沙由淤积转为冲刷。

第三章 小浪底水库拦沙期洪水
输沙能力初析

一、影响输沙能力的因子

依据连续方程和曼宁公式推导 V、h 与 Q 关系

$$Q = AV = BhV \tag{3-1}$$

$$V = \frac{1}{n}R^{2/3}J^{1/2} \tag{3-2}$$

令 $R = h$，代入式(3-2)得

$$V = \frac{1}{n}h^{2/3}J^{1/2} \tag{3-3}$$

将式(3-3)代入式(3-1)得

$$Q = Bh\frac{1}{n}h^{2/3}J^{1/2} = \frac{B}{n}h^{5/3}J^{1/2}，则$$

$$h = \left(\frac{nQ}{B}\right)^{3/5} \cdot \frac{1}{J^{3/10}} = \left(\frac{Q}{B}\right)^{3/5}\left(\frac{\sqrt{J}}{n}\right)^{-3/5} \tag{3-4}$$

将式(3-4)代入式(3-3)得

$$V = \frac{1}{n^{3/5}}\left(\frac{Q}{B}\right)^{2/5} \cdot J^{3/10} = \left(\frac{Q}{B}\right)^{2/5}\left(\frac{\sqrt{J}}{n}\right)^{3/5} \tag{3-5}$$

依据张瑞瑾挟沙力公式

$$S_* = K\left(\frac{V^3}{gR\omega}\right)^m = \frac{K}{(g\omega)^m}\left(\frac{V^3}{R}\right)^m \tag{3-6}$$

$$V^3 = \left(\frac{Q}{B}\right)^{6/5}\left(\frac{\sqrt{J}}{n}\right)^{9/5} \tag{3-7}$$

$$\frac{V^3}{h} = \frac{\left(\frac{Q}{B}\right)^{6/5}\left(\frac{\sqrt{J}}{n}\right)^{9/5}}{\left(\frac{Q}{B}\right)^{3/5}\left(\frac{\sqrt{J}}{n}\right)^{-3/5}} = \left(\frac{Q}{B}\right)^{3/5}\left(\frac{\sqrt{J}}{n}\right)^{12/5} \cdot \tag{3-8}$$

将式(3-8)代入式(3-6)得

$$S_* = \frac{K}{(g\omega)^m}\left(\left(\frac{Q}{B}\right)^{3/5}\left(\frac{\sqrt{J}}{n}\right)^{12/5}\right)^m = \frac{K}{(g\omega)^m}\left(\frac{Q}{B}\right)^{3m/5}\left(\frac{\sqrt{J}}{n}\right)^{12m/5} \tag{3-9}$$

选取 $K = 0.22$，$m = 0.76$(据吴保生)，得

$$S_* = \frac{0.22}{(g\omega)^m}\left(\left(\frac{Q}{B}\right)^{3/5}\left(\frac{\sqrt{J}}{n}\right)^{12/5}\right)^{0.76} = \frac{0.22}{g^{0.76}\omega^{0.76}}\left(\frac{Q}{B}\right)^{0.46}\left(\frac{\sqrt{J}}{n}\right)^{1.82} \tag{3-10}$$

从长时期来看,从黄河下游高村站典型年 $\frac{\sqrt{J}}{n}$ 随流量变化情况(见图3-1)来看,1964 年

和 2008 年的 $\frac{\sqrt{J}}{n}$ 变化不大。可见,在相同流量条件下,影响河段挟沙能力的因子主要为反映河道边界条件的河宽和反映来沙条件的泥沙组成,即泥沙粒径的大小。

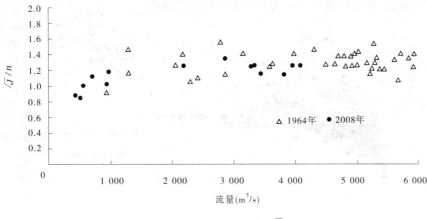

图 3-1　高村站典型年 $\frac{\sqrt{J}}{n}$ 变化

二、不同时期河宽变化

影响河床演变的主要因素为进口条件、出口条件及河床边界条件。进口条件为上游河段的来水来沙量及其变化过程,出口条件为相对侵蚀基准面条件,边界条件为河流所在地区的地理、地质条件,包括比降、河宽、河床组成等。以上三个影响因素中,来水来沙条件是最主要的。

对比三门峡水库拦沙期和小浪底水库拦沙期,后一时期同流量条件下高村—艾山和艾山—利津河段的冲刷效率均有所增大。主要是由于 1986 年以来,进入下游河道水沙量减小,特别是水量的减少,下游河道发生持续淤积萎缩,河宽明显缩窄。比较两个分析时期高村、艾山和利津三个站洪水期 4 000 m³/s 河宽发现,后一时期的河宽明显减小,见表 3-1 和图 3-2。

表 3-1　各时期典型站河宽统计

年份	河宽(m)		
	高村	艾山	利津
1960	900	410	500
1964	1 200	410	550
1981	680	410	439
1985	480	410	494
2003	498	365	341
2008	575	376	327

在三门峡水库拦沙运用期,高村站河宽发生明显展宽,展宽了 300 m,艾山和泺口站河宽没有发生变化,利津站展宽了 50 m;在小浪底水库拦沙运用期,高村站展宽不多,为 77 m,艾山站略有展宽,为 11 m,泺口和利津站断面发生缩窄。对比两个时期来看,三门峡水库拦沙运用期各站河宽均明显大于小浪底运用拦沙期。

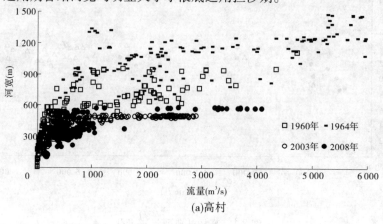

(a)高村

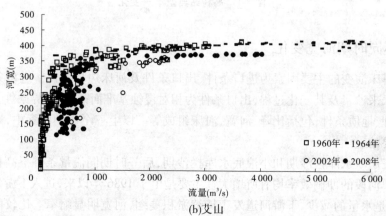

(b)艾山

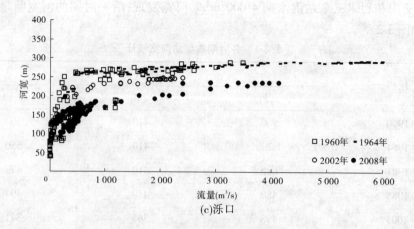

(c)泺口

图 3-2　各时期典型站河宽变化

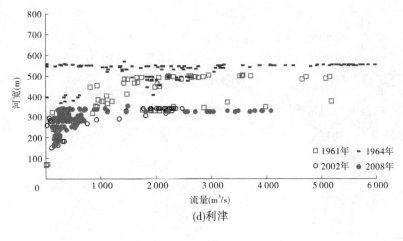

(d)利津

续图 3-2

小浪底水库拦沙期与三门峡水库拦沙期相比,高村站河宽缩窄了 36%,艾山站河宽缩窄了 8%,泺口站河宽缩窄了 18%,利津站河宽缩窄了 34%。河宽变小是相应河段输沙能力提高的主要因素。

三、不同时期同流量流速变化

从各时期典型站的流速—流量关系(见图 3-3)来看,高村站的 2002 年和 2008 年同流量流速变化不大,与 1960 年接近,明显大于 1964 年。艾山站在 1 000 m³/s 以下小流量的流速与 1960 年相当,而 1 000 m³/s 以上的流速明显小于 1960 年和 1964 年。泺口站在流量大于 2 000 m³/s 后的流速也小于 1960 年和 1964 年,利津站的同流量水位明显大于 1960 年和 1964 年。

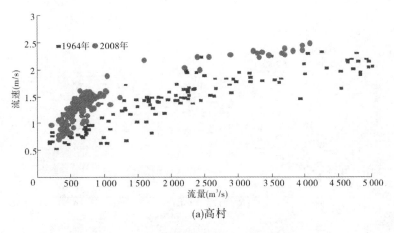

(a)高村

图 3-3　各时期典型站流速—流量关系

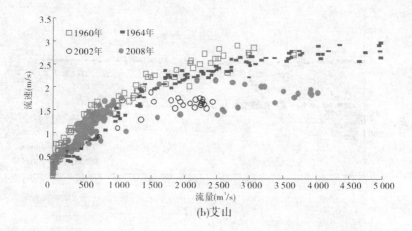

(b)艾山

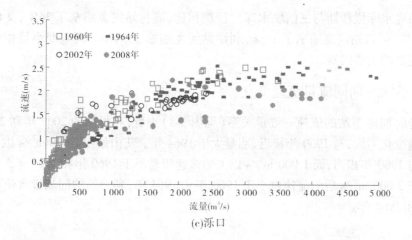

(c)泺口

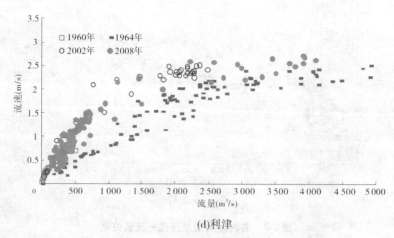

(d)利津

续图 3-3

第四章 "驼峰"河段扰沙可行性简述

小浪底水库拦沙运用以来,"驼峰"现象比较明显河段为高村—艾山。以上分析表明,该河段在洪水期全沙及分组泥沙均发生冲刷,尤其粗泥沙和特粗泥沙的冲刷效率明显高于三门峡水库拦沙运用期和 1981~1985 年丰水少沙时期。水流自身具有一定的冲刷能力,若加上人工扰动,那么扰动的泥沙能否被输出该河段需要进一步分析。

对于艾山—利津河段,分析时期内细、中泥沙发生冲刷,特别是中泥沙的冲刷效率明显大于其他两个时期,粗泥沙冲淤变幅很小,即进入该河段的粗泥沙基本可以输送出去。小浪底运用以来,洪水期特粗泥沙在该河段发生明显淤积,且淤积强度高于其他两个时期。

1999 年 9 月小浪底水库拦沙运用以来,下游河段已经发生持续冲刷,河床粗化。若在"驼峰"现象明显的高村—艾山河段在大流量洪水期进行人工扰沙,对于该河段可能有助于河床冲刷,但扰动的泥沙 50% 以上为特粗泥沙,该粒径组泥沙是很难通过艾山—利津河道输送出去的。

依据劳斯悬浮指标公式: $Z = \dfrac{\omega}{\kappa U_*}$,式中 ω 为泥沙沉速,在滞性区($d < 0.1$ mm)采用斯托克斯公式,过渡区(0.1 mm $< d < 1.5$ mm)采用沙玉清公式,κ 为卡门常数,U_* 为摩阻流速。当 $Z = 5$ 时,悬浮高度低,可以近似地看成由推移质到悬浮的临界状况;当 $Z = 1$ 时,有少量颗粒达到水面;当 $Z < 0.032$ 时,含沙量沿垂线分布基本均匀,泥沙极少回落床面;当 $Z < 0.01$ 时,悬移质含沙量接近于一条垂向直线,即含沙量沿水深接近均匀分布。

利用 2008 年高村站和艾山站的 3 500 m³/s 和 4 000 m³/s 流量,和相应的断面平均流速、水深、比降和糙率等参数,计算三个代表粒径 0.025 mm、0.05 mm 和 0.1 mm 的悬浮指标,其结果见表 4-1。

2008 年汛后,高村—艾山河段的床沙粒径在 0.25 mm 以下,粒径小于 0.025 mm 的极少,仅为 1%,0.025~0.05 mm 占 9% 左右,0.05~0.1 mm 占 40%,粒径大于 0.1 mm 的泥沙占 50% 左右。对于现状条件下的床沙组成,均可以被悬浮起来,但由于粒径相对较粗,悬浮指标在 0.6 以上,悬浮高度相对较低。

若利用人工扰沙措施,在高村—艾山河段实施扰沙,假设扰动起来的泥沙能够进入艾山以下河道,且艾山站特粗泥沙的含沙量低于 0.3 kg/m³,可以依据艾山—利津河道分组泥沙冲淤规律估算艾山—利津河段的淤积比。若艾山站平均流量在 1 700 m³/s 左右,则约 40% 的泥沙将被淤积在艾山—利津河段,若平均流量在 2 200 m³/s 左右,则约 24% 的泥沙淤积在艾山—利津河段,若平均流量在 3 500 m³/s 左右,进入艾山—利津河段的泥沙基本可被输送出利津。上述是依据分类洪水统计的结果,但依据小浪底水库运用以来,进入艾山—利津河段的特粗泥沙含沙量较高(在 0.5 kg/m³ 以上),场次洪水特粗泥沙淤积比在 50% 以上,因此在现在条件下,对于粒径大于 0.1 mm 的泥沙将会在艾山—利津河段发生淤积。

表 4-1　高村和艾山站代表粒径的悬浮指标计算结果

水文站	流量 Q（m³/s）	粒径 d（mm）	平均流速 v(m/s)	平均水深 h(m)	比降 J（‰）	糙率 n	沉速 ω（15°）（m/s）	摩阻流速 U_*（m/s）	悬浮指标 Z
高村	3 500	0.025	2.35	2.7	1.6	0.011	0.000 49	0.065 1	0.019
		0.05	2.35	2.7	1.6	0.011	0.001 97	0.065 1	0.076
		0.1	2.35	2.7	1.6	0.011	0.007 87	0.065 1	0.303
		0.15	2.35	2.7	1.6	0.011	0.017 71	0.065 1	0.681
	4 000	0.025	2.45	2.9	1.6	0.01	0.000 49	0.067 4	0.018
		0.05	2.45	2.9	1.6	0.01	0.001 97	0.067 4	0.073
		0.1	2.45	2.9	1.6	0.01	0.007 87	0.067 4	0.292
		0.15	2.45	2.9	1.6	0.01	0.017 71	0.067 4	0.657
艾山	3 500	0.025	1.85	5.2	1	0.009	0.000 49	0.071 4	0.017
		0.05	1.85	5.2	1	0.009	0.001 97	0.071 4	0.069
		0.1	1.85	5.2	1	0.009	0.007 87	0.071 4	0.276
		0.15	1.85	5.2	1	0.009	0.017 71	0.071 4	0.620
	4 000	0.025	1.9	5.65	1.2	0.01	0.000 49	0.081 5	0.015
		0.05	1.9	5.65	1.2	0.01	0.001 97	0.081 5	0.060
		0.1	1.9	5.65	1.2	0.01	0.007 87	0.081 5	0.241
		0.15	1.9	5.65	1.2	0.01	0.017 71	0.081 5	0.543

若利用"120"挖泥船在高村—艾山"驼峰"河段扰沙,假设同时 10 条船作业,每条船每天工作 12 h,一共作业 20 d,则共计可以扰动的泥沙量为 28.8 万 m³(见表 4-2)。假设洪水期平均流量为 3 000 m³/s,则在扰沙船工作时间内增加的全沙含沙量为 0.000 2 kg/m³,由于扰动起来的泥沙来自床面,泥沙粒径较粗,很难被输送出利津。同时,扰沙船的扰沙量很小,低于水流自身的冲刷能力。另一方面,由于扰沙船的作业,还破坏水流结构,将不利于水流自身的冲刷。

表 4-2　扰沙期"120"挖泥船挖沙量粗估

挖沙效率（m³/h）	每天工作时长(h/d)	工作天数(d)	船只个数（只）	平均流量（m³/s）	总挖沙量（万 m³）	增加含沙量（kg/m³）
120	12	20	10	3 000	28.8	0.000 2

第五章 主要认识与建议

（1）在水库拦沙期和低含沙洪水期，高村—艾山河段全沙及各粒径组泥沙均发生冲刷。高村—艾山河段冲淤表现与水沙系数关系最为密切。2002~2008 年时期，全沙冲刷强度略高于其他两个时期，主要是由于粗泥沙和特粗泥沙的冲刷强度增大，特别是特粗泥沙冲刷效率明显增大。

（2）艾山—利津河段的冲淤表现与艾山站平均流量关系较为密切，随着艾山站平均流量增加，冲淤效率和淤积比均减小。当平均流量小于 2 000 m³/s 时，该河段以淤积为主；当平均流量在 2 000~3 000 m³/s 时，该河段有冲有淤，以冲刷为主；当平均流量大于 3 000 m³/s 时，洪水期该河段均发生冲刷。

（3）比较三门峡拦沙期、1981~1985 年和小浪底拦沙期洪水的冲刷效率，同流量条件下小浪底水库拦沙期艾山—利津河段全沙冲刷强度较其他两个时期大。从分组泥沙的冲淤表现来看，主要是因为中颗粒冲刷强度增大引起的。三个时期细泥沙、粗泥沙冲淤表现基本一致，2002~2008 年中泥沙的冲刷效率明显大于其他两个时期，而同流量条件下特粗泥沙的冲淤效率高于其他两个时期。

（4）从长时期来看，黄河下游各河段的比降和糙率变化不大，影响河段挟沙能力的因子主要为反映河道边界条件的河宽和反映来沙条件的泥沙粒径大小。

（5）对于现状条件下流量大于 2 000 m³/s 的水流统计，床沙均可以被悬浮起来，但由于床沙粒径相对较粗，悬浮指标在 0.6 以上，悬浮高度相对较低。

（6）利用挖泥船扰沙增加含沙量相对洪水自身的冲刷能力很小，同时扰沙破坏了水流结构，有可能对水流输沙和冲刷产生不利影响。

第六专题 进一步增大高村—艾山河段平滩流量的可行性

　　本专题对黄河下游"驼峰"河段的演变过程与规律进行了分析,探讨了小浪底水库运用以来黄河下游河槽冲刷发展趋势,分析了增大黄河下游河道平滩流量的水沙条件。分析表明,2008 年"瓶颈"河段在孙口上下,最小平滩流量为 3 810 m^3/s。实测资料显示,虽然小浪底水库运用以来下游各河段主槽床沙发生粗化,但粗化对糙率的影响仅限于花园口—夹河滩以上河段,未发现夹河滩以下河段的糙率有因床沙粗化而增大的现象。研究表明,小浪底水库运用以来粗化对冲刷的影响仅发展到花园口—夹河滩之间,未发现高村—艾山河段的冲刷强度有随着冲刷发展而减弱的势头。在目前的河段边界条件下,小浪底水库下泄清水的洪水平均流量大于 1 500 m^3/s 即可使黄河下游全线冲刷;有希望通过小浪底水库进一步下泄较大流量清水,将下游"瓶颈"河段的平滩流量恢复至 4 000 m^3/s;根据小浪底水库运用以来的资料估算,如果将流量调节到大于 3 000 m^3/s,要将最小平滩流量由目前的 3 810 m^3/s 恢复到 4 000 m^3/s,花园口需要的水量为 35 亿 m^3,相当于 10.1 d 4 000 m^3/s 的流量过程。

第一章　黄河下游"驼峰"河段的演变及现状

一、"驼峰"河段的演变过程

从 1996 年以来黄河下游主要断面等面积平均河底高程变化过程看,黄河下游河道大体上经历了如下三个过程:①1996～1999 年汛后的持续淤积过程;②2000～2002 年首次调水调沙之前,夹河滩以上河段冲刷,夹河滩以下河段淤积;③2002 年调水调沙(尤其是2003 年"华西秋雨"洪水)至今,黄河下游普遍发生冲刷(见图 1-1)。

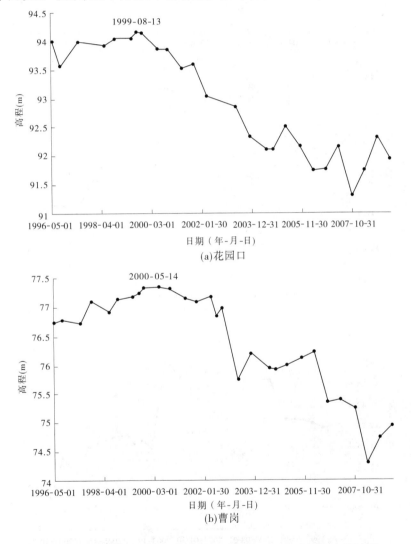

图 1-1　1996 年以来黄河下游主要断面等面积平均河底高程变化过程

2002 年 7 月 4～14 日,进行了小浪底水库首次调水调沙试验,水库泄放 2 800

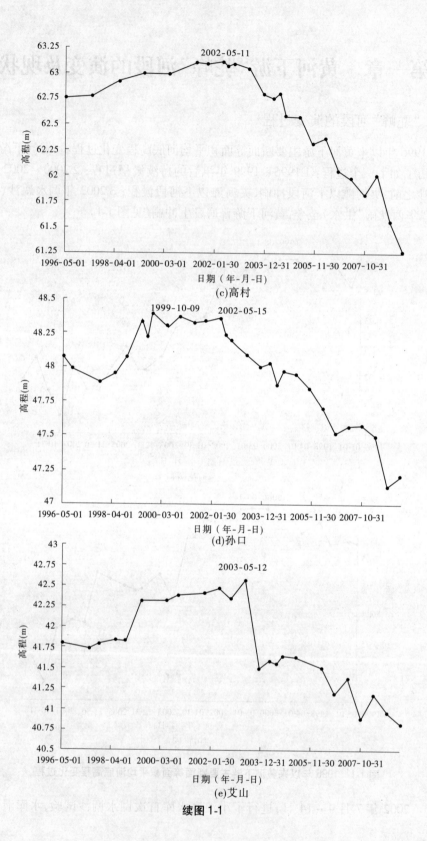

(c)高村

(d)孙口

(e)艾山

续图 1-1

m^3/s 洪水过程中,7 月 7 日,高村附近在 1 850 m^3/s 时发生漫滩,暴露出黄河下游河道的平滩流量达到了历史最小值,并且高村附近河段是下游河道平滩流量最小的河段,这样的河段被称为排洪能力的"瓶颈"河段。

2002 年调水调沙试验过后,大部分河段平滩流量都有不同程度的增大。随着小浪底水库下泄清水黄河下游冲刷的发展,在沿程平滩流量普遍不断增加的同时,"瓶颈"河段的位置也不断下延,2003 年、2004 年下延到徐码头(见图 1-2)。

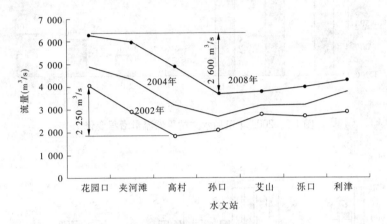

图 1-2　黄河下游主要站平滩流量变化过程

2002 年汛前,高村断面的平滩流量最小,为 1 850 m^3/s,比花园口的 4 100 m^3/s 小 2 250 m^3/s;发展到 2008 年汛前,孙口断面的平滩流量最小,为 3 700 m^3/s,比同期花园口断面的平滩流量 6 300 m^3/s 小 2 600 m^3/s。可见,小浪底水库运用以来,黄河下游各河段的平滩流量在普遍增加的同时,上下游河段平滩流量的悬殊程度也增大了。

二、"驼峰"河段现状

分析显示,在黄河下游河道的 7 个水文站中,孙口水文站是目前黄河下游河道主槽排洪能力最小的水文站。图 1-3 给出了各水文站的平滩流量,孙口水文站的平滩流量为 3 850 m^3/s,比上下游河段都小。

孙赞盈等采用实测大断面资料,运用多种方法对下游河道各断面 2008 年汛初主槽的平滩流量进行了计算分析,进一步分析了瓶颈河段的具体位置。这些方法主要有:①各河段上年的实际平滩流量;②调水调沙期间河南黄河河务局和山东黄河河务局上报的生产堤的偎水和出水高度资料及其分析计算成果;③大断面施测时的水位变化及其和滩唇高程的高差;④上下水文站 2008 年流量流速关系及其变化,险工水位、水位站和水文站的水位沿程变化;⑤曼宁公式估算法。进一步分析了孙口上下河段各实测大断面的平滩流量。经综合分析论证,确定出彭楼—陶城铺河段仍是全下游主槽平滩流量最小的河段,最小值预估为 3 810 ~ 3 850 m^3/s,其中于庄和邵庄两个断面附近的平滩流量最小,为 3 810 m^3/s (见图 1-4)。可见,目前黄河下游孙口附近河段的平滩流量最小,该河段被形象地称为"驼峰"河段。

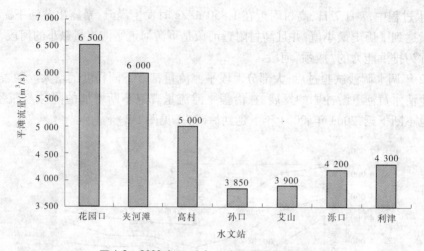

图1-3　2008年汛后水文站平滩流量沿程变化

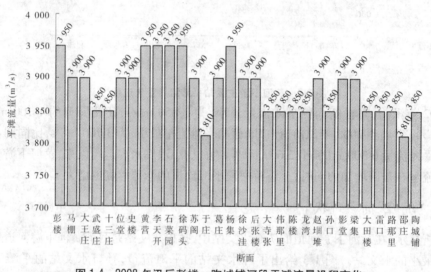

图1-4　2008年汛后彭楼—陶城铺河段平滩流量沿程变化

第二章　小浪底水库运用以来下游冲刷发展趋势分析

一、主槽糙率和流速的变化

实测资料显示,小浪底水库运用以来,黄河下游河道的颗粒级配呈现不断变粗的趋势。但根据已有研究,糙率对河床的粒径粗化并不"敏感",这是因为沙粒的糙率与粒径的 1/6 次方成正比:

$$n = \frac{1}{A}K_s^{1/6}$$

上式中的 K_s 为糙率尺寸,具有长度的量纲,通常用床沙的 D_{65}、D_{75} 甚至用 D_{90} 来反映。

图 2-1 ~ 图 2-6 分别是花园口、夹河滩、高村、孙口、泺口和利津小浪底水库运用以来糙率和流量的关系,可以看到,除距离小浪底水库较近的花园口水文站的糙率有随着河床粗化而明显增大的现象外,其余水文站的糙率无明显增加的现象。

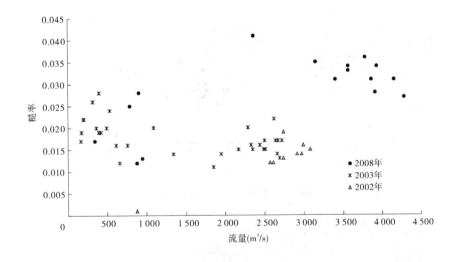

图 2-1　花园口糙率和流量的关系

影响流速的因素有断面形态、糙率和比降(包括附加比降)等,因此在糙率之外的其他因素相同的情况下,同流量的流速发生变化,也意味着糙率发生变化。图 2-7 ~ 图 2-13 为花园口等 7 个水文站 2002 年调水调沙洪水涨水期和 2008 年调水调沙洪水涨水期流速和流量的关系,2008 年和 2002 年相比,只有花园口站的同流量的流速明显降低,其他站没有明显减低的现象。这间接说明,只有花园口站的糙率是增大的。这和上文的分析结果是吻合的。

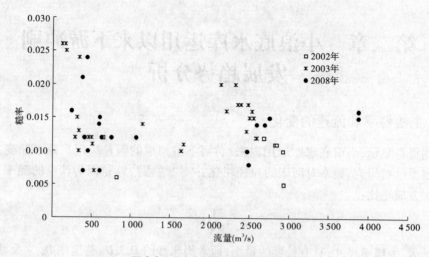

图2-2　夹河滩糙率和流量的关系

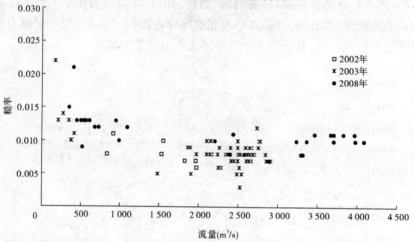

图2-3　高村糙率和流量的关系

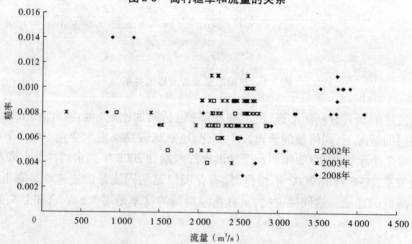

图2-4　孙口糙率和流量的关系

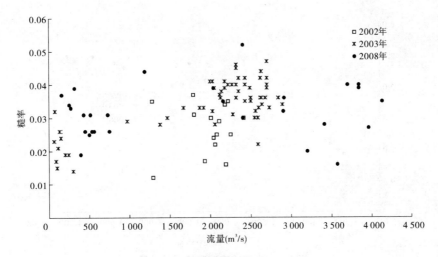

图 2-5　泺口糙率和流量的关系

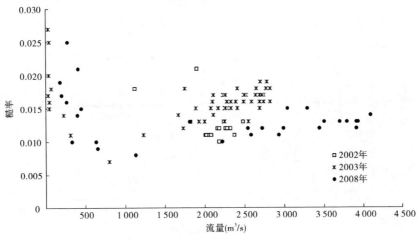

图 2-6　利津糙率和流量的关系

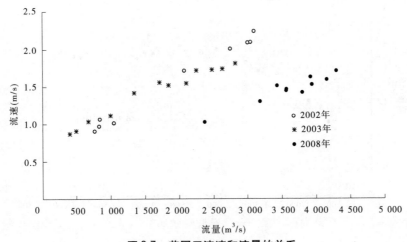

图 2-7　花园口流速和流量的关系

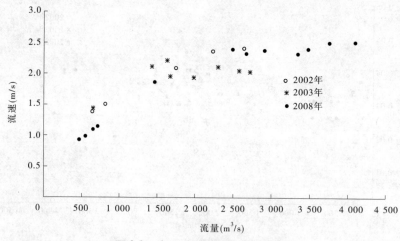

图2-8　夹河滩流速和流量的关系

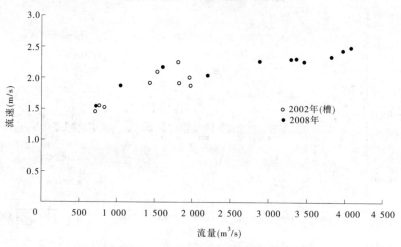

图2-9　高村流速和流量的关系

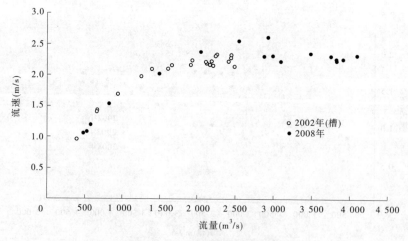

图2-10　孙口流速和流量的关系

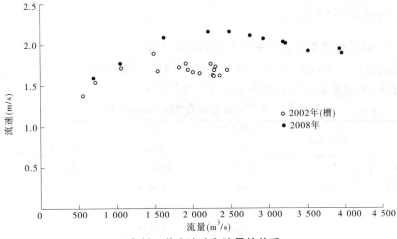

图 2-11　艾山流速和流量的关系

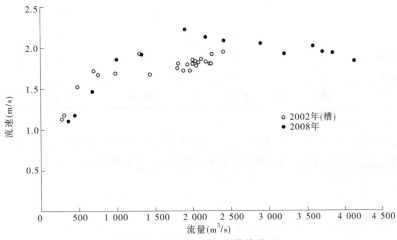

图 2-12　泺口流速和流量的关系

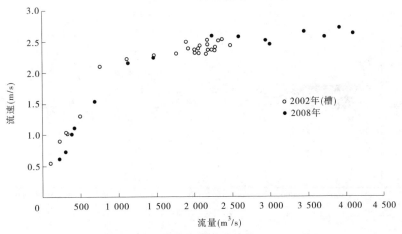

图 2-13　利津流速和流量的关系

二、冲刷强度的变化

(一)不同流量级流量过程在黄河下游的冲淤分析

将小浪底水库运用以来 2000~2008 年 9 年的日平均过程划分为 296 场流量过程或洪水进行分析,不同流量级流量过程花园口站统计见表 2-1。

表 2-1 不同流量级流量过程花园口站统计

流量级 (m³/s)	出现场次	出现天数 (d)	水量 (亿 m³)	沙量 (亿 t)	含沙量 (kg/m³)
<1 200	265	2 921	1 444.3	3.72	2.58
1 200~1 500	12	100	114.4	0.51	4.48
1 500~2 000	6	41	58.8	0.38	6.45
2 000~2 500	7	100	197.7	3.41	17.26
2 500~3 000	4	75	166.6	1.47	8.83
3 000~4 000	2	34	95.6	0.50	5.23
4 000~7 000	0	0	0	0	
7 000~8 000	0	0	0	0	
8 000~100 000	0	0	0	0	
合计	296	3 271	2 077.38	9.99	4.81

图 2-14~图 2-17 给出 9 年来下游各河段单位水量冲淤量和入口站平均流量关系,为了剔除两岸引水对冲淤的影响,图中选用的点据均满足下列条件:

$$\frac{Q_o}{Q_i} > 0.9$$

式中,Q_i 和 Q_o 分别为进出河段的流量,m³/s。

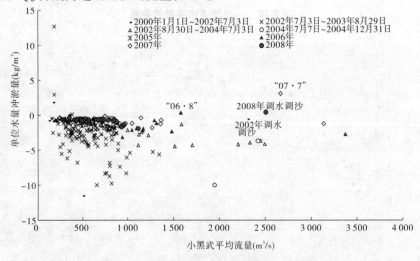

图 2-14 花园口以上河段单位水量冲淤量和入口平均流量的关系

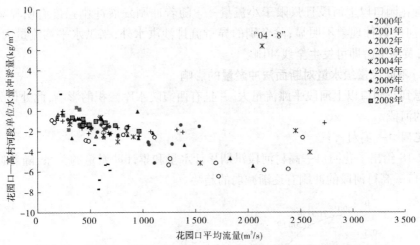

图 2-15　花园口—高村河段单位水量冲淤量和花园口平均流量的关系

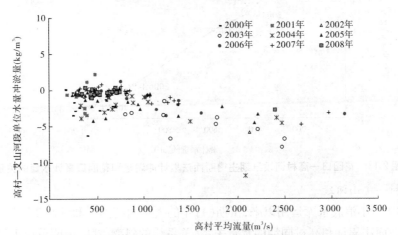

图 2-16　高村—艾山河段单位水量冲淤量和高村平均流量的关系

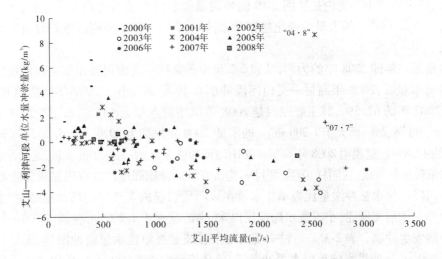

图 2-17　艾山—利津河段单位水量冲淤量和艾山平均流量的关系

只有花园口以上河段且只限于小流量——随着冲刷发展冲刷强度有明显减弱的趋势,其他河段这种现象不明显;除个别的异重流排沙洪水外,当洪水平均流量大于1 500 m³/s时,黄河下游即可发生全线冲刷。

(二)不同流量级水量对断面法冲淤量的影响

考虑到花园口以上河段平滩流量大,并且有西霞院水库淤积的影响,此处仅分析花园口以下的河段。

1. 花园口—高村河段

图2-18给出了花园口—高村河段汛期累计水量和累计冲淤量的关系,随着冲刷的发展,花园口—高村河段的冲刷有逐渐减弱的趋势。

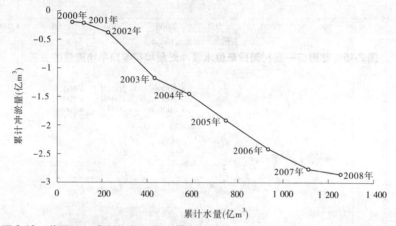

图2-18 花园口—高村河段汛期主槽断面法累计冲淤量和花园口累计水量的关系

2. 高村—艾山河段

图2-19为小浪底水库运用以来,汛期(每年的大断面统测1和统测2之间)高村—艾山的主槽断面法累计和高村同期的水量关系,关系线的斜率越陡,说明单位水量的冲刷强度越大,反之则越小。无论是从图2-19的冲淤量和全部水量的累积变化趋势,还是冲淤量和大于1 200 m³/s的水量的变化趋势看,高村—艾山河段的冲刷强度都没有明显减弱的势头。

以最近一年即2008年的为例,从表2-2给出的高村—艾山河段汛期主槽断面法冲淤量和高村水量看,2008年高村—艾山河段冲刷0.19亿m³,小于2007年同期的0.31亿m³,为2007年的62.5%,其主要原因是2008年汛期的水量为131亿m³,为2007年同期168亿m³的78.2%,而大于1 200 m³/s的水量,2008年汛期为39亿m³,为2007年同期82亿m³的47.8%。这说明2008年高村—艾山河段冲刷少,是因为这年的水量,尤其是较大流量的水量较少的缘故,这同样说明,高村—艾山河段的冲刷强度都没有明显减弱的势头。

某河段单位水量冲淤量代表单位水量在该河段引起的含沙量的增加或减少,也称为冲刷效率。如前文所述,小浪底水库运用以来,当流量大于1 200 m³/s或1 500 m³/s时,河道一般发生冲刷。表2-3是高村—艾山河段各流量级单位水量的冲淤量,无论是流量大于1 200 m³/s的洪水的单位水量冲淤量,还是流量大于1 500 m³/s的洪水的单位水量冲淤量都没有逐渐减小的趋势性变化。

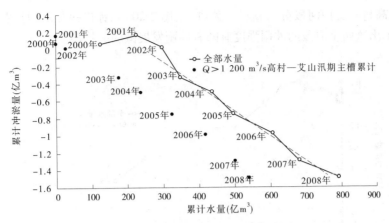

图 2-19　高村—艾山河段汛期主槽断面法累计冲淤量和高村累计水量的关系

表 2-2　高村—艾山河段汛期主槽断面法冲淤量和高村水量统计

日期(年-月)		各流量级(m³/s)的水量(亿 m³)						高村—艾山冲淤量(亿 m³)
统测 1	统测 2	全部	$Q>1\ 200$	$Q>1\ 500$	$Q>2\ 000$	$Q>2\ 500$	$Q>3\ 000$	
2000-05	2000-10	51	0	0	0	0	0	0.06
2001-05	2001-10	41	0	0	0	0	0	0.10
2002-05	2002-10	90	25	24	21	19	0	−0.14
2003-05	2003-11	199	150	143	131	69	0	−0.34
2004-04	2004-10	147	63	60	53	38	3	−0.17
2005-04	2005-10	157	84	74	63	37	6	−0.25
2006-04	2006-10	180	94	64	51	46	44	−0.24
2007-04	2007-10	168	82	66	58	52	50	−0.31
2008-04	2008-10	131	39	39	38	34	31	−0.19

表 2-3　高村—艾山河段汛期主槽断面法单位水量冲淤量计算

日期(年-月)		各流量级(m³/s)的冲刷效率(kg/m³)					
统测 1	统测 2	$Q>0$	$Q>1\ 200$	$Q>1\ 500$	$Q>2\ 000$	$Q>2\ 500$	$Q>3\ 000$
2000-05	2000-10	1.8					
2001-05	2001-10	3.3					
2002-05	2002-10	−2.3	−8.0	−8.4	−9.7	−10.7	
2003-05	2003-11	−2.4	−3.2	−3.4	−3.7	−7.0	
2004-04	2004-10	−1.6	−3.8	−4.1	−4.6	−6.5	−82.7
2005-04	2005-10	−2.2	−4.2	−4.8	−5.6	−9.6	−61.5
2006-04	2006-10	−1.8	−3.5	−5.2	−6.5	−7.1	−7.5
2007-04	2007-10	−2.6	−5.3	−6.6	−7.4	−8.3	−8.6
2008-04	2008-10	−2.1	−6.9	−6.9	−7.2	−8.0	−8.6

注:计算冲刷效率时,泥沙的干容重取 1.4 t/m³。

如果把高村—艾山河段分为高村—孙口（见图 2-20）和孙口—艾山（见图 2-21）两个河段,也看不出这两个河段的冲刷强度有随着冲刷发展减弱的趋势。

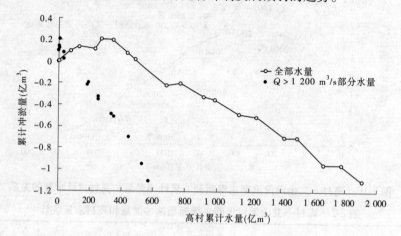

图 2-20 高村—孙口河段汛期主槽断面法累计冲淤量和高村累计水量的关系

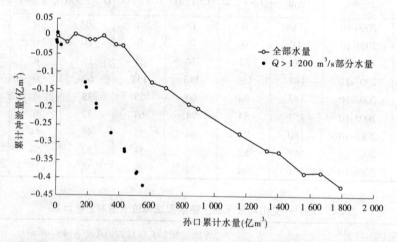

图 2-21 孙口—艾山河段汛期主槽断面法累计冲淤量和孙口累计水量的关系

洪水期滩槽的冲淤与水流条件和床沙的颗粒粗细有关。同一粒径的泥沙在某一河段可能是静止不动的,也可能是作推移质运动,还可能悬浮于水中,它的运动状态不仅和泥沙颗粒的粒径大小有关,也取决于水流条件。沙玉清在研究泥沙的起动流速时,认为泥沙的起动流速与床沙的密实程度和粒径有关,得到如下泥沙起动流速计算公式:

$$U_c = \left[1.1 \frac{(0.7 - \varepsilon)^4}{d} + 0.43 d^{\frac{3}{4}} \right]^{\frac{1}{2}} h^{\frac{1}{5}}$$

式中,ε 为床沙的空隙率,一般取 0.4;d 为床沙粒径,mm;h 为水深,m,计算时取 1 m 和 4 m 分别计算;U_c 为起动流速,m/s。

图 2-22 点绘的是起动流速—粒径的关系和 2008 年汛前高村和孙口断面的床沙级配。我们用它来代表该河段的平均床沙的组成情况是允许的。可见,目前山东河道的床

沙基本上都处于容易起动的粒径范围,4 m 水深时粒径 0.5 mm 泥沙的起动流速为 0.7 m/s,说明黄河下游的床沙相对河道的平均流速来讲,是很容易起动的。

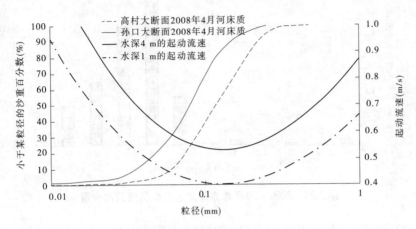

图 2-22　黄河下游床沙的水力特性

3.艾山—利津河段

与黄河下游艾山以上河段不同,艾山—利津河段的冲淤强度不但受来自干流水沙的影响,还受东平湖加水的影响。

以陈山口的"新闸下"和"闸下二"两站的日平均流量之和作为东平湖向黄河干流的加水量,则 2000～2007 年东平湖在 74 d 向黄河加水共 85 亿 m³。流量级主要集中在 400 m³/s 以下,各流量级的水量差别不大,如图 2-23 所示。从年内分配看,东平湖向黄河的加水主要集中在 7～10 月 4 个月,尤以 8 月最多,见图 2-24。

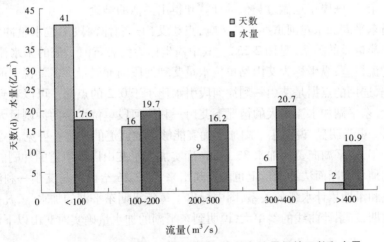

图 2-23　2000～2007 年东平湖向黄河加水的各流量级的天数和水量

由于东平湖排水基本上是清水,因此其补充的水流对艾山以下河道有显著减淤作用。从增加流量提高河道挟沙能力的基本思想出发,假定东平湖泄水入汇黄河后经河道冲淤调整至利津处具有与黄河水流相同的挟沙能力,同时考虑参加河道冲淤的是粒径大于

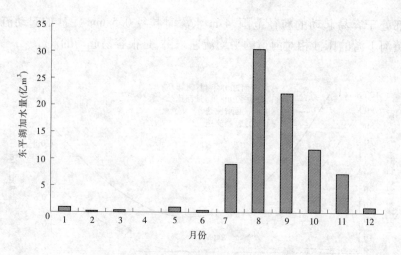

图 2-24　2000～2007 年东平湖各月向黄河的加水量

0.025 mm 的床沙质,因此采用以下回归公式估算东平湖泄水对艾山—利津河段的减淤量:

$$dW_{S东} = p_{0.025} W_{陈} \frac{S_利}{1\ 000}$$

式中,$dW_{S东}$ 为东平湖加水引起的艾山—利津河段的减淤量;$W_{陈}$ 为陈山口的水量;$S_利$ 为利津站的含沙量;$p_{0.025}$ 为粒径大于 0.025 mm 的床沙质占全沙的比例(小数)。

王贵香分析了东平湖向黄河加水对艾山以下河道的减淤作用后认为:①同样的入黄水量,汛期比非汛期的减淤作用大;②陈山口大流量比小流量的减淤作用大;③河道处于淤积状态时比冲刷状态的减淤作用大;④河道水量的含沙量高时比含沙量低的时候减淤作用大。王贵香还用 1955～1985 年的资料,分析了大汶河入黄水量对艾山—利津河段的减淤作用。余欣、张厚军也做过类似的计算和得出类似的结论。

为分析东平湖加水对河道冲淤的影响,点绘艾山—利津河段单位水量冲淤量与艾山和大汶河的流量差的关系(见图 2-25)。其中横坐标为代表黄河干流的来水流量,即艾山和大汶河的流量差;纵坐标为艾山站单位水量艾利河段的冲淤量。需要说明的是,为消除引水的影响,选用的点据是艾山—利津河段引水比小于 0.2 的点据。可以看到,相同的黄河干流流量,东平湖加水流量大的情况下艾山—利津河段单位水量的冲刷量大,在流量大于 1 000 m³/s 更为明显,说明东平湖加水确实能够增加河道的冲刷。可见,小浪底水库运用以来的 8 年,东平湖向黄河加水 85 亿 m³ 确实加大了艾山以下河道的冲刷。

东平湖加水在断面法冲淤量上也能反映出来,图 2-26 给出的是艾山—利津河段汛期累计冲淤量和汛期累计水量的关系,图中标出了每年汛期东平湖的加水量,凡是东平湖加水量大的时期,双累计曲线的斜率大,说明到东平湖的加水量确实对艾山以下河段冲刷强度有影响。

当然,正如前文所述,东平湖加水对干流河道的减淤作用还和东平湖和加水的时机,即黄河干流的流量大小有关。关于东平湖加水的减淤作用的准确定量关系,还需要进一步研究。

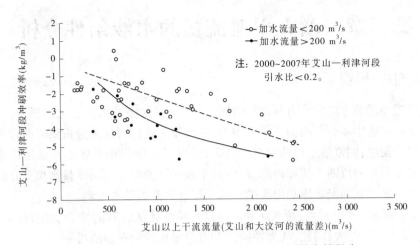

图2-25　东平湖加水对艾山—利津河段冲刷效率的影响

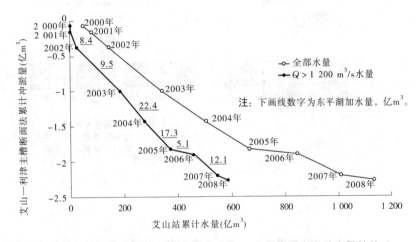

图2-26　艾山—利津河段汛期主槽断面法累计冲淤量和艾山累计水量的关系

第三章　增大平滩流量的水沙条件分析

一、资料的选取

衡量河道冲淤的方法通常有断面法、沙量平衡法和同流量水位变化法三种。三种方法各有优缺点和适用场合。断面法累计误差小；沙量平衡法可用来分析洪峰时段冲淤，但有系统的累计误差；同流量水位法简单。表 3-1 和图 3-1 给出小浪底水库运用以来，黄河下游水文站及其各河段断面法冲淤厚度、沙量平衡法冲淤厚度和同流量水位变化的比较，为的是获得一种建立冲淤量影响因素的可靠的定量关系的基本资料。

从图 3-1 和表 3-1 中看到，断面法和同流量水位变化法反映的冲淤变化，在定性上完全一致，定量上差别不大，因此，认为断面法冲淤总量比沙量平衡法可靠。

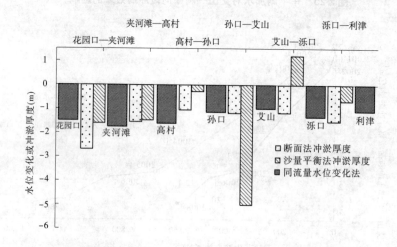

图 3-1　小浪底水库运用以来断面法、沙量平衡法和同流量水位变化法冲淤比较

二、各河段冲淤和水沙条件的关系

(一) 高村以上河段

高村以上河段除异重流排沙的流量过程发生淤积外，绝大多数大小流量过程均是发生冲刷的，但因为冲刷强度的减小（花园口以上河段兼有糙率增大的影响），冲刷引起的平滩流量的增加有随着冲刷发展逐渐减弱的趋势。因此，该河段平滩流量增加量的主要影响因素有来水水量的多少和前期冲淤量的大小。通过回归分析得到：

$$\Delta Q_p = \frac{W^{1.26}}{\Delta W_S^{0.09}}$$

式中，ΔQ_p 为冲刷引起的平滩流量的增加量，m^3/s；W 为花园口水量，亿 m^3；ΔW_S 为花园口—高村河段前期累计冲刷量（冲刷为正），亿 m^3。

表 3-1　小浪底水库运用以来断面法、沙量平衡法和同流量水位变化法比较

河段或水文站	河段长（km）	1999~2008年同流量(2 000 m³/s)水位变化(m)	小浪底运用以来断面法		洪峰时段沙量平衡法		
			冲淤量（亿 m³）	冲淤厚度（m）	冲淤量		冲淤厚度（m）
					亿 t	亿 m³	
花园口以上河段	108.87		−3.72	−2.3	−4.34	−3.10	−1.9
花园口		−1.51					
花园口—夹河滩河段	100.8		−3.98	−2.7	−3.33	−2.38	−1.6
夹河滩		−1.76					
夹河滩—高村河段	72.7		−1.07	−1.6	−1.41	−1.01	−1.5
高村		−1.63					
高村—孙口河段	118.2		−0.93	−1.1	−0.35	−0.25	−0.3
孙口		−1.16					
孙口—艾山河段	63.87		−0.41	−1.2	−2.48	−1.77	−5.0
艾山		−0.99					
艾山—泺口河段	101.84		−0.54	−1.2	0.77	0.55	1.2
泺口		−1.35					
泺口—利津河段	167.8		−1.06	−1.5	−0.67	−0.48	−0.7
利津		−1.11					
花园口—高村	173.50		−5.05	−2.2	−4.74	−3.38	−1.5
高村—艾山	182.07		−1.34	−1.0	−2.83	−2.02	−1.5
艾山—利津	269.64		−1.60	−1.4	0.11	0.08	0.1
花园口—利津	625.21		−7.99	−1.8	−7.46	−5.33	−1.2
利津以上	734.08		−11.72	−1.9	−11.80	−8.43	−1.4

注:将沙量平衡法的冲淤量换算为体积时,泥沙的干密度取 1.4 t/m³。

(二)高村—艾山河段

上文分析了高村—艾山河段不同流量级洪水在下游各河段的冲淤状况,得出"当洪水平均流量大于 1 500 m³/s 时即可发生全线冲刷"的结论,上文也指出沙量平衡法冲淤量在定量反映河道冲淤时并不完全正确。但无论如何,河槽的冲刷主要是较大流量过程作用的结果这一点是肯定的,以往关于黄河下游河道洪峰时段流量在河道的冲淤也证明了这一点。此外,考虑到断面法冲淤量的累计结果可靠的特点,通过回归分析,建立河段平滩流量增加量和累计水量的关系如下:

$$\Delta Q_p = -0.077W_{Q<1\,500} + 2.8W_{1\,500<Q<2\,000} + 3.1W_{2\,000<Q<3\,000} + 5.43W_{Q>3\,000}$$

式中，ΔQ_p 为冲刷引起的平滩流量的增加量，m^3/s；$W_{1\,500<Q<2\,000}$ 为花园口流量介于 1 500 ~ 2 000 m^3/s 的水量，亿 m^3；$W_{2\,000<Q<3\,000}$ 为花园口流量介于 2 000 ~ 3 000 m^3/s 的水量，亿 m^3；$W_{Q>3\,000}$ 为花园口流量大于 3 000 m^3/s 的水量，亿 m^3。

小于 1 500 m^3/s 的流量级会导致河道发生淤积，引起平滩流量减小；当流量大于 1 500 m^3/s 后，河道发生冲刷，且相同的水量，流量越大，冲刷恢复的平滩流量也越大。大于 3 000 m^3/s 的流量的冲刷效率分别是 1 500 m^3/s < Q < 2 000 m^3/s 和 2 000 m^3/s < Q < 3 000 m^3/s 的 1.9 倍、1.74 倍。目前黄河下游瓶颈河段的最小平滩流量为 3 810 m^3/s，距离 4 000 m^3/s 尚有 190 m^3/s 的差距。如果将流量调节到大于 3 000 m^3/s，根据计算，要恢复到 4 000 m^3/s，需要 35 亿 m^3 花园口的水量，考虑到较大的流量冲刷效率更高，35 亿 m^3 的水量相当于 10.1 d 4 000 m^3/s 的流量过程。

（三）艾山—利津河段

东平湖加水对艾山以下河道的影响受加水时干流的流量大小和含沙量的高低影响，暂时很难建立艾山—利津河段冲刷强度和东平湖加水的定量关系，这是需要以后进一步研究的。考虑到未来东平湖的加水量的多少和大小都难以预测，以小浪底水库运用以来的资料（冲淤量采用断面法），通过回归分析，建立艾山—利津河段平滩流量变化量和艾山流量大于 1 200 m^3/s 的水量的关系如下：

$$\Delta Q_p = 0.455W_{Q<1\,500} + 1.037W_{1\,500<Q<2\,000} + 2.284W_{Q>2\,000} + 4.256W_{东}$$

式中，ΔQ_p 为冲刷引起的艾山—利津河段平滩流量的增加量，m^3/s；$W_{Q<1\,500}$ 为花园口流量小于 1 500 m^3/s 的水量，亿 m^3；$W_{1\,500<Q<2\,000}$ 为花园口流量介于 1 500 ~ 2 000 m^3/s 的水量，亿 m^3；$W_{Q>2\,000}$ 为花园口流量大于 2 000 m^3/s 的水量，亿 m^3；$W_{东}$ 为东平湖向黄河的加水量，亿 m^3。

这表明：①较大流量有利于艾山以下河道的平滩流量恢复，例如 $W_{Q>2\,000}$ 的冲刷效率是 $W_{1\,500<Q<2\,000}$ 的 2.2 倍；②东平湖向黄河加水的冲刷效率明显大于等水量黄河干流的来水，是黄河干流 $W_{Q>2\,000}$ 的洪水的冲刷效率的 1.86 倍。

另外，根据以上分析，黄河下游在清水下泄时，洪水的平均流量大于 1 500 m^3/s，黄河下游即可发生全线冲刷。但上文的分析中的流量，采用的是各场洪水的平均流量。既然是平均，就说明实际的流量过程有相当长的时间大于平均流量。图 3-2 是依据日平均资料点绘的花园口洪峰流量和洪水平均流量关系，通过回归分析，花园口洪水最大流量（洪峰流量）和洪水平均流量有如下关系：

$$Q_{峰} = 1.29Q_{平均} \quad (R^2 = 0.723\,1)$$

也就是说，只要洪水的平均流量大于 1 200 ~ 1 500 m^3/s，并保证洪峰流量大于 1 940 m^3/s，黄河下游即可发生全程冲刷。流量越大，冲刷强度越大。

下面采用两种方法，预估在小浪底水库现状运用方式条件下、近期 2 ~ 3 年平均来水来沙时，未来黄河下游各河段的平滩流量恢复程度。

方法 1：根据上文分析建立的定量关系，以最近 3 年（2006 ~ 2008 年）的平均情况作为进入下游的水沙条件，根据来水量，其中高村—艾山河段考虑花园口 1 200 m^3/s 以上水

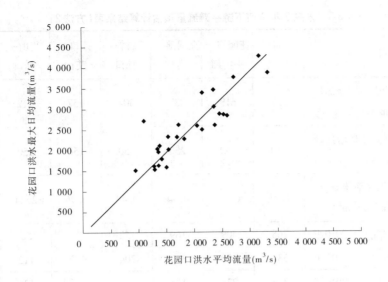

图 3-2　花园口洪峰流量和洪水平均流量关系(依据日平均资料)

量、艾山—利津河段考虑花园口 1 800 m³/s 以上水量。根据估算,认为各河段的平滩流量在未来 3 年将仍会不同程度的增加,在未来 2 年内,黄河下游河道的最小平滩流量即可达到或超过 4 000 m³/s(见表 3-2)。

表 3-2　未来 2 年黄河下游平滩流量预估计算成果表(方法 1)

水文站	花园口	夹河滩	高村	孙口	艾山	泺口	利津
水文站近 3 年水量(亿 m³)	804	776	767	742	720	656	573
年均水量(亿 m³)	268	259	256	247	240	219	191
单位水量平滩流量变化量((m³/s)/亿 m³)	1.244	1.289	0.652	0.472	0.278	0.458	0.523
2009 年汛初平滩流量(m³/s)	6 500	6 000	5 000	3 850	3 900	4 200	4 300
2010 年平滩流量(m³/s)	6 833	6 334	5 167	3 967	3 967	4 300	4 400
2011 年平滩流量(m³/s)	7 167	6 668	5 334	4 083	4 033	4 401	4 500

　　方法 2:根据小浪底水库运用以来,黄河下游各河段"河段累计冲刷面积—河段累计平滩流量增量"关系,以最近 3 年的平均冲刷强度,作为未来 2 年的冲刷强度,预测未来 3 年的平滩流量的增加量,预测结果见表 3-3。

　　可见,未来 2 年黄河下游平滩流量的驼峰现象仍旧存在,并仍在孙口—艾山河段。

表 3-3　未来 2 年黄河下游平滩流量预估计算结果表（方法 2）

河段		花园口以上	花园口—夹河滩	夹河滩—高村	高村—孙口	孙口—艾山	艾山—泺口	泺口—利津
近 2 年河段冲刷面积增加量（m²）		537	619	337	304	157	112	123
近 2 年河段平滩流量增加量（m³/s）		650	450	250	150	150	250	150
单位冲刷面积的平滩流量增加量（(m³/s)/m²）		1.21	0.73	0.74	0.49	0.96	2.24	1.21
2009 年到某年的冲刷面积（m²）	2010 年	268	309	169	152	78	56	62
	2011 年	537	619	337	304	157	112	123
2009 年到某年的平滩流量增加量（m³/s）	2010 年	325	225	125	75	75	125	75
	2011 年	650	450	250	150	150	250	150
平滩流量（m³/s）	2009 年	6 500	6 250	5 500	4 430	3 880	4 050	4 250
	2010 年	6 825	6 475	5 625	4 505	3 955	4 175	4 325
	2011 年	7 150	6 700	5 750	4 580	4 030	4 300	4 400

第四章　主要认识与建议

（1）目前，黄河下游瓶颈河段在孙口上下河段，最小平滩流量为 3 810 m³/s；水文站断面平滩流量最小的是孙口断面，为 3 850 m³/s。

（2）未发现夹河滩以下河段因小浪底水库长期下泄清水床沙粗化导致糙率增大的现象。实测资料显示，虽然小浪底水库运用以来下游各河段主槽床沙发生粗化，但粗化对糙率的影响仅限于花园口—夹河滩以上河段，也就是说，未发现夹河滩以下河段的糙率有因床沙粗化而增大的迹象。反映在流速—流量关系上，就是花园口的同流量的流速降低了，而其他站变化不明显。

（3）未发现高村—艾山河段因小浪底水库长期下泄清水有冲刷减弱的势头。研究表明，小浪底水库运用以来粗化对冲刷的影响仅发展到花园口—夹河滩河段，未发现高村—艾山河段冲刷强度有随着冲刷发展而减弱的势头。

（4）在目前的河道边界条件下，小浪底水库下泄清水的洪水平均流量大于 1 500 m³/s 即可使黄河下游全线冲刷。根据对小浪底水库运用以来 2000～2008 年 9 年 296 场流量过程或洪水分析，除个别异重流排沙洪水外，当洪水平均流量大于 1 500 m³/s 时，黄河下游即可发生全线冲刷；各流量级的水量和断面法冲淤量的关系也显示，大于 1 500 m³/s 的水量是高村—艾山河段冲刷的主要流量过程。

（5）有希望通过小浪底水库进一步下泄较大流量清水，冲刷下游河道，将下游瓶颈河段的平滩流量恢复至 4 000 m³/s。对比分析衡量河道冲淤的方法通常有断面法、沙量平衡法冲淤厚度和同流量水位变化法，认为选取断面法冲淤量更可靠，建立了平滩流量变化量与主要影响因素的定量关系。

根据小浪底水库运用以来的资料分析，在小浪底水库下泄清水的情况下，"瓶颈"河段高村—艾山河段在流量小于 1 500 m³/s 时会导致河道发生淤积，使平滩流量减小；当流量大于 1 500 m³/s 后，河道发生冲刷，且相同的水量，流量越大，冲刷恢复的平滩流量也越大。初步估算，如果将流量调节到大于 3 000 m³/s，要将最小平滩流量由目前的 3 810 m³/s 恢复到 4 000 m³/s，需要 35 亿 m³ 花园口的清水水量，相当于 10.1 d 4 000 m³/s 的清水流量过程。

第七专题 黄河下游河南段泥沙利用调查及重点河段过流情况

通过调查,了解了黄河下游河南段泥沙资源化利用现状与管理情况,分析了重点河段的过流能力,以及河道扰沙效果,并就重点河段生产堤、片林情况进行了调研。调查表明,近期黄河下游泥沙利用较以前有了较大发展,利用形式主要为采砂烧砖。采砂主要集中在盂县、盂津河段,所采泥沙均为粒径0.1 mm以上的粗泥沙;泥沙利用形成了产业链,带动了当地经济发展,但同时也产生了一些不利影响,如在主河道内采砂、在滩区堆砂会改变河势,采砂位置靠近工程会引起坝体出险等,因此必须将这些开发利用纳入规范化管理中。小浪底水库拦沙运用8年来,下游河道平滩流量增加,在2008年调水调沙查勘期间,原卡口河段高村—孙口在3 000 ~ 3 500 m³/s时边滩出水高度在0.25 ~ 0.9 m,河道过流能力较2007年增大;下游片林种植发展迅速,部分河段缩窄了过水宽度,给防洪和水文测量带来不利影响。建议黄河行政主管部门加大对河道、滩区的管理,在保障河道、滩区安全的情况下,规范各种采砂活动,治理生产堤的无秩序修建等,保障黄河的安澜和滩区群众的正常生产生活。

第一章　考察及跟踪的背景

黄河来沙量巨大是其难以治理的根本原因,需要采取多种综合治理措施。而黄河泥沙资源化、合理的处理并利用是减少黄河泥沙的措施之一,也是现今提倡河流资源化管理的体现。正在进行的黄河流域规划修编工作,即将制砖、人工采砂、建筑大沙等市场利用泥沙作为泥沙资源化利用的内容之一,列入泥沙处理和利用规划中,并对其潜力和应用前景进行了分析。

1999 年 10 月小浪底水库投入运用后,至今为蓄水拦沙期,绝大多数粗泥沙拦在库里,进入下游的泥沙明显减少,下游河道发生了持续冲刷,床沙发生粗化,这为建筑业利用河道粗砂提供了可能。而黄河下游存在大面积的滩地,滩地泥沙为漫滩洪水落淤的细泥沙,比较适合制砖。这些都是泥沙资源化利用的内部条件。同时,随着国民经济的增长,社会基础设施建设步伐加快,建筑市场对砂石料和砖瓦的需求量猛增,也促使河道采砂和滩区制砖大规模发展起来。

从黄河流域开发的角度来看,从河道内取沙减少河道沙量是有利于黄河防洪的益事;从社会发展角度来看,利用当地泥沙资源致富地方群众也有利于发展经济。但是在采砂和烧砖发展的过程中也出现一些问题,影响到堤防工程的安全,需要统一规划管理。

基于上述因素,项目组开展了下游河道采砂和滩区制砖情况的实地考察,了解泥沙利用的新情况,掌握第一手资料,作为对黄河泥沙处理和利用方向提供咨询和建议的基础。同时对下游部分河段的塌滩和生产堤现状进行了考察。另外,在 2008 年小浪底水库调水调沙期间,项目组组织了两批人员对下游重点河段滩面出水高度、河道过流、片林情况进行了跟踪,在本报告中一并汇总。

本次考察的目的,一是了解黄河下游河道采砂和滩区窑厂的分布、规模,以及相关管理措施,二是跟踪 2008 年小浪底水库调水调沙期间重点河段过流情况。

黄河下游河道泥沙利用调查:2008 年 6 月 3 ~ 5 日,白鹤至高村河段,重点考察了逯村、开仪、太澳高速桥下 3.5 km 处、柳园口、东坝头、蔡集工程、长垣滩区的河道采砂和滩地窑厂情况,以及东坝头长坝、蔡集工程、三合村工程和堡城险工与三合村工程之间河道的两道生产堤的工程情况。

调水调沙期间跟踪调查:2008 年 6 月 23 ~ 26 日,高村至孙口河段河道过流能力跟踪。

第二章　黄河下游泥沙资源化利用

黄河干流部分河段河砂资源丰富,通过有序开采可应用于建筑大砂。建筑材料用大砂一般要求为粒径在 0.15~5 mm 的岩石颗粒。由于黄河泥沙来源特殊性,黄河流域建筑材料用砂采砂河段主要分布在洛河口至沁河口的黄河干流、伊洛河及入黄口、沁河及入黄河口、大汶河(大清河)等几个部分。

一、孟津县河道采砂情况

(一)河道采砂发展情况

孟津县河道采砂最初开始是在 1992 年,当时还比较少。近年来,尤其是 2002 年由于太澳高速公路的修建,促进了河道采砂业的发展,孟津县境内河道开始大量采砂。从 2006 年后半年开始,孟津县从严整治河道采砂。但期间还是有个别采砂船违规操作,给黄河防汛、防洪留下祸患。据新华社报道(见图 2-1),2007 年 6 月 15 日,在位于河南省孟津县会盟镇的黄河堤岸边,几十条采砂船只在黄河岸边、滩地大肆采砂,使得会盟镇黄河岸边的防洪滩地出现塌陷(见图 2-2),造成黄河滩地水土流失严重,给防汛、防洪留下安全隐患。

近几年由于采砂规范化管理,为保护湿地一年内禁采砂期较长,以及可采量的减少,采砂量有所下降。

图 2-1　采砂船只在河南省孟津县会盟镇黄河岸边采砂

(二)河道采砂管理

2006 年 10 月孟津黄河河务局,孟津县矿管办、公安局、安监局、会盟镇政府等单位和部门组成的联合执法组,深入孟津黄河滩区,对未按河务、矿管、安监、环保部门有关规定在黄河河道采砂的采砂户进行了依法整治,拆除并扣押了采砂户的主要采砂设备。为进一步整顿和规范河道砂石资源开采秩序,2007 年 8 月初孟津黄河河务局与地方政府相关部门联手开展了河道砂石资源开采秩序综合治理活动,活动分排查治理、整改提高和检查验收三个阶段,决定利用两个多月时间严厉打击无证开采矿产资源的违法行为;从严查处

图2-2 孟津县会盟镇黄河岸边的防洪滩地出现塌陷

拒(欠)缴采砂费的违法行为;取缔、关闭污染严重、破坏环境、不具备安全生产条件的采砂户。

在活动开展过程中,孟津县政府高度重视,成立了以主管副县长为组长,相关部门负责人为成员的治理活动领导小组,对专项治理工作方案落实和实施工作进行指导和监督,并严格执行定期汇报和举报查处制度。经过集中整治,不仅确保了孟津黄河滩区良好的采砂管理秩序,也保护了湿地环境。目前,相关部门正着手完善砂石资源开采长效机制,以科学合理利用自然资源。

对于河道采砂管理政策,孟津黄河河务局有一套规范的采砂许可程序。由于小浪底至巩义是黄河湿地保护区,因此每年12月1日到次年3月30日为凌汛禁采期,6月10日至10月15日为防汛禁采期,其余时间可申请采砂。首先是水政部门在各辖区电视上公示,允许申请采砂后各采砂厂根据合法程序进行申请(见图2-3)。其中各采砂人必须先填写并提交《采砂申请书》及相关资料,后由河南主管机关会商审查,再提交会商审查报告,对于审查不同意的写出不同意的依据,并书面告知申请人,申请同意的报行政机关领导审批,签发《采砂许可证》,签订《采砂收费协议》,采砂期间要进行监督管理。且采砂户必须在离岸300 m以外的地方进行采砂。孟津黄河河务局将设立滩岸坍塌观测桩,对因采砂所造成的滩岸坍塌要追究采砂户的责任。

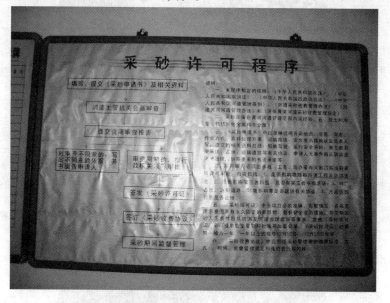

图 2-3　采砂许可程序

　　小浪底至巩义之间黄河滩地为湿地保护区,因此开采量不是很大。从白鹤工程开始至花园镇右岸有连续的采砂区。其中白鹤工程至逯村工程之间河床为砂卵石区,从逯村工程上首开始河道为粗砂区,如图 2-4 所示的斜线区域。在白鹤至逯村的右岸有 7 个砂场,如图 2-4 中所示的方块为砂场位置。圆点群为挖掘机施工处,砂卵石的采集采用挖掘机挖取的方式获得,开挖地点必须距工程至少 100 m 远。据河务部门介绍,现今铁谢至花园镇之间 7 个沙场年均可挖沙 20 万 m³。

二、孟州市河道采砂情况

(一)河道采砂发展情况

　　从 2003 年开始,孟州市河道就有少量采砂。后由于国家基础设施建设的大力发展,河道采砂的需求开始增多。2004 年对黄河河道采砂区域规划以来,河道采砂得到进一步规范,乱采滥挖现象基本得到控制,但近年来由于河道砂量超采严重,致使黄河部分河道改变了河势流路,河势上提下挫,直接影响着工程管理和黄河防洪安全。直到 2006 年,孟州黄河河务局开始正式批准允许采砂。采砂许可证的办理进一步规范辖区内黄河河道采砂行为,为合理利用自然资源,确保河道行洪和各类防洪工程安全奠定了基础。

(二)河道采砂管理

　　2006 年 7 月 13 日,孟州黄河河务局根据《中华人民共和国水法》、《中华人民共和国防洪法》、《中华人民共和国行政许可法》等有关法律、法规、规章,并结合该市实际,对黄河河道内采砂进行全面规划,总量控制,计划开采,划定了禁采期和禁采区,并将《孟州黄河河道采砂规划》进行了公示,各采砂户提出申请并递交申请材料,该局认真审核材料

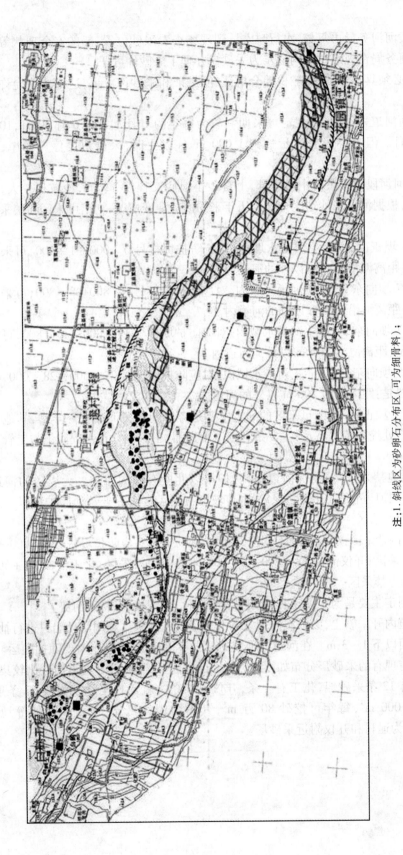

注:1. 斜线区为砂卵石分布区（可为细骨料）；

2. 网格线区为粗砂分布区（可作为建筑用砂）；

3. 小黑方块为砂场位置；

4. 黑圆点为挖掘机挖掘位置。

图 2-4　铁谢至花园镇河道采砂分布

后,上报焦作黄河河务局再复核,水行政人员到现场查看采砂位置、船舶安全现状等情况后,焦作黄河河务局在规定时限内逐步为采砂户办理了采砂许可证。

采砂户还必须具有三证:船舶检验合格证、船员证和采砂许可证,这样才能允许开始采砂。

《孟州黄河河道采砂规划》规定可采期一般为每年的 1 月 1 日至 6 月 30 日,10 月 1 日至 12 月 31 日。但当小浪底流量达到 1 000 m³/s 以上时,采砂户要停产靠岸,禁止开采。

孟州市黄河河段位于黄河中游下部,上首距小浪底工程仅 32 km,沙粒径较大,大沙资源较为丰富,根据河道来沙情况分析及历年来的河势演变情况,划出可采区和禁采区。

可采区:

(1)逯村 1 坝正南 2 km 主河道水域内,对应防护堤桩号 0 +000—1 +100,可采区域的具体位置是:距离滩沿 200 m 以外的河道内。

(2)逯村 37 坝向东 2 km 主河道水域内,对应防护堤桩号 6 +800—8 +800,可采区域的具体位置是:距离滩沿 200 m 以外的河道内。

(3)开仪 37 坝向东 2 km 主河道水域内,对应防护堤桩号 17 +800—19 +800,可采区域的具体位置是:距离滩沿 200 m 以外的河道内。

(4)化工 35 坝向东 1.5 km 主河道水域内,对应防护堤桩号 26 +500—28 +000,可采区域的具体位置是:距离滩沿 200 m 以外的河道内。

原因:逯村 1 坝正南 2 km 可采区的划定主要是考虑到此段河砂资源丰富,其他三处可采区划定在三处控导工程下首,主要是利于工程送溜,不影响上首工程防汛与工管。

禁采区:

(1)稳固滩地禁采区:黄河堤防以南,防护堤以北所有稳固滩地。无堤防的河道按《中华人民共和国河道管理条例》之规定,中曹坡以上至孟吉交界处黄河防护堤以北到黄河老滩沿以南为禁采区。

(2)主河道内禁采区:逯村河段 37 坝以上至 1 坝河道内对应防护堤桩号 6 +800—1 +100 河道内为禁采区;开仪河段 17 +800—8 +800 河道内为禁采区;化工河段 26 +500—19 +800 河道内为禁采区。

禁采区的划定主要是为了使工程河势不发生变化,出现横河、斜河河势。

在黄河河道内开采砂土,必须按照规定的开采量实施开采。利用活动船只进行抽采,可采深度为水面以下 1~3 m。在河道内堆放的砂土不得超过 1 000 m³,要随抽随运。

孟州市目前现有的采砂厂分布如图 2-5 所示,逯村至化工附近的河道抽砂比较集中,其中逯村以上有 12 条采砂船,化工有 1 条,开仪有 4 条。就逯村至化工河段 17 条船计算,每天挖砂 3 000 m³,每年可挖砂 80 万 m³,其中多销往巩义、山西和武陟等地区。图 2-6 和图 2-7 为逯村和开仪附近采砂场。

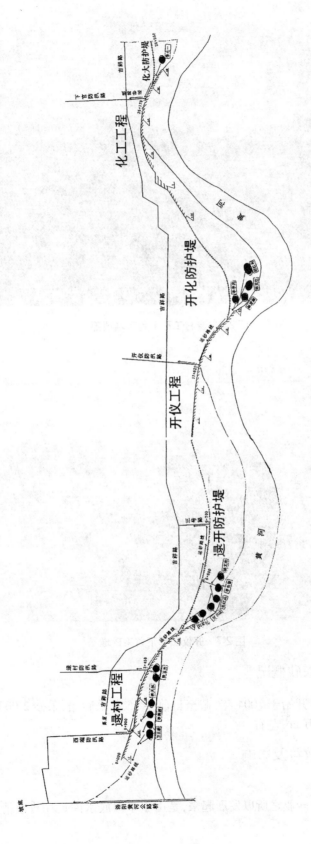

注：黑点为抽砂船位置。

图 2-5 孟州市黄河河道采砂位置及路线图

图2-6　逯村工程下首砂堆顶部

图2-7　开仪工程下首采砂堆

三、开封河道采砂概况

开封河道的采砂开始于2004年,截至目前共15条采砂船,采砂2 000 m³/d,即开封河段每年共采砂54万m³左右。

四、河道采砂效益及影响

(一)效益

黄河下游河道采砂业之所以发展起来,是由于小浪底水库近期排泄清水导致下游河道持续冲刷,河床粗化,形成可用的建筑粗砂来源,本次考察为搞清采出砂粒的粗细,在各河段砂场取样进行了级配分析。级配分析结果如图2-8所示。逯村的砂样中值粒径达到了0.9 mm,开仪工程附近达到了0.37 mm,柳园口砂样中值粒径也为0.16 mm,全部为粗泥沙,这么粗的泥沙依靠水流是很难输送的,因此,河道采砂可以有效减少河道的粗砂量,减少河道淤积,节约水资源。

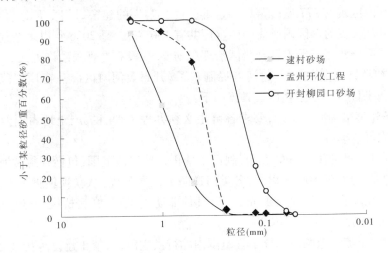

图2-8 黄河下游部分砂场砂样颗粒级配

根据1960年9月至1990年10月,黄河下游高村以上大于0.1 mm的粗砂淤积量为8.16亿t估算,即使去掉水流冲刷走的部分粗砂量,可供采砂量仍十分可观。根据本次调查收集的资料看,现状每年河南段采砂规模约为150万 m^3,可以看出采砂的年限还很长。

同时,采砂业的发展也可带动当地经济,挖沙业带动了机械维修、燃料和运输等一批产业的发展,为当地群众脱贫致富提供了机会。

(二)不利影响

河道采砂若不规范化,乱采乱挖,对于黄河防洪也有极大的影响。在主河道内开采砂石资源,势必影响河道水流方向,破坏水流结构。河势变化的结果,要么使河道整治工程或堤防工程发生险情,要么使大河主流外移,大量滩地坍塌,甚至使工程脱河。此外,河道内的采砂往往在河道工程附近,如丁坝坝裆、坝前头等部位,这些部位砂量丰富,量大质优。但在这些部位开采,极易导致水流冲刷坝体,引起坝体险情发生,危及坝体及堤身安全。此外,砂料任意堆放,对于防洪抢险和环境也有一定的影响。

河道采砂对河床的冲淤演变也有所影响,就其采挖量来说并不大,但由于采砂改变河床形态和水流流势,会影响到断面泥沙的分布以及输移,其利弊关键在于采砂时机和部位,需要更细致的研究。

五、黄河下游滩区细沙利用

(一)开封滩区窑厂的发展

黄河下游滩区细砂的利用,主要是窑厂烧制砖瓦。历史上黄河滩区很少有窑厂,在

20 世纪 70 年代时,开封滩区窑厂只有 10 多座。到 2006 年前后,受国家耕地政策和建筑市场需求、建筑材料价格的影响,黄河下游两岸大堤外(即背河一侧)靠耕地之土来制砖的窑厂均被关停,大量窑厂迁至堤内滩区生产、制砖,滩区开始大规模兴建窑厂。2007 年初申请办窑厂的政策开始出台。

(二)开封滩区窑厂的管理及其分布

开封黄河滩区现有 277 座砖窑厂。这部分砖瓦窑厂的建窑时间主要分为两个阶段:一是 2005 年以前,黄河滩区内所建的砖窑厂共有 136 座,二是 2006 年以来新建的砖窑厂共有 261 座。部分砖瓦窑厂不符合滩区治理规划要求,没有办理采砂许可证。

2007 年初经过调查研究,开封河务局制定了《开封黄河滩区砖瓦窑厂规范整治实施方案》,并向每一位窑厂业主宣传。具体如下:

(1)完备建窑市场准入手续,要求各窑主必须办理工商、税务、土地占用及取土采砂等相关行政许可手续。

(2)为保证各类防洪工程的安全,制订了禁止采挖泥沙范围,包括开封黄河各类防洪工程(从堤脚算起)临河 500 m 以内;各类河道防洪控导工程(从联坝坝脚算起)背河 200 m 以内,临河(从坝头连线算起)50 m 以内;其他非防洪工程,穿河桥梁、管道、地下电缆、水文测验断面等两侧 200 m 以内。

(3)在黄河干流河道两岸控导工程范围内的行洪主河道,禁止建设砖瓦窑厂。

(4)由于开封黄河滩大面广,情况比较复杂,原则上规定一般采砂场的底部高程不应低于当地河道漫滩流量的水位高程。具体的采砂场的挖砂深度和采砂量,应根据各县河务局批准的要求为准。

(5)在滩区内建设的长条形砖窑应与水流方向保持平行,以减少占用河道过洪断面,各类砖窑之间应有 1 000 m 的距离,为漫滩洪水保持一定的下泄通道。

(6)在采挖河道泥沙过程中,要实行优先利用粗砂,优先采挖理顺河势区域的原则。禁止在黄河滩区内可耕农田里挖沙取土。

(7)根据辖区河段防洪要求及河道治理规划,制定和完善河道采砂取土规划,初步规划滩区采砂取土区域,设置显著的标志,严格实施河道采砂管理。

窑厂的建立特点为聚群,因为在滩区建一套高压线约需 10 多万元,所以一般都是一条线路大家分摊,以点群方式存在。开封一局窑厂主要分布在龙亭区柳园口乡、金明区水稻乡,其中水稻乡最多。小庄、杨桥、马庄和回回寨这 4 个村庄最为密集(见图 2-9),总共 78 个窑厂,还有高朱庄 11 个窑厂,柳园口工程下首附近也有 11 个窑厂。

据介绍,开封二局在府君寺工程附近也有很多窑厂,约 200 多座。开封黄河大桥的右岸,即欧坦工程上游也有 200 多座窑厂。再往下游东坝头长坝附近有 11 座窑厂。蔡集工程附近有 4 ~ 5 个窑厂。中牟地区也有 300 多座窑厂,濮阳黄河的左岸有 200 多座,郑州也有很多窑厂。再往下游滩的窑厂分布比较零星,例如查勘途中看到的三合村工程外有 1 个窑厂。

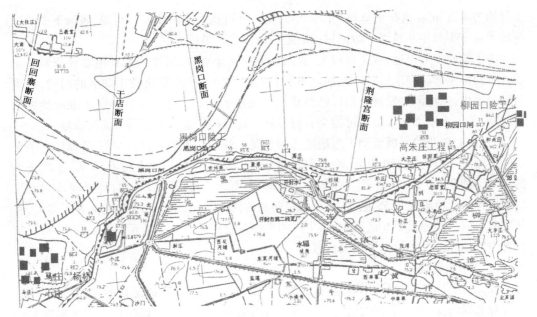

图 2-9　开封附近窑厂分布图

六、滩区窑厂的不利影响及泥沙利用效果

(一)效益

在开封一局管辖区,受滩区地下水位影响,烧砖取土一般至滩面以下 1 ~ 1.5 m。烧砖所需土有一定的成分要求,其中黏土要占到 6 到 7 成,砂土要占到 3 成,这样烧出来的砖质量最好。从考察时取得的窑厂土样可以看出(见图 2-10),土质非常细,中值粒径仅为 0.007 mm。

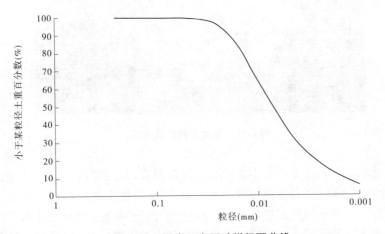

图 2-10　黑岗口窑厂砂样级配曲线

据调查估算,黄河下游右岸开封河段滩区每公里约有 9 个制砖厂,同时据文献统计中牟河段 40 km 河道有窑厂 394 座,据此推算,中牟至兰考 125 km 河道内大约有窑厂 1 000 座左右。通常,一个正常生产的窑厂一年需要准备 20 亩地,也就是说一个窑厂一年的用

土量约为 4 万 m³。这样估算该河段一年的用土量可达 4 000 万 m³。可见，黄河下游滩区制砖产业集群每年从黄河下游河道内取走的泥沙数量是巨大的。

由于烧砖发展迅速，取土量较大，有的地方已无土可取，需要依靠其他途径找到新土源。有的窑主尝试在水边的滩地抽取边溜淤积细沙的方法来解决黏土缺少的问题，这次考察过程中，在柳园口发现有窑厂已经开始小规模实施。估计在今后滩区无细泥沙可用后，抽取黄河水淤细沙来烧砖可能会有所发展。这一趋势也有利于减少河道沙量。

同时，制砖业的发展带动了当地经济的发展。就平均水平而言，黄河下游滩区一个窑厂一年的总产值约为 350 万元，税前利润约 50 万元。一个窑厂用工约为 80 人，平均每人的年工资约 8 000 元，一个窑厂一年约发工资 64 万元。由此可以算出，计算河段内的窑厂集群每年产值超过了 35 亿元，一年的税前利润约 5 亿元，用工总人数约为 8 万多人，一年发放工资总额超过了 6 亿元，一年生产的实心黏土砖约为 675 亿块。可以看出，窑厂集群为当地的经济发展作出了很大贡献。

（二）不利影响

首先，如果窑厂的建设不规范，在大堤、工程旁边取土建窑，或是在治导线附近建窑，那将对大堤的安全性、工程的稳定性和滩地行洪能力产生一定的影响。此次考察中见到不少窑厂临近堤防或大堤（见图 2-11）。

图 2-11　蔡集工程旁边窑厂

其次，滩地取土对农业生产有不利影响。根据测算，开封河段 1 km 滩区的窑厂一年为取土需挖土地约 180 亩（若下挖深度不足 3 m，则所需挖土地的面积会更大些）。由于滩地的水位较高，当挖土深度超过 2 m 时，挖过土的田地就会变成水塘或沼泽，使得既无法继续耕作，也无法继续挖土。这样在不长的时间内开封滩区的窑厂将把可用取土的耕地全部挖完，现在一些地方已经没有土可取。

由此看出，建窑烧砖一方面利用了滩区泥沙；另一方面则严重破坏了耕地，如何合理利用泥沙资源，同时又保障滩区耕地是值得研究的问题。

第三章　重点河段过流能力跟踪调查

一、河槽过流能力调查

历年的小浪底水库调水调沙中,卡口河段一直是制约全下游河段冲刷效果和排洪能力的重要因素。2002 年至 2007 年,高村—艾山河段一直是平滩流量最低的河段。其中 2006 年调水调沙结束后,花园口—夹河滩河段平滩流量为 4 000 m³/s,高村—艾山河段流量为 3 500 m³/s,艾山以下流量为 3 700 m³/s,其中孙口平滩流量为 3 300 m³/s,为最小。2007 年调水调沙后,花园口河段平滩流量 4 290 m³/s,卡口河段平滩流量 3 630 m³/s,利津河段平滩流量 3 910 m³/s,卡口河段依然存在。可见,由于"卡口"河段的存在,使得局部河段的排洪能力过低,增加了下游防洪负担,使洪水漫滩概率增加,同时也成为制约小浪底水库调水调沙控制流量的关键。因此,项目组于 2008 年 6 月 23 ~ 26 日对高村—艾山河段河槽过流能力情况进行了现场考察。考察分两组,第一组是在 2008 年 6 月 24 ~ 25 日对高村—孙口河段河槽情况做考察,第二组是在 2008 年 6 月 23 ~ 26 日对孙口—艾山河段过流能力进行了考察。

2008 年 6 月 24 日 14:00,高村水文站流量为 3 400 m³/s,当时花园口流量为 3 470 m³/s,此时高村险工 29#坝滩面出水高度为 0.5 m,水面宽为 800 m。高村险工 17#坝滩面出水高度为 0.6 m 左右,水面宽 550 m 左右。刘庄 30#坝主流线距坝脚 300 ~ 400 m(见图 3-1)。苏泗庄险工 27#坝靠主流,滩面出水高度 0.6 m 左右,河宽 450 m。营房工程 22#坝滩面出水高度 0.6 m 左右,河宽约为 540 m。苏阁险工主流顶冲在 11#和 12#坝。杨集 7#和 8#坝正在加固,基本靠溜。蔡楼控导 32#坝处有回流出现(见图 3-2)。孙口水文站,2008 年 6 月 25 日 09:00 左右流量为 3 210 m³/s,含沙量 11.2 kg/m³,孙口断面调水调沙前发生了冲刷。大断面附近均是片林,对于河道断面形态的测量有很大的阻碍作用。孙口测流断面河宽约为 500 m,滩面出水高度为 0.4 ~ 0.5 m。路那里 22#坝滩面出水高度为 0.4 ~ 0.5 m。

2008 年 6 月 23 ~ 26 日,第二组沿黄河南岸行进考察,重点选取了武胜庄断面、恒通浮桥、孙口水文站、京九铁路桥、路那里断面、雷口断面、陈山口附近、位山闸等处,观测了滩面出水高度,见表 3-1。

由表 3-1 可以看到,越往下游走,滩面出水高度越小,特别是雷口断面,出水高度仅 0.22 m。

到孙口水文站,了解到同去年相比,同流量水位有所下降,如图 3-3 所示,孙口水文站点绘的 2007 年与 2008 年水位流量关系,同流量水位下降约为 0.4 m。

图 3-1　刘庄 30#坝附近过流情况

图 3-2　蔡楼工程上段偎水情况

表 3-1　不同位置滩面出水高度及对应流量

编号	位置	出水高度（m）	时间（时:分）	公里桩号	距高村（km）	距孙口（km）	距艾山（km）	估算流量（m³/s）
				2008 年 6 月 23 日				
1	武盛庄断面	0.7 ~ 0.9	10:40	267.1	59.1	56.6		3 140
2	桑庄险工下游 200 m	0.7	10:10	268.1	60.1	55.6		3 140
3	恒通浮桥上游 1 km	0.9	11:13	272.3	64.3	51.4		3 140
4	孙口水位站下游 0 ~ 530 m	平均为 0.9	17:30	324.2	116.2	0.5		3 000

编号	位置	出水高度（m）	时间（时:分）	公里桩号	距高村（km）	距孙口（km）	距艾山（km）	估算流量（m³/s）
5	京九铁路桥上 50~90 m	0.75~0.8	18:30	320.9	112.9	2.8		3 000
	京九铁路桥下 140~200 m	0.65~0.77	18:30	321.2	113.2	2.5		2 950
6	路那里断面	0.45	19:20	335		11.3	36.2	2 900
2008 年 6 月 24 日								
7	雷口断面	0.22	14:50	334.2		10.5	37	3 220
8	陈山口与黄河交汇处	0.5~0.6	17:40	18.3		47.4	14.2	3 160
2008 年 6 月 25 日								
9	位山闸上游	0.67	14:50	8.9		38	23.6	3 240

注：水文站公里桩号：高村 208 km，孙口 323.7 km，艾山 32.5 km。

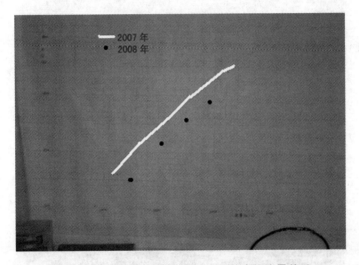

图 3-3　2007 年与 2008 年孙口水文站水位流量关系

从以上考察可以看出，小浪底水库运用几年来，有利的水沙条件使得河道发生了冲刷，平滩流量得到了增加。2008 年调水调沙期间，高村至孙口大部分滩唇均高于水面。根据考察所目估的滩面出水高度和水面宽，可以估算出来，高村至孙口河段在当时的平滩流量有 540~900 m³/s 的富余，且随着流量的继续增加，河道的冲刷还会继续，相应平滩流量还会增加。

二、河道扰沙工作简况

采用 2008 年 4 月实测大断面资料对下游河道各断面 2008 年汛初的平滩流量进行了计算，并采用包括险工水位在内的多种实测资料对计算结果进行了综合论证，预估高村—艾山卡口河段平滩流量为 3 800 m³/s 左右，艾山以下大部分在 4 000 m³/s 左右。其中彭楼—陶城铺河段仍是全下游主槽平滩流量最小的河段,最小值预估为 3 650~3 700 m³/s。2008 年汛前下游河道过洪能力最小的河段分别在于庄(二)断面(3 650 m³/s)上下和路那里断面(3 650 m³/s)上下,其中,路那里断面位于本河段下段,因此提高路那里河段的过洪能力是提高整个下游河道过洪能力的关键。

根据黄委布置,在大田楼断面和路那里断面之间的 4.7 km 范围内布置了 4 条扰沙船(见图 3-4)。扰沙船的工作原理,就是在一定的流量和含沙量范围内,通过高压水枪对河底的冲击作用,使得河底泥沙被悬浮在水中,然后在河道水流的带动下,进入下游(见图 3-5)。

图 3-4　扰沙船远景

图 3-5　扰沙船高压水枪喷嘴

通过检测扰沙船前后含沙量变化情况,来判断该处扰沙效果。在扰沙河段,一共布置五个测验断面测量扰沙前断面变化情况。查勘中了解的断面测量资料表明,在扰沙开始之初,河段整体冲刷,但是随着上游流量和含沙量的增大,测验断面又处于淤积状态。同时还了解到,在扰沙过程中发现有"铁板砂"现象,河底非常硬,难以扰动。这一现象是否对河道冲刷有影响,需要开展深入的研究。

第四章 重点河段滩区考察

一、重点河段工程及生产堤考察

为了研究漫滩洪水淤滩刷槽的规律,项目组专门设置了"黄河下游不同量级洪水("82·8"型)对淤滩刷槽效果的影响"专题,对黄河下游夹河滩至高村河段的淤滩刷槽规律进行了试验研究。在淤滩刷槽模型试验进行过程中,发现东坝头工程对于水流挑流的作用非常明显,杨庄险工和蔡集工程对于水流入滩也有着关键性的作用,三合村工程与堡城险工之间的两道生产堤在每次试验中都长期被洪水浸泡。因此,本次考察主要针对重点河段的工程作用、塌滩情况及生产堤情况进行了详细勘查,主要勘查了东坝头、杨庄和蔡集工程,以及三合村工程滩区生产堤和万寨溃口处。

东坝头最后一长坝靠水,起到了很好的挑流作用(见图4-1)。直至东坝头险工全线都靠水。东坝头险工最后一道坝常年比较稳定(见图4-2),对河势的稳定起到了很关键的控制作用。杨庄险工不靠河,离河较远(见图4-3)。原蔡集工程上首,新建 49# ~ 62# 坝,且 35#坝与 49#坝并不连接,中间有生产堤相连,如图4-4 所示。

图4-1 东坝头第4长坝

三合村工程第 13 坝坝头附近新添一透水桩坝(见图4-5),约 200 m 长。可以看出,与三合村工程第 5 号坝连接的第一道生产堤相比,第二道生产堤,其标准很低,仅比滩面高 0.2 ~ 0.3 m,宽 2 ~ 2.5 m,两边没有树木防护(见图4-6)。三合村工程与堡城险工之间第一道生产堤标准比较低,若遇到大洪水,浸泡溃决的可能性比较大。

第二道生产堤已被修成村间公路,标准较高,宽 3 ~ 5 m,两边有树木,高 1 ~ 1.5 m。南小堤第 19 道坝又下延 4 道坝。最后考察了南小堤 2002 年生产堤万寨溃口处(见图4-7),现生产堤以外已恢复耕种,生产堤以内河道有少量低洼水潭。

同时也对部分河岸的坍塌情况作了考察。柳园口 39#坝在 1993 年至 2007 年一直靠河,比较稳定,今年滩岸有所坍塌。王庵工程在 2007 年汛后开始坍塌。贯台工程附近有

图 4-2　东坝头险工

图 4-3　杨庄险工

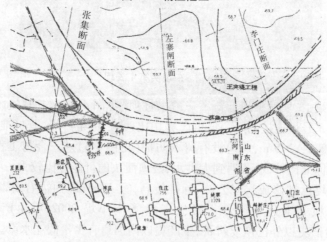

图 4-4　蔡集工程上延 49# ~ 62#坝

图 4-5　三合村工程第 13 坝坝头处新添透水桩坝（长约 200 m）

图 4-6　与三合村工程第 5 坝连接的生产堤（即第一道生产堤）

图 4-7　南小堤 2002 年生产堤破口处

2 处坍塌共 500 m 左右。禅房工程上首 1 km 左右,滩地坍塌约 200 m。蔡集工程上首对岸有约 300 m 长的坍塌。

二、重点河段片林情况考察

近 10 年来国家加大对大江大河的治理力度,黄河下游因此修建了一批稳定河势的河道工程,原先游荡不定的主河槽在这些工程的束缚下初步得到固定,加之近年来受黄河来水量减少的影响,原先一些洪涝无保的土地因此成为可耕利用的田地,这为片林种植提供了土地资源。另外,滩区人口数量的增长,村庄面积的逐步扩大,导致人均耕地面积减少,先前耕种开发价值极小的河滩地被群众逐渐开发出来,导致人与河争地现象的发生,这是导致片林蔓延的主观诱发因素。以前,群众对开垦出的河滩地仅用于种植一些大豆、小麦等低秆作物,洪涝不保收。随着树木品种质量和价格的提高,杨树可以加工实木家具等,群众的种植观念也得到改变,开始在主河槽种植速生杨树,逐步形成阻水片林。考察过程中我们看到了高村至孙口一带,有很多木材加工厂,把杨树作为原料。

近年来,黄河下游滩区相继开展了较大规模的植树建设,片林范围几乎分布于全下游,片林面积急剧扩大,且呈不断增长之势。这些阻水片林随临河边界至生产堤的距离而变化,宽度从几十米到几百米不等,从河中向两岸放眼望去,片林宛如两堵密实的绿墙将黄河围在其中,严重缩窄了行洪断面,阻碍了河水行进速度,给防汛抢险造成困难和危险,给水文测验带来了很大的不便(见图 4-8 ~ 图 4-10)。黄委有关部门对片林进行了查勘和管理,清除了高村水文站和孙口水文站的违章片林,但这仅解决了局部河段的问题,长河段的片林区仍影响着防洪和测验,应引起高度重视。

图 4-8　高村险工对岸片林

图 4-9　孙口断面片林 1

图 4-10　孙口测流断面片林被消除

第五章　主要认识与建议

一、主要认识

（1）近期黄河下游泥沙利用较以前有了较大发展。小浪底水库清水下泄连续 8 年，使下游河道床沙粗化，催生了采砂业的发展。采砂主要集中在孟州、孟津河段，所采泥沙均为粒径 0.1 mm 以上的粗泥沙，有利于河道减淤和水资源的节约。

受国家政策影响，2006 年以来黄河滩区窑厂发展迅速，在郑州、开封、濮阳、东明等大滩区分布较多，使用泥沙为小于 0.01 mm 的滩面淤沙。取土制砖也起到一定的减少河道泥沙的作用。

（2）泥沙利用形成了产业链，带动了当地经济的发展，对当地群众致富有好的作用。但同时也产生了一些不利的影响，下游河道内泥沙利用如果无序发展，也会对黄河防洪和治理造成危害，需要规范化管理。在主河道内采砂、在滩区堆砂会改变河势。采砂位置靠近工程会引起坝体出险；砂土堆放会引起环境问题。滩区乱挖表层土制砖会导致挖后土地荒废；靠近工程取土危及工程安全。因此，必须将这些开发利用纳入规范化管理中，消除不利的影响。

（3）调查估算，现状河南段年采砂量约 150 万 m³，根据粗砂淤积情况可采砂年限还较长；但随着冲刷向下游发展，采砂河段会有相应变化。

滩区制砖可取土有限，今后发展趋势并不乐观。但已出现抽取边溜淤细砂制砖的现象，对制砖的发展会有一定的帮助。

根据黄河流域综合规划修编《黄河泥沙处理和利用规范阶段成果》，黄河泥沙利用的潜力受可利用泥沙范围、防洪安全、生态环境、产品运距、产品性能、经济效益、市场需求、政策导向等各方面的影响，应逐项分析匡算。其中，制砖年可利用泥沙量约 600 万 m³（远期 400 万 m³），建筑大砂年适宜采挖量约 500 万 m³，两项措施合计 1 100 万 m³。

（4）小浪底水库拦沙运用 8 年来，下游河道平滩流量增加，2008 年调水调沙查勘期间情况表明，涨水过程中原卡口河段，高村—孙口河段在 3 000～3 500 m³/s 时查勘位置出水高度为 0.25～0.9 m，河道过流能力较去年增大（2007 年最小平滩流量为 3 630 m³/s），其间为 2 处工程附近的新生嫩滩有少量上水。

（5）查勘途中看到下游片林种植发展迅速，部分河段缩窄了过水宽度，给防洪和水文测量带来不利的影响。

二、建议

黄河行政主管部门今后应加大对河道、滩区的行政管理，在保障河道、滩区安全的情况下，规范各种采砂活动、生产堤的无秩序修建等，保障黄河的安澜和滩区群众的正常生产生活。

参考文献

[1] 黄河水利委员会防汛办公室.黄河小北干流2004年汛后河势查勘报告[R].2004.

[2] 黄河水利委员会防汛办公室.黄河小北干流2005年汛后河势查勘报告[R].2006.

[3] 张亚丽,贾玉芳.黄河禹潼河段河势变化分析研究报告[R].2008.

[4] 林秀山,李景宗.工程规划[M].黄河小浪底水利枢纽规划设计丛书.北京:中国水利水电出版社,郑州:黄河水利出版社,2006.

[5] 张俊华,陈书奎,等.小浪底水库拦沙初期水库泥沙研究[M].郑州:黄河水利出版社,2007.

[6] 韩其为.水库淤积[M].北京:科学出版社,2003.

[7] 沙玉清.沙玉清文集.西北农业大学,1996.

[8] 黄河水利科学研究院.2002黄河河情咨询报告[M].郑州:黄河水利出版社,2004.

[9] 孙赞盈,曲少军.黄河下游河道小流量水位流量关系变化及2003年河道排洪能力分析[R].2003.

[10] 曲少军,孙赞盈.2004年黄河下游防洪预案之河道排洪能力分析[R].2004.

[11] 孙赞盈,曲少军,彭红.2009年黄河下游排洪能力分析[R].2009.

[12] 曲少军,孙赞盈,彭红.黄河下游卡口河段近期冲淤规律研究[R].2007.

[13] 曲少军,彭红,孙赞盈.黄河下游高村—艾山河段近期冲淤规律研究[R].2008.

[14] 沙玉清.泥沙运动学引论[M].西安:陕西科学技术出版社,1996.

[15] 谢鉴衡,等.泥沙手册[M].北京:中国环境科学出版社,1992.

[16] 钱宁,万兆惠.泥沙运动力学[M].北京:科学出版社,2003.

[17] 张瑞瑾.河流泥沙动力学[M].北京:中国水利水电出版社,1988.

[18] 赵业安,周文浩,费祥俊,等.黄河下游河道演变基本规律[M].郑州:黄河水利出版社,1999.

[19] 谢鉴衡.河床演变及整治[M].北京:中国水利水电出版社,1997.

[20] 刘晓燕,张原锋,李小平.黄河高村—孙口段近年平滩流量偏小成因分析[J].人民黄河,2009(5).

[21] 高建国,孟昭岭,韩世鹏,等.黄河与河南论坛文集[M].郑州:黄河水利出版社,2008.

[22] 水利部黄河水利委员会.关于中牟黄河滩区非法砖窑场调查处理情况的报告.黄河水政[2006]24号.

[23] 薛东林,张丕玉,马钢.开封河务局规范整治黄河滩区窑厂.http://www.yrcc.gov.cn/trsweb/szj/ssjf/200804/t20080415_40534.htm.